职业技术院校计算机信息类专业教材

Flash CC 动画设计与制作

主　编　向素杰
副主编　黎晓婷
参　编　欧启凤　李小艳　马成彬
　　　　杜振嘉　单芷颖　郭舒湲

中国劳动社会保障出版社

内容简介

本书主要内容包括：Flash CC 基础知识，Flash CC 图形绘制基础，Flash CC 色彩工具操作，Flash CC 元件、库和实例，Flash CC 文本特效设计，Flash CC 基本动画制作，Flash CC 声音和视频，Flash CC 动画脚本，Flash CC 动画优化和发布。

图书在版编目(CIP)数据

Flash CC 动画设计与制作/广东省职业技术教研室组织编写. —北京：中国劳动社会保障出版社，2016

ISBN 978-7-5167-2765-2

Ⅰ.①F… Ⅱ.①广… Ⅲ.①动画制作软件 Ⅳ.①TP391.41

中国版本图书馆 CIP 数据核字(2016)第 217511 号

中国劳动社会保障出版社出版发行

(北京市惠新东街 1 号　邮政编码：100029)

*

北京市白帆印务有限公司印刷装订　　新华书店经销

787 毫米×1092 毫米　16 开本　15 印张　328 千字

2016 年 9 月第 1 版　　2019年 8 月第 4 次印刷

定价：30.00 元

读者服务部电话：(010) 64929211 /84209101/64921644

营销中心电话：(010) 64962347

出版社网址：http://www.class.com.cn

http://zyjy.class.com.cn

前　言

为了更好地满足广东省计算机信息类专业的教学要求，人力资源和社会保障部教材办公室委托广东省职业技术教研室组织省内骨干院校的教师开发了《计算机组装与维护》《计算机网络基础与应用》《Photoshop CC 图像处理》《Flash CC 动画设计与制作》《CorelDRAW X7 设计与制作》等计算机基础课教材。

本次开发的计算机信息类专业教材具有以下特色：

第一，坚持以能力为本位，突出教学先进性。

根据计算机信息类专业毕业生所从事岗位的实际需要，合理确定相关技能人才应具备的能力结构与知识结构，坚持"授之以鱼不如授之以渔"的理念，培养学生综合运用所学知识解决工作实际问题的能力。同时，在教材案例选择、软件版本的选取上尽量贴近企业工作实际，选取最新的软件版本。

第二，创新教材编写模式，丰富教材表现形式。

根据职业院校学生认知规律，创新教材编写模式。以完成具体工作过程为主线组织教材内容，将理论知识的讲解与具体的任务载体有机结合，激发学生学习兴趣，提高学生实践能力。在表现形式上，通过丰富的操作图片和软件截图详尽地指导任务操作步骤和软件使用方法，使教材内容更加直观、形象。

第三，开发更多辅助产品，提供优质教学服务。

为方便教学，教材配套电子课件、电子教案、素材等，可通过职业教育教学资源和数字学习中心（http：//zyjy. class. com. cn）免费下载，进入主页后搜索相应教材并进入图书详细页面即可找到下载链接。部分课程提供微课供教学使用。

本次教材的开发工作得到了广东省职业技术教研室及有关学校的大力支持，在此我们表示诚挚的谢意。

人力资源和社会保障部教材办公室

2015 年 8 月

目　录

第一章　Flash CC 基础知识

学习目标

■ 认识 Flash CC 动画。
■ 了解 Flash CC 新增功能。
■ 掌握 Flash CC 软件的安装与卸载。
■ 熟悉 Flash CC 操作界面。

内容提要

Flash CC 是一款优秀的设计和制作二维动画的专业软件，它采用了网络流式媒体技术和矢量技术，突破了网络带宽的限制，能在网络上快速地播放动画，并实现动画交互。本章带领大家了解 Flash 的历史、现状和未来，并介绍 Flash CC 中的新增功能以及操作界面、软件的安装与卸载、新建 Flash 文档等。这些知识是 Flash CC 的基础内容，对后续的进阶学习非常重要，是必须熟练掌握的。

1.1 认识 Flash 动画

1.1.1 Flash 历史回顾

Flash 的前身是一家名为 Future Wave 的小公司于 1996 年发布的 Future Splash Animator，它是世界上第一款商用二维矢量动画软件。

1997 年，一直致力于在网页多媒体市场上发展的 Macromedia 公司收购了该公司，2003 年，在众多用户的期待和关心下，增强了多媒体功能的 Flash MX 2004 发布了。到 2005 年，Flash 发布了最新的 Flash 8 版本，各方面的性能进一步提高。

2005 年底，Macromedia 公司被 Adobe 公司收购，同年发布了 Flash CS3.0。如果说 Flash CS3.0 的发布是 Flash 新世纪的开端，那么 2008 年 9 月 Flash CS4.0 的发布就是 Flash 发展史上的“工业革命”。Flash CS 以全新的 Flash 动画制作开创了一个新时代。到 2013 年 9 月，Adobe Flash Professional CC 诞生了，这是 Flash 目前最新的版本，它融入新的软件设计理念，精简、提升和完善了 CS 系列的很多元素，开始界面也较之前的版本更具有视觉冲击力，功能也变得更加强大了，如图 1—1 所示。

图 1—1

1.1.2 Flash 应用领域与市场

Flash 技术不断推陈出新，继席卷网页设计、网络广告之后，电影、电视、教育、卡通、声乐也成为它展示风采的舞台。Flash 从网络走向电影、电视、教育、卡通、声乐，推动了传统媒体和互联网媒体的融合。

在影视电影领域，如宝马汽车推出的网络电影也是靠运用了大量的 Flash 技术。

在广告动画领域，以动画为主的广告形式也随之出现，它不但可以给创意策划带来更大的空间，而且也节省了财力物力，可避免实物拍摄所产生的高昂费用。最重要的是，它能给观众一个全新的视觉感受，让人们在娱乐的同时对广告宣传的产品有了一个深刻的记忆。目前，新浪、搜狐、亚马逊、京东、淘宝等大型门户商业网站都很大程度地使用了 Flash 动画。

在教育教学领域，相对于以往用 PPT 制作课件，用 Flash 制作更为灵活、互动性更强，特别是网络教学的方式更能突出其优势，更能激发学生的学习兴趣。

在二维动画片领域，如《喜羊羊和灰太狼》《奇趣俱乐部》等，都受到了业内人士及大众的一致好评。可见，中国电视观众已经完全接受了 Flash 动画这种新的艺术表现形式。短短几年时间，Flash 动画就从网络迅速推广到影视媒介，其发展速度之快，出乎很多人的意料。

在音乐领域，网络视频音频播放器能迅速打开，一边加载一边播放，减少了缓存时间。网络 MTV、Flash MV 提供了在唱片宣传上既保证质量又降低成本的有效途径。国外许多流行歌手以 Flash 制作的 MTV 可以同时在网络与电视台播出。国内众多歌手也纷纷尝试效仿 Flash MV。动态贺卡、请柬加入了声音、动画等元素，更具互动性。

在游戏领域，由于具有体积小、互动性强、便于网络传播的特点，如今很多网页游戏都是用 Flash 开发制作的。游戏互动程序开发，如制作一片鱼塘的投影游戏互动，投射区域呈现的画面是鱼塘，人在投影区域行走，鱼塘里的水会出现波纹，同时会惊动到鱼塘中的鱼的效果出现。

1.1.3 Flash 动画特点

Flash 是一种交互的矢量动画，能够在低文件数据传输率下实现高质量的动画效果。除此之外，相对于其他动画而言，Flash 动画还具有以下显著特点：

1. 矢量图形系统

使用 Flash 创建的元素是用矢量来描述的。通过绘图工具箱，可以方便地绘制任意形状的线条、色块和文字，方便地实现矢量线条向矢量色块的转换，对矢量色块的加粗、柔化等，同时还能任意调整图形或色块的颜色；可以真正无限放大，能够始终显示全部图像，并且不会因为放大而降低图像的显示质量。

2. 支持流式下载

Flash 动画采用流式播放形式，用户在观看动画时，可以不用等到动画文件全部下载完成就可观看，这样就实现了动画的快速显示，减少了用户的等待时间。

3. 支持平台广泛

目前有 97%以上的浏览器，都安装了 Flash Player 观看 Flash 制作的动画影片，Flash 动画已经逐渐成为应用最为广泛的多媒体形式。

4. Flash 动画文件容量小

通过关键帧和组件技术的使用，使得 Flash 生成的动画（. swf）文件非常小，几千字节的动画文件已经可以实现许多令人心动的动画效果，可以在打开网页很短的时间里就得以播放。

5. 多种多样的文件格式

在 Flash 中可以导入多种类型的文件格式，如图形、图像、声音和视频文件等，这样使动画能够灵活适应各个领域的需要。例如，支持 MP3 数据流式音频，可以将 MP3 音频压缩格式的文件直接导入 Flash 中，将音乐、动画、声效等融为一体。

6. 交互式动画

一般的动画制作软件只能制作标准的顺序动画，如 3DS Max 等，此类动画只能连续播放。而 Flash 不仅可以制作出各种精彩夺目的顺序动画，还可以制作出复杂的交互式动画，以便用户对动画进行控制。交互式动画是 Flash 的一个重要特点，它有效地扩展了动画的应用领域。

1.2 Flash CC 的安装与卸载

1.2.1 Flash CC 软件的安装

Flash CC 软件的安装操作步骤如下：

第 1 步：在相应的文件夹下双击 Set-up. exe 软件安装程序，如图 1—2 所示。

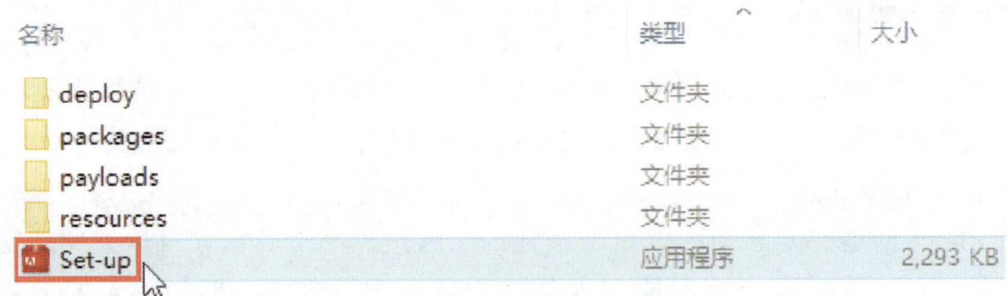

图 1—2

第 2 步：双击 Set-up. exe 软件安装程序后，就会弹出“Adobe 安装程序”对话框，如图 1—3 所示。

第 3 步：初始化程序完成后，弹出 Adobe Flash Professional CC 的“欢迎”对话框，在该界面中单击鼠标左键选择“安装”选项，如图 1—4 所示。

第 4 步：在弹出的“Adobe 软件许可协议”界面，单击“接受”按钮，如图 1—5 所示。

图 1—3

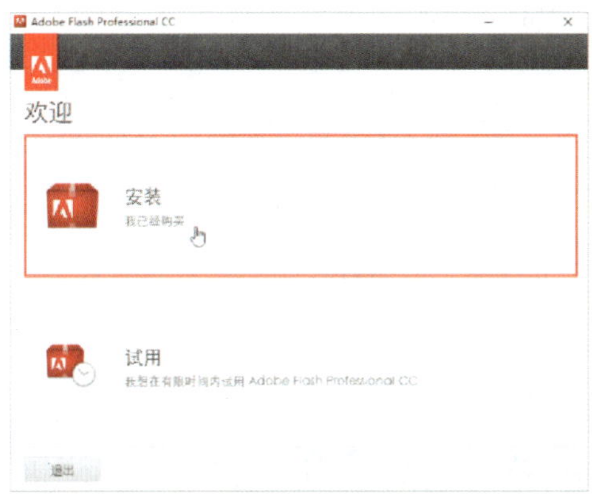

图 1—4

图 1—5

第 5 步：画面弹出“序列号”界面，在对应的文本框内输入序列号，然后单击“下一步”按钮，如图 1—6 所示。

第 6 步：画面弹出“选项”界面，为其更改一个正确的安装路径，设置完成后，单击“安装”按钮，如图 1—7 所示。

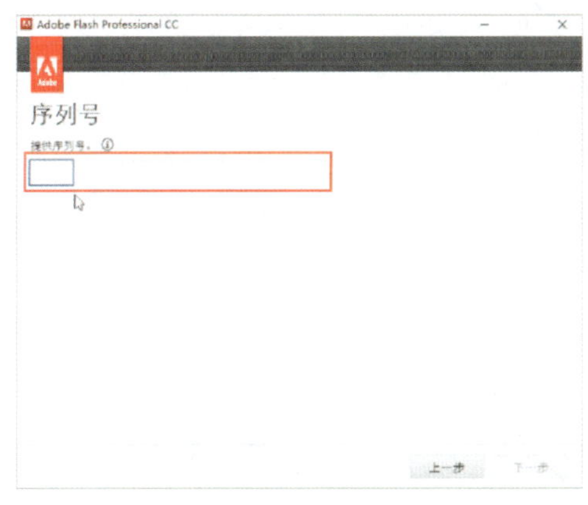

图 1—6

图 1—7

第 7 步：此时显示“安装”界面，安装过程以进度条的形式显示，如图 1—8 所示。

Flash CC动画设计与制作

第 8 步：进入“安装完成”界面，单击“关闭”按钮，完成安装，如图 1—9 所示。

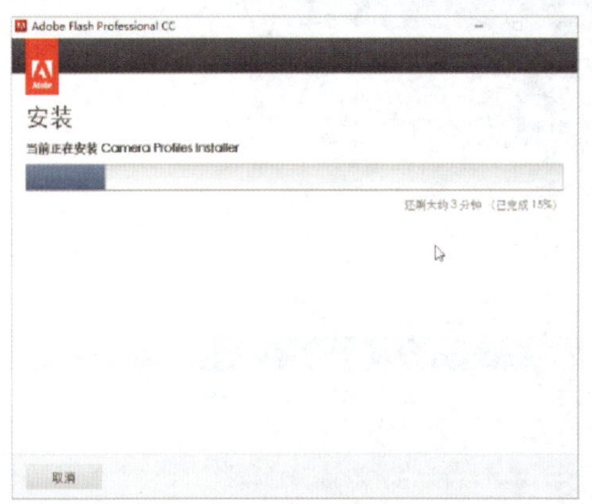

图 1—8

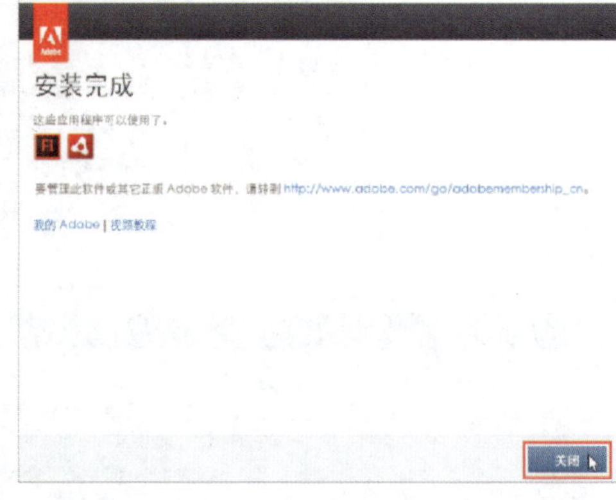

图 1—9

1.2.2 Flash CC 软件的卸载

卸载 Flash CC 的常见操作步骤如下：

第 1 步：单击计算机桌面的“开始”按钮或“Windows”图标，选择“所有程序”菜单栏下的“控制面板”命令，如图 1—10 所示。

第 2 步：弹出“控制面板”窗口，单击鼠标左键选择“程序—卸载程序”选项，如图 1—11 所示。

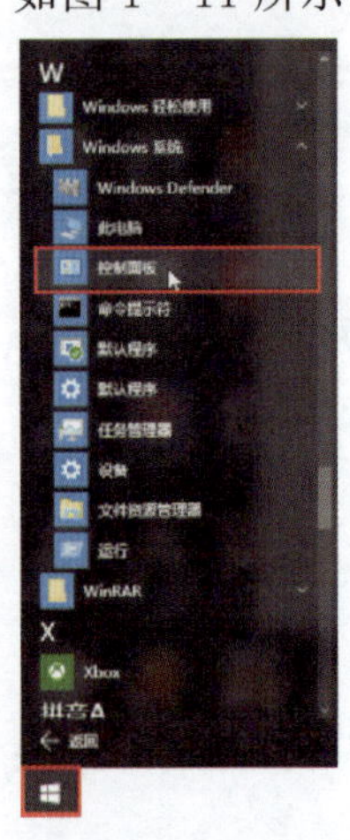

图 1—10

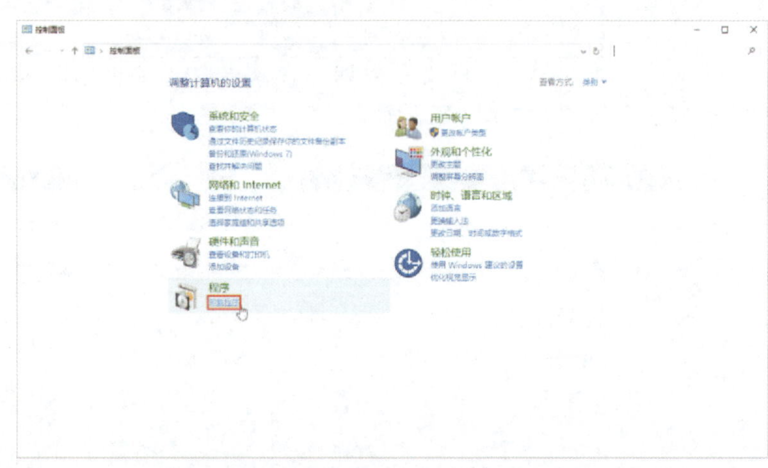

图 1—11

第 3 步：弹出“卸载或更改程序”界面，在界面中选择 Adobe Flash Professional CC 选项，选择【卸载】命令，如图 1—12 所示。

第 4 步：弹出“卸载选项”界面，根据自己的需求勾选卸载内容，然后单击“卸载”按钮，如图 1—13 所示。

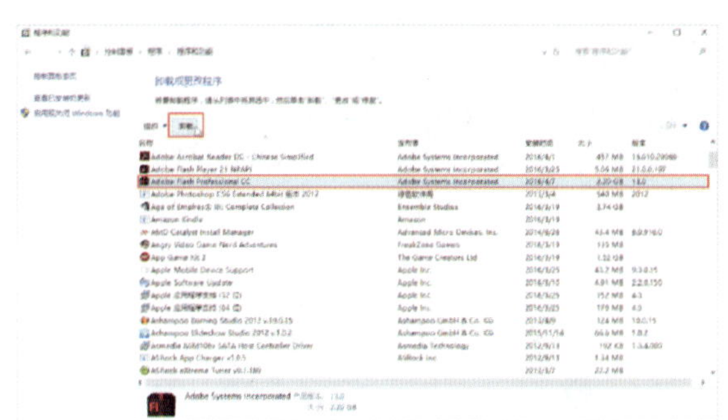

图 1—12

图 1—13

第 5 步：进入“卸载”界面，进度条显示卸载过程，如图 1—14 所示。

第 6 步：卸载完成后，弹出“卸载完成”界面，单击“关闭”按钮，完成 Flash CC 的卸载，如图 1—15 所示。

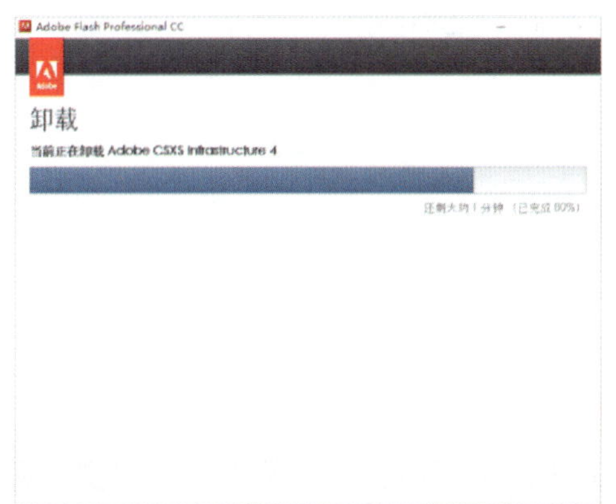

图 1—14

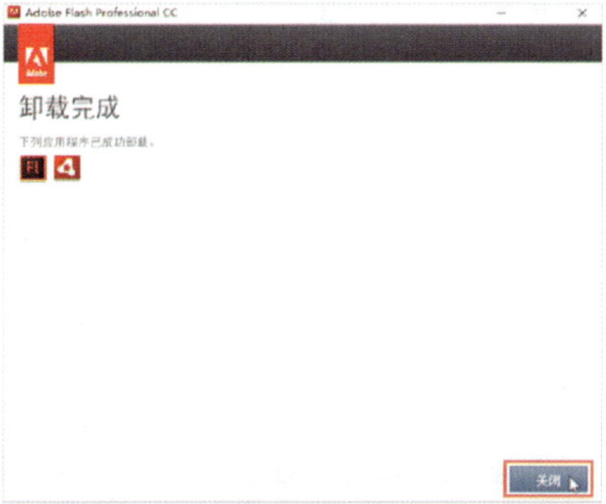

图 1—15

1.2.3　启动与退出

1. 启动 Flash CC，常见的启动方式有 3 种。

第 1 种：单击“开始”按钮，选择“程序”菜单中的“Adobe Flash CC”命令启动程序，如图 1—16 所示（首次启动将弹出登录欢迎界面）。

第 2 种：在计算机桌面上单击 Fl（Adobe Flash Professional CC）的快捷方式。

第 3 种：双击 Flash 相关联的文档，即双击一个 Flash 文档。

2. 退出 Flash CC，常见的退出方式有 4 种。

第 1 种：在菜单栏中选择【文件】→【退出】命令，即可退出 Flash。

第 2 种：在程序窗口左上角的 Fl 图标上右击，在弹出的快捷菜单中选择【关闭】命令，如图 1—17 所示。

第 3 种：单击程序窗口右上角的 × 按钮，关闭 Flash CC。

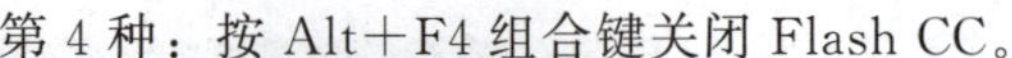

第 4 种：按 Alt＋F4 组合键关闭 Flash CC。

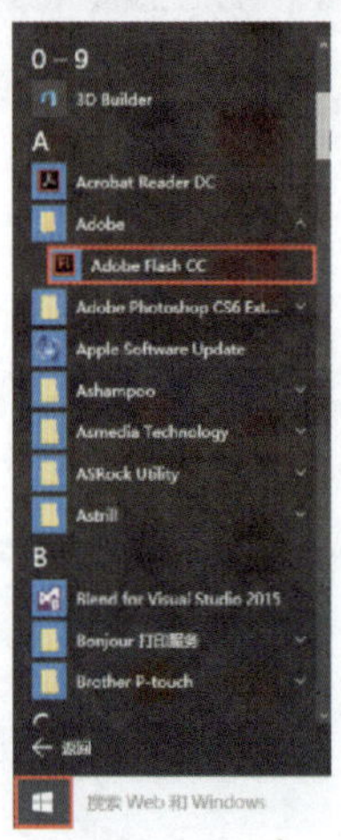

图 1—16

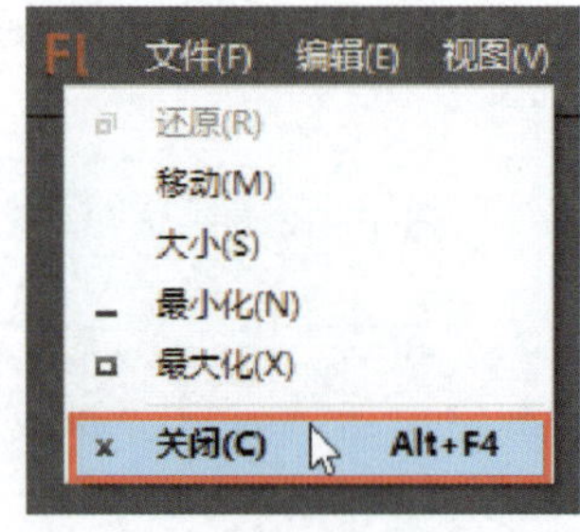

图 1—17

1.3　Flash CC 新增功能介绍

1. 云同步

Flash CC 内置了访问每个未来版本的权利，所以在使用中总会提示最新的版本。它支持云同步设置，可以将用户的设置和快捷方式运用到多台计算机上使用，实现实时灵感和以无缝连接方式来分享用户的工作。

登录 Adobe 账户，在使用的计算机上安装完成 Flash CC 后，执行【编辑】→【首选参数】→【同步设置】命令，在“同步设置”选项卡中可按自身情况设置，如图 1—18 所示。

2. 64 位的系统和高清导出

新开发的 64 位系统，彻底放弃了原有的结构和代码，提高了运行稳定性和发布的速度，具有反应灵敏的时间轴。可导出全高清（HD）视频和音频，即使有较复杂的时间轴和脚本驱动的动画都能做到不丢帧。

3. 用户界面

简化了用户界面，对话框和面板更直观。用户界面的颜色可根据个人需要在深浅两色中选择，如图 1—19 所示。更新了 Create JS 工具包，增强了对 HTML5 的支持，包括按钮、热区和运动曲线的新功能，加强了使用的创新性和灵活运用。

4. 实时测试和代码

可以通过 USB 把多个 IOS 和 Android 移动设备直接连接到计算机，有助于快速测

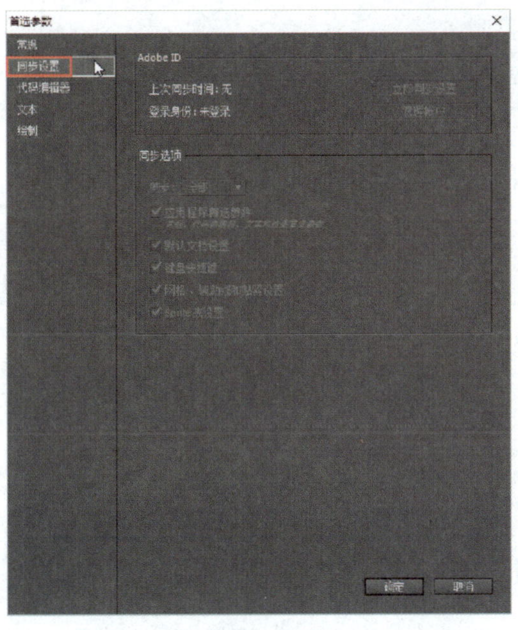

图 1—18

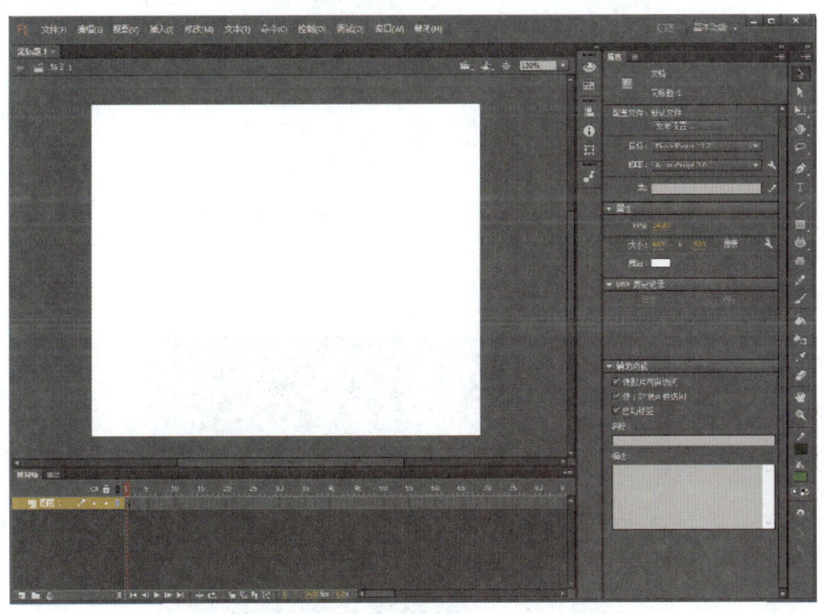

图 1—19

试和调试内容，操作简洁、方便。

使用了新的代码编辑器，内置开源的 Scintilla 库，还可以使用自己更新的“查找和替换”面板在多个文件中搜索，更快地更新代码。

Flash CC动画设计与制作

5. 时间轴和画板绘制

时间轴面板可以管理多个选定层的属性，选择多个对象，一次单击，就可以把它们分发到不同的关键帧。

Flash CC 的画板工作区域无限化，满足管理大型背景或定位在舞台外的内容。绘制时能快速地显示在工作区域，有效地提高了效率，如图 1—20 所示。

图 1—20

1.4 Flash CC 操作界面介绍

1.4.1 启动并新建空白文档

1. 启动 Flash CC 后，弹出开始页面，如图 1—21 所示。

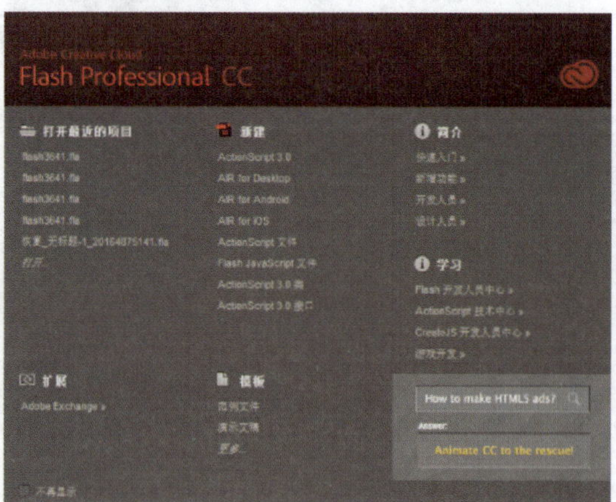

图 1—21

（1）“打开最近的项目”栏：显示了最近打开的 Flash 源文件目录，单击该栏中的任意一个目录，即可打开选中的 Flash 源文件。

（2）“新建”栏：该栏列出了 8 种 Flash CC 可以创建的新项目，单击任意一种新项目名，即可快速进入到相应的编辑工作。

（3）“简介”栏：该栏为 Flash CC 软件的简介，内容包括 Flash CC 的入门知识、新增功能、开发人员和设计人员。

（4）“扩展”栏：该栏为扩展程序、动作文本、脚本、模板以及其他可扩展 Adobe 应用程序功能项目的下载提供链接。

（5）“模板”栏：该栏有多种类别的 Flash 影片模板，让使用者更便捷地完成 Flash 影片的制作。

（6）“学习”栏：初学者可通过该栏的链接跳转到相应的网站学习 Flash 的各项功能。

一般情况下，我们都会在开始页面中，选择新建一个空白的 ActionScript 3.0 空白文档，如图 1—22 所示。

图 1—22

2. 新建文档

新建文档是开始制作 Flash 动画的第一步，也是动画制作完成后成功发布的必要条件。

选择【文件】→【新建】命令，弹出“新建文档”对话框，如图 1—23 所示。可以根据不同的需求在对话框中设置不同的参数，设置完成后单击“确定”按钮，新建 Flash 文档完成，如图 1—24 所示。

3. 文档背景颜色设定

在“属性”面板展开“属性”选项组，单击“舞台”的颜色框，如图 1—25 所示，将弹出一个拾色器界面，将光标移到喜欢的色块上单击即可，如图 1—26 所示。

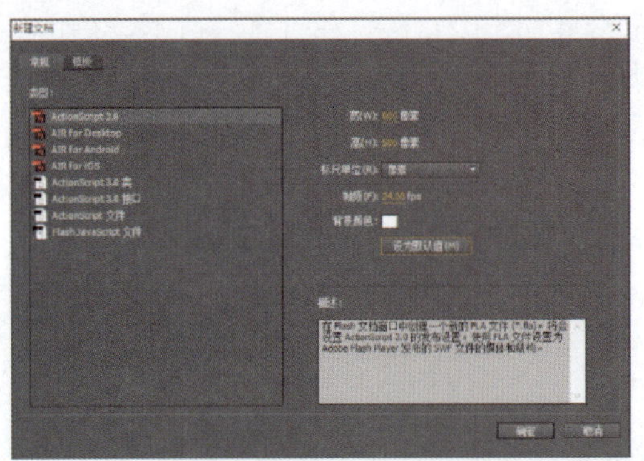

图 1—23

图 1—24

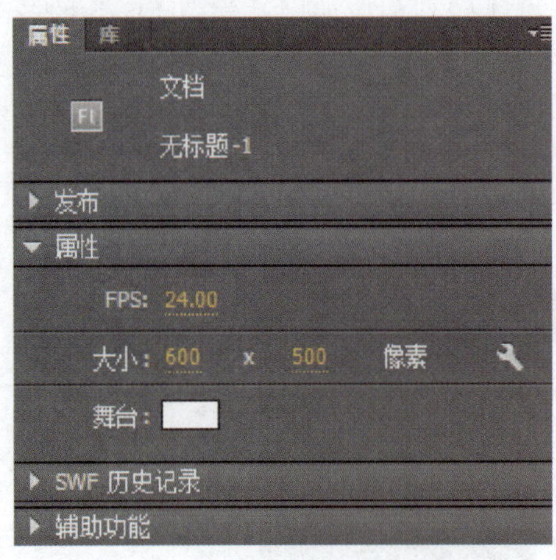

图 1—25

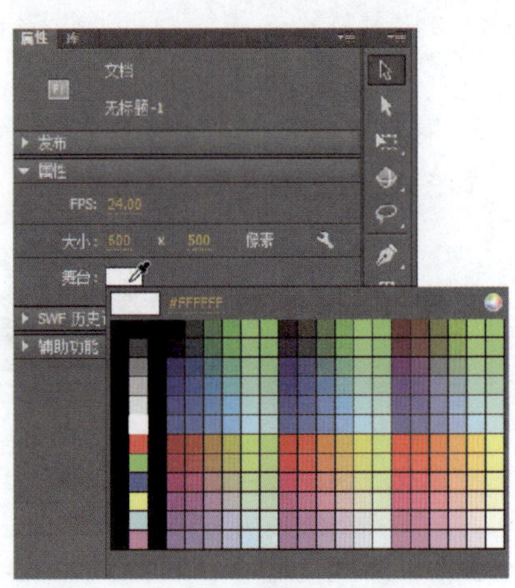

图 1—26

4. 文档大小设定

在“属性”面板“大小”后的数值处单击，即可激活文本框，如图 1—27 所示。在文本框中输入新的数值，按 Enter 键即可确认该操作，从而改变舞台的大小，如图 1—28 所示。

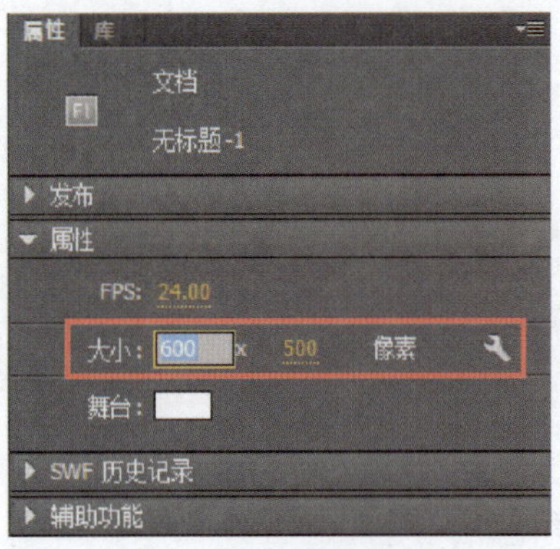

图 1—27

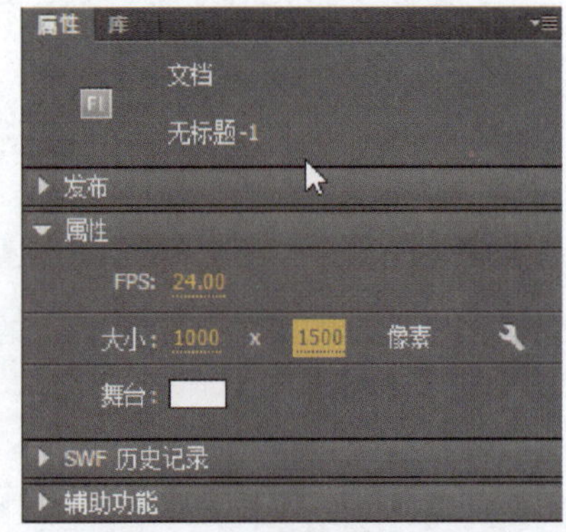

图 1—28

5. 动画播放速率设定

动画播放速率设定有两种方式：在“时间轴”面板中设置动画播放速率，如图 1—29 所示；在菜单栏中选择【修改】→【文档】命令，弹出“文档设置”对话框，即可通过设置帧频来调整动画播放速率，如图 1—30 所示。

图 1—29

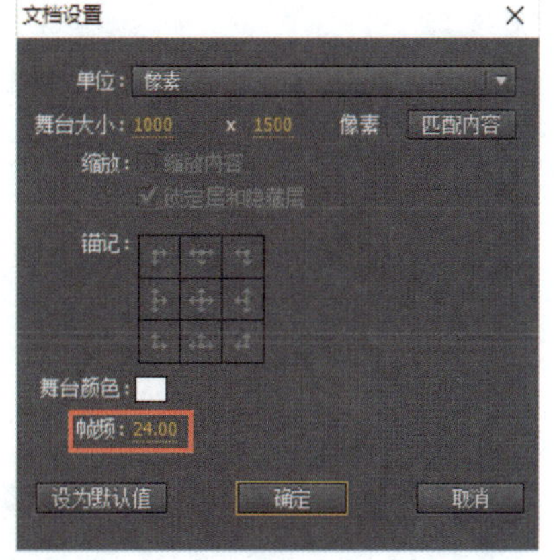

图 1—30

改变帧频即可调整动画的播放速度，也就是每秒内能播放的帧数。帧频太小，会使动画看起来不连续；帧频太大，又会使动画的细节变得模糊。一般在网页上，12 帧/秒（fps）通常都能得到很好的效果。由于整个 Flash 文档只有一个帧频，因此，在创建动画之前就应当设定好帧频。

6. 打开文档

启动 Flash 后，可以打开以前保存的文件。在菜单栏中选择【文件】→【打开】命令，在弹出的菜单栏中选择需要打开的素材文件，单击“打开”按钮即可。

7. 文档内容测试

打开一个 Flash 影片文件后，按 Enter 键，或在菜单栏中选择【控制】→【播放】命令（图 1—31），可以播放该影片。在播放影片的过程中，在时间轴窗口上会有一个红色的播放头从左向右移动。

若需要测试整部影片，则在菜单栏中选择【控制】→【测试影片】命令（图 1—32），或按 Ctrl＋Enter 组合键进行。测试完成后，若要返回源文件，单击播放器的“关闭”按钮即可。

8. 保存和关闭文档

动画制作完成后需要将其保存，其操作步骤如下：

（1）在菜单栏中选择【文件】→【另存为】命令，如图 1—33 所示。

（2）在弹出的对话框中为其指定一个正确的存储路径，并在文本框中输入文件名。

（3）单击“保存”按钮即可。

Flash CC动画设计与制作

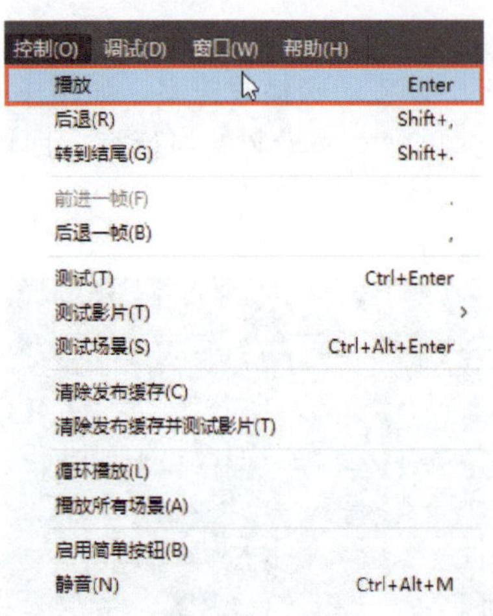

图 1—31

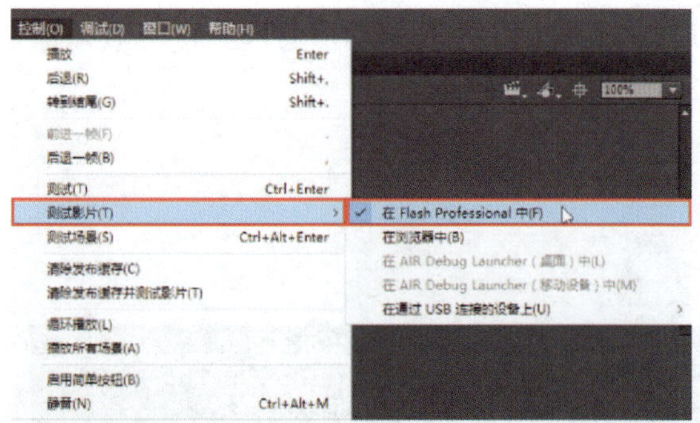

图 1—32

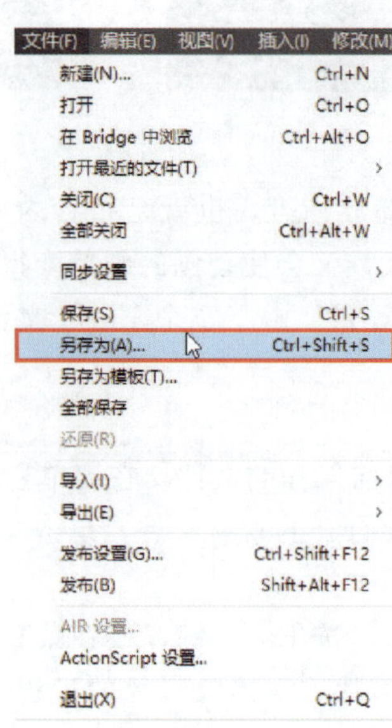

图 1—33

1.4.2 菜单栏

Flash CC 的菜单栏有 11 个主菜单，如图 1—34 所示。每个主菜单都有相应的下拉菜单，部分下拉菜单还有下一级的子菜单。

Fl 文件(F) 编辑(E) 视图(V) 插入(I) 修改(M) 文本(T) 命令(C) 控制(O) 调试(D) 窗口(W) 帮助(H)

图 1—34

(1)【文件】菜单：该菜单下的命令主要是用于整个文件的基本管理操作，如“新建”“保存”“打印”等19个最常用的基本命令。

（2）【编辑】菜单：该菜单提供了多种作用于工作区的各种元素的命令，如“复制”“粘贴”“剪切”等在动画编辑中的常用命令。

（3）【视图】菜单：该菜单下的命令主要是用于在绘制对象的时候，调整Flash整个编辑环境，如“放大”“缩小”“标尺”“网格”等，多是针对界面的操作。

（4）【插入】菜单：该菜单下的命令都是制作动画时常用的命令组，如插入元件、场景，在时间轴中插入补间、层或帧等操作。

（5）【修改】菜单：该菜单下的命令主要针对工作区中的元素进行编辑，如“转换为元件”“变形”等，通过“文档”命令可以完成对舞台的“大小”、“颜色”等选项的修改。

（6）【文本】菜单：该菜单下的命令用于处理文本对象，如设置字体样式、大小、间距等。

（7）【命令】菜单：该菜单下的命令为Flash默认提供的命令，可以运行、管理用户创建。

（8）【控制】菜单：该菜单下的命令可以根据自己需要“测试影片”，控制播放的进程和状态。

（9）【调试】菜单：该菜单下的命令主要针对影片脚本的调试，如跳入、跳出、设置断点。

（10）【窗口】菜单：该菜单下的命令主要为当前界面的状态的控制，所有工具栏、编辑窗口和面板的状态都可以按个人要求进行选择。

（11）【帮助】菜单：该菜单下的命令是Flash官网的帮助资源以及当前Flash的版权信息。

1.4.3 时间轴

时间轴是Flash动画制作的基础操作面板，分别由显示播放状况的“帧”“帧查看窗口”和表示阶层的“图层”“图层查看窗口”等组成，可以控制影片播放和停止等操作。时间轴上的每一个小格叫做帧，是Flash动画最小的时间单位，如图1—35所示。连续的帧保持着相仿的动作轨迹，便形成了动画。

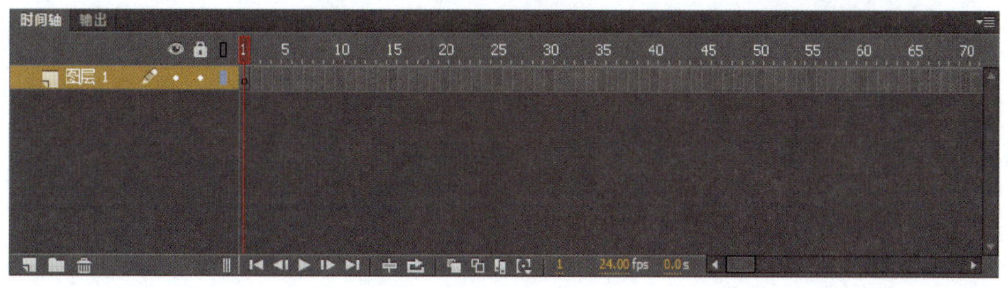

图1—35

1.4.4 工具箱

工具箱是在 Flash 动画制作过程中不可缺少的。与 Photoshop 软件一样，工具箱中工具的使用方式和功能都极为相似。通常人们会用工具箱中的工具来绘制和编辑矢量图形，以达到不同的绘制效果。工具箱主要由选择变换工具、绘画工具、绘画调整工具、视图工具、颜色工具、工具选项区 6 部分组成，如图 1—36 所示。

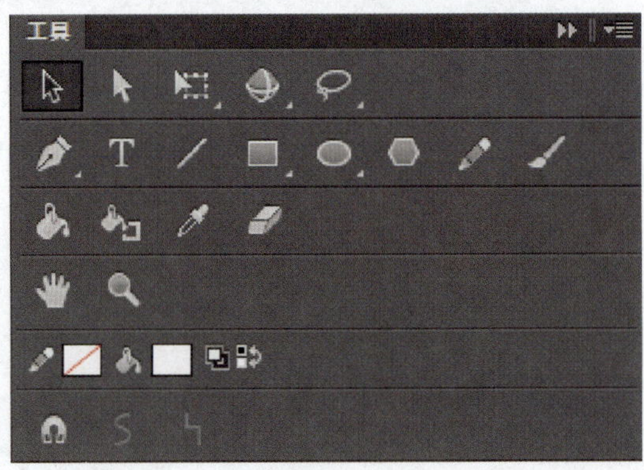

图 1—36

(1) 选择变换工具：包括“选择工具”“部分选择工具”“变形工具组”“3D 旋转工具组”和“套索工具组”，可对工作区中的元素进行自由编辑。

(2) 绘画工具：包括“钢笔工具组”“文本工具”“线条工具”“矩形工具组”“铅笔工具”和“刷子工具”，可以按个人想法组合或单独运用，使用方法简单，编辑效果良好。

(3) 绘画调整工具：包括“颜料桶工具”“滴管工具”和“橡皮擦工具”，能对所绘制的图形、颜色进行编辑。

(4) 视图工具：包括“手形工具”和“缩放工具”，能调整视图窗口与工作区的大小。

(5) 颜色工具：包括“笔触颜色”和“填充颜色”，能对所绘制的区域进行颜色编辑。

(6) 工具选项区：该区域是动态区域，根据用户选择的工具不同而显示不同的选项。

1.4.5 场景和舞台

场景是专门用来容纳、包含图层里面各种对象的平台。

舞台是创作影片中各个帧的内容的区域，可以在其中编辑、修改动画，绘制图像或安排导入图像的场所。生成. swf 格式的文件中，只会播放出舞台上出现的对象。

Flash 允许建立一个或多个场景，以此来扩充更大的舞台范围。简单来说，舞台就像是话剧里演员站着的舞台一样，而场景就是这个话剧的一幕戏。如图 1—37 所示，白色部分为舞台。

1.4.6 操作工作区

操作工作区是舞台外围绕舞台的灰色区域，可以放置对象，通常用作动画的开始和结束点的设置，最终作品中工作区内的对象是不会显示的。如图 1—37 所示，灰色部分为操作工作区。

1.4.7 “属性”面板

“属性”面板的内容不是固定的，它会显示所选中对象的属性信息，并通过该面板对对象进行编辑和修改，提高了动画编辑的工作效率和准确性，如图 1—38 所示。

图 1—37

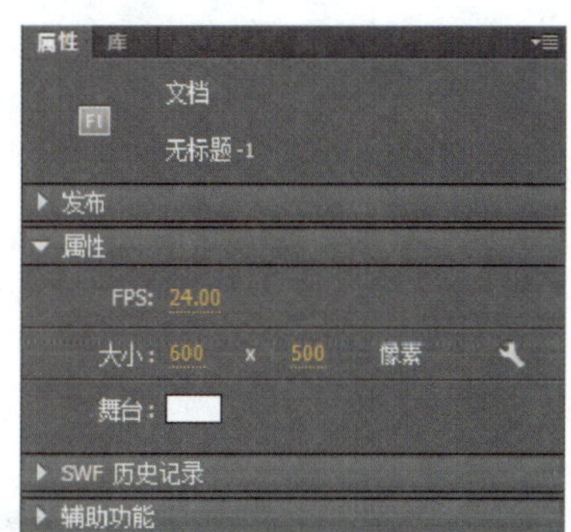

图 1—38

1.5 综合案例(一) 绘制铅笔

1.5.1 案例描述

本案例使用透视的原理进行铅笔的排列，利用近大远小，让作品产生强烈的空间感、立体感以及丰富的层次感，是把三维空间呈现在平面上的一种方法。制作过程中，使用矩形工具、多边星形工具等绘图工具绘制图形，使用颜料桶工具对绘制的铅笔上色。

效果图

1.5.2 制作步骤

1. 选择【文件】→【新建】命令，在“创建新文档”对话框中选择“ActionScript 3.0”，新建一个大小为“500×450 像素”，帧频为“24fps”，背景颜色为“白色”的空白文档，如图 1—39 所示。再新建一个名为“铅笔 1”的“图形”元件，如图 1—40 所示。

图 1—39

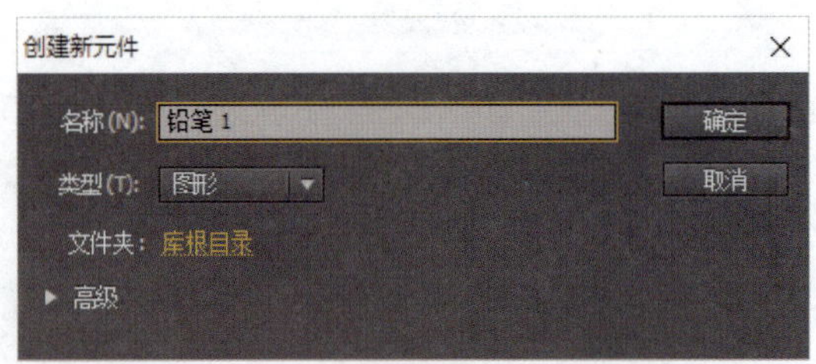

图 1—40

2. 使用“矩形工具”，在舞台中绘制一个填充颜色为“#990000”，笔触颜色为“无”的矩形，效果如图 1—41 所示。

3. 使用“多边星形工具”，在“工具设置”选项中设置样式为“多边形”，边数为“3”，确定绘制后在舞台空白处绘制一个填充颜色为“#000000”的三角形，如图

1—42 所示。

图 1—41　　图 1—42

4. 复制 3 个横向并排的三角形，并调整到合适的位置，调整后如图 1—43 所示。选中 3 个三角形，按 Delete 键删除，删除后如图 1—44 所示。

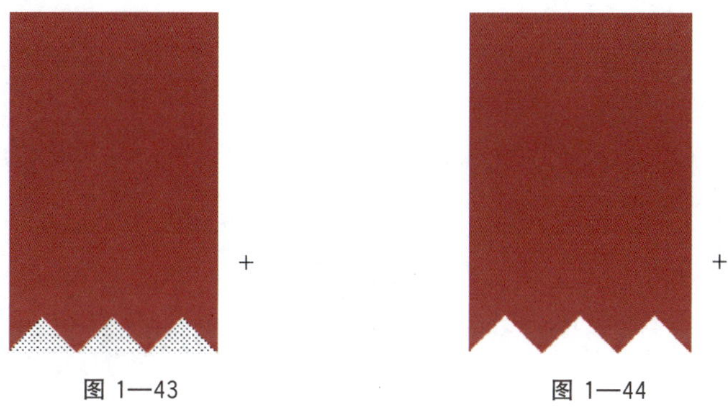
图 1—43　　图 1—44

5. 以三角形顶点所在垂线为界，将图 1—44 从左到右分成 4 部分，依次填充颜色为"#990000""#CC0000""#CC433C""#CC847B"，如图 1—45 所示。使用"多边星形工具"，绘制一个填充颜色为"#F2E892"的三角形，使用相同的方法完成矩形的制作并与三角形拼接在一起，形成一个漏斗形状，如图 1—46 所示。

图 1—45　　图 1—46

6. 移动漏斗形状图形并调整到适当位置，将左侧 1/3 部分填充颜色为"#DED274"，右侧 1/3 部分填充为白色，如图 1—47 所示。操作过程中可以利用绘制线条来分割漏斗图形。

7. 使用"多边星形工具"，绘制一个黑色的多边形，使用"钢笔工具"中的"添加锚点工具”在相应的位置增加两个锚点，如图 1—48 所示，并调整到适当的位置，如图 1—49 所示。

8. 使用相同的方法，在舞台空白处使用“矩形工具”绘制图形，如图 1—50 所示。使用同样的方法绘制铅笔头的阴影部分，如图 1—51 所示，并调整到适当的位置，如图 1—52 所示。

图 1—47
图 1—48
图 1—49
图 1—50
图 1—51
图 1—52

9. 把绘制完成的铅笔复制两次，分别修改成相对应的颜色，如图 1—53 所示。单独框选，并复制后变换颜色的两支铅笔，分别生成元件“铅笔 2”“铅笔 3”。新建一个名称为“背景”的“图形”元件，如图 1—54 所示。

图 1—53

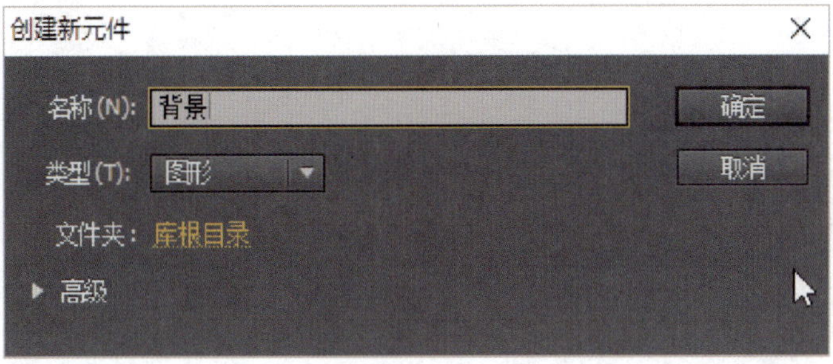

创建新元件

名称(N): 背景　　确定

类型(T): 图形　　取消

文件夹：库根目录

高级

图 1—54

10. 将“素材\第一章\1.5 综合案例（一）绘制铅笔”\背景.jpg 文件导入到舞台，返回“场景1”，将“背景”“铅笔1”“铅笔2”“铅笔3”分别拖入到舞台，并调整大小、倾斜角度和位置，如图 1—55 所示。完成后按快捷键 Ctrl＋Enter 进行效果测试，如图 1—56 所示。

图 1—55

图 1—56

1.6 综合案例(二) 绘制灯笼

1.6.1 案例描述

本案例要求制作一幅欢度新春的海报，以增添喜庆气氛。主要练习 Flash 绘图及属性设置能力，制作过程中使用文件导入、椭圆工具、线条工具、选取工具等组合完成。

效果图

1.6.2 制作步骤

1. 选择【文件】→【新建】命令，在“建新文档”对话框中选择“ActionScript 3.0”，将宽设置为 600 像素，高设置为 400 像素，如图 1—57 所示。

2. 选择【文件】→【导入】→【导入到舞台】命令，导入“素材 \ 第一章 \ 1.6 综合案例（二）绘制灯笼 \ 背景”文件，如图 1—58 所示。

3. 新建“元件 1”，类型选择“图形”。选择“椭圆工具”，打开“属性”面板，把笔触颜色设置为“黄色”，填充颜色设置为“红色”，笔触设置为“2”，如图 1—59 所示。然后在舞台上绘制一个椭圆形，如图 1—60 所示。

4. 在时间轴中，在图层下方单击“新建图层”按钮，新建图层 1，选择工具箱中的“线条工具”，在“属性”面板中设置笔触颜色为黄色，笔触为“2”，绘制 1 条线条，如图 1—61 所示。

使用“选择工具”，不用点选线条，直接在线条旁边一拉，改变形状，如图 1—62

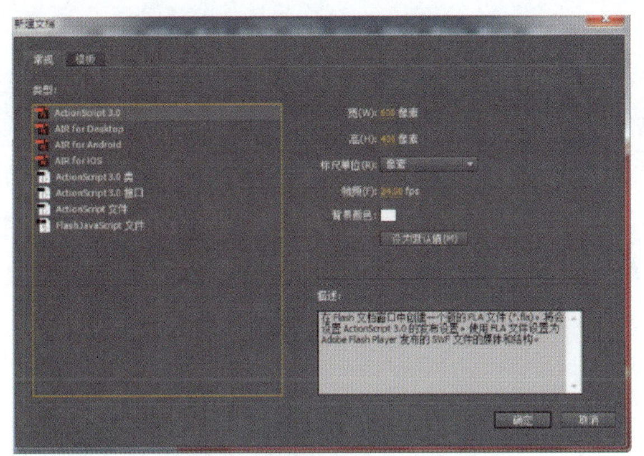

图 1—57

导入到舞台(I)... Ctrl+R
导入到库(L)...
打开外部库(O)... Ctrl+Shift+O
导入视频...

图 1—58

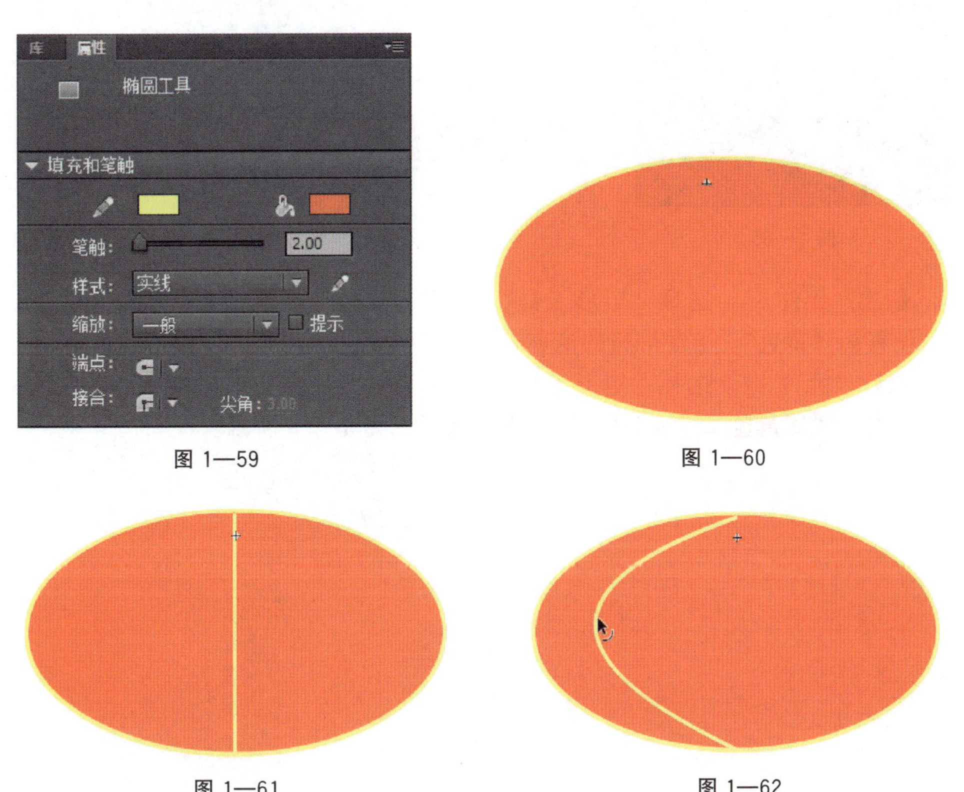

图 1—59

图 1—60

图 1—61

图 1—62

所示。再使用“部分选择工具”，把线条的两个手柄点出来，拉伸手柄可以调整线条弧度，如图 1—63 所示。

5. 重复步骤 4，绘制其他线条，效果如图 1—64 所示。

6. 新建“元件 2”，选择“矩形工具”，打开“属性”面板，把笔触颜色去除，填充颜色设置为“黄色”，如图 1—65 所示。然后在舞台上绘制一个黄色长方形，再把填充颜色设置为“红色”，在黄色的长方形上再绘制一个红色长方形，如图 1—66 所示。

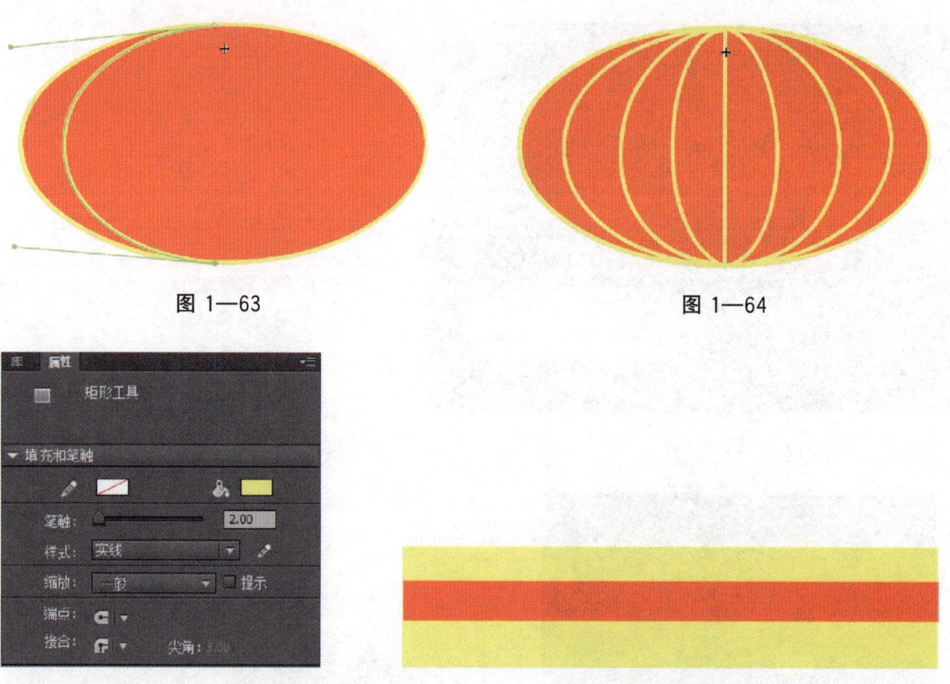

图 1—63　　图 1—64

图 1—65　　图 1—66

7. 新建“元件 3”，选择“矩形工具”，打开“属性”面板，把笔触颜色去除，填充颜色设置为“黄色”，绘制灯笼的流苏，效果如图 1—67 所示。

8. 新建“元件 4”，选择“矩形工具”，打开“属性”面板，把笔触颜色去除，填充颜色设置为“橘黄色”，绘制灯笼的吊绳，效果如图 1—68 所示。

图 1—67　　图 1—68

9. 新建“元件 5”，按顺序把“元件 1”“元件 2”“元件 3”“元件 4”拖到“元件 5”的舞台上，组合成一个灯笼，效果如图 1—69 所示。

10. 单击场景 1，新建图层 2，把“元件 5”拖进舞台，拖 4 次，然后将 4 个灯笼摆好位置，效果如图 1—70 所示。

图 1—69

图 1—70

11. 选择“文本工具”，打开“属性”面板，类型选择“静态文本”，字符中系列选择“微软雅黑”，样式选择“Regular”，大小为“30 磅”，颜色设置为“黄色”，如图 1—71 所示。然后分别在 4 个灯笼上写“新”“年”“快”“乐”4 个字，效果如图 1—72 所示。

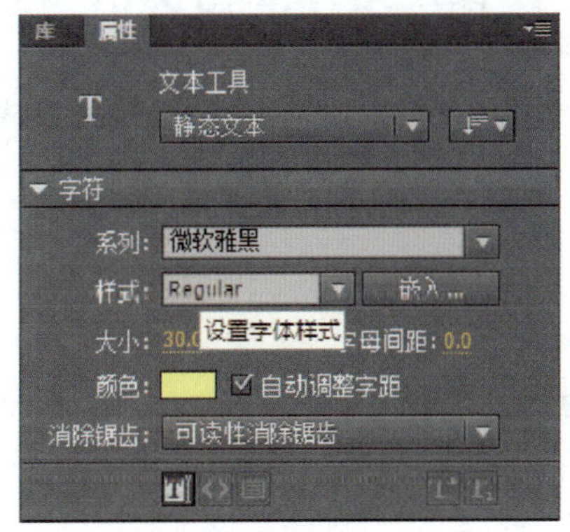

图 1—71

图 1—72

本章小结

本章主要介绍了 Flash CC 的基本概况，通过讲解 Flash CC 的应用领域、工作界面、工作环境、基本操作和新增功能等，使读者对其有一个基本认识，为后面的深入学习打下基础。

第二章　Flash CC 图形绘制基础

学习目标

- 掌握 Flash 的基本操作。
- 能熟练使用各种变形命令。
- 掌握组合各种图形的操作方法。
- 熟悉常用快捷键。

内容提要

通过第一章的学习，已经对 Flash CC 有了基本的了解，本章将带领大家进行实践操作，学习如何绘制图形。主要知识包括在使用椭圆工具和矩形工具时，如何设置“笔触颜色”和“填充色”的颜色；使用混色器面板时，应注意什么问题；使用颜料桶工具填色时，如何填充出不同的效果等。

2.1 绘制彩虹

2.1.1 案例描述

效果图

本案例主要讲述如何运用椭圆工具绘制彩虹，通过实际操作介绍一些绘制素材时经常使用的命令。通过本例的学习，要求能熟练掌握选择工具、椭圆工具、填充变形工具的使用方法以及颜色面板的设置方法，并能将其灵活应用到实践中。

2.1.2 制作步骤

1. 执行【新建】命令（图 2—1），弹出“新建文档”对话框，新建一个空白 Flash 文档，如图 2—2 所示。在右侧的“属性”面板，单击扳手图形按钮（图 2—3），打开编辑窗口，把分辨率设置为“300×300 像素”，单击“确定”按钮，如图 2—4 所示。

2. 打开“颜色”面板，如图 2—5 所示；在“颜色”面板内选择“线性渐变”，第一个色标颜色选为“白色”，第二个色标颜色改为“浅蓝色”，如图 2—6 所示。

3. 选择“矩形工具”，绘制一个 300×300 像素的矩形，放置在舞台上并且与舞台对齐，如图 2—7 所示。

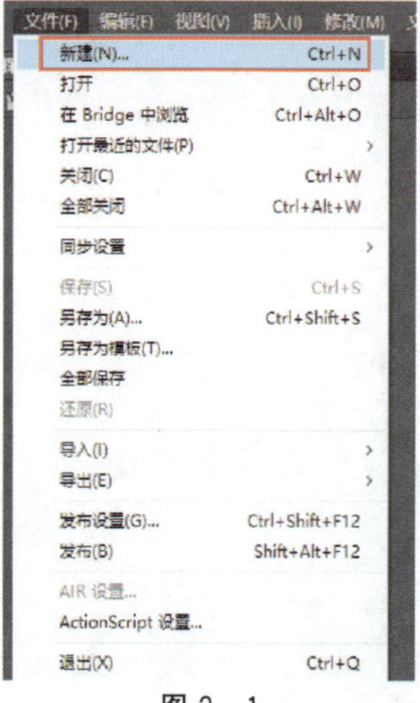

图 2—1

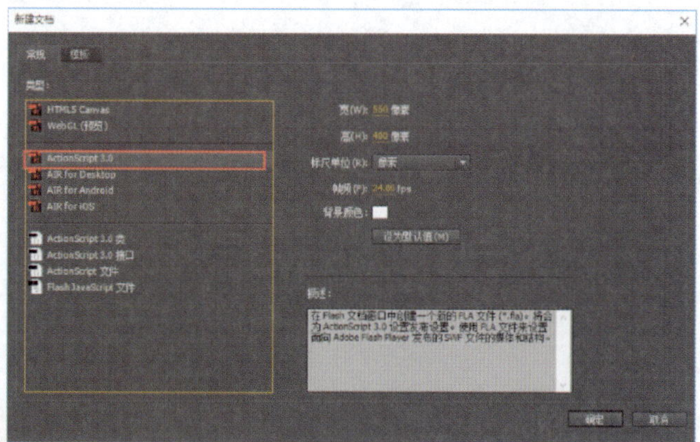

图 2—2

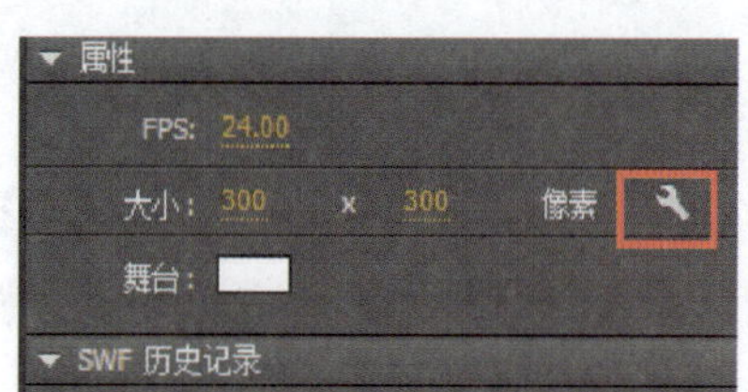

图 2—3

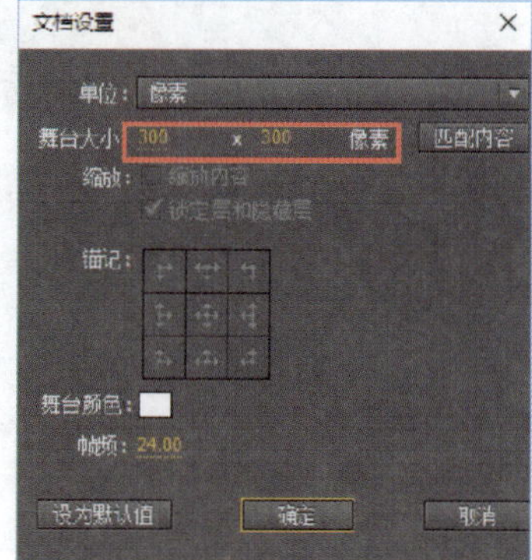

图 2—4

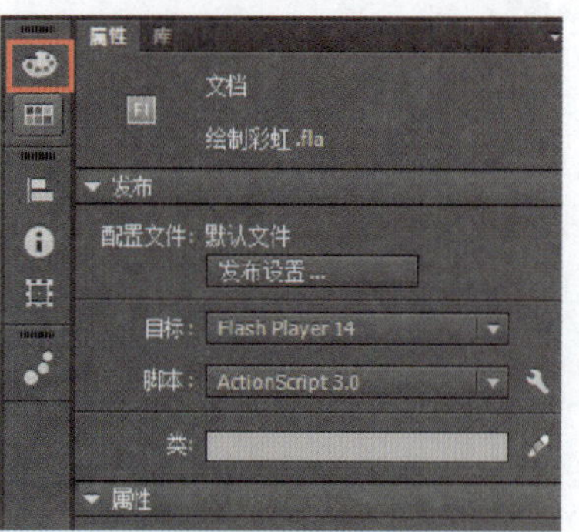

图 2—5

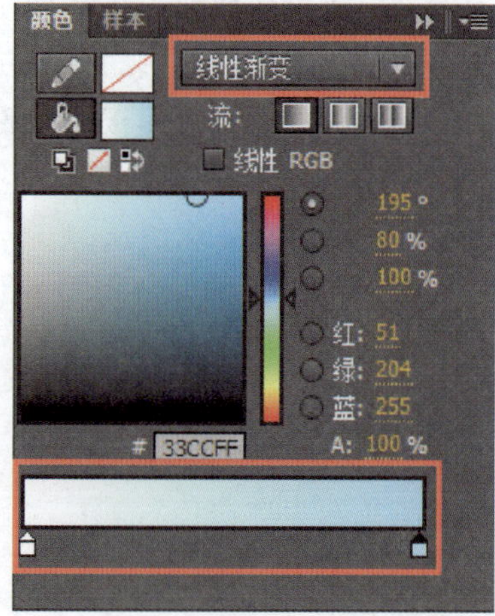

图 2—6

图 2—7

4. 选择“变形工具”，调整线性渐变的方向与位置，如图 2—8 和图 2—9 所示。

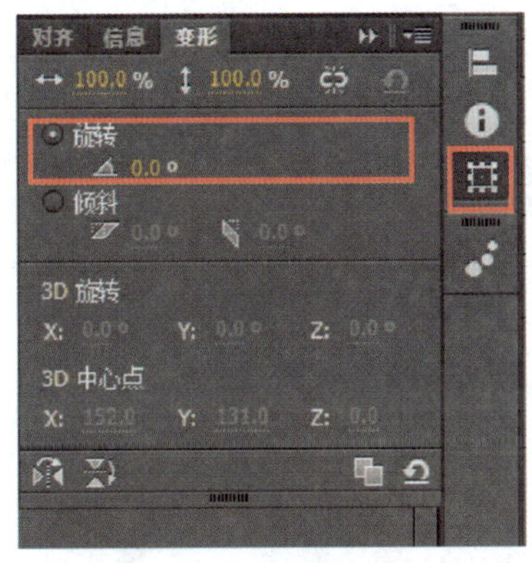

图 2—8

图 2—9

5. 在“插入”菜单选择【新建元件】命令，新建一个名为“彩虹”的图形元件，如图 2—10 所示。

6. 打开“视图”菜单，选择【网格】→【显示网格】命令，如图 2—11 所示。

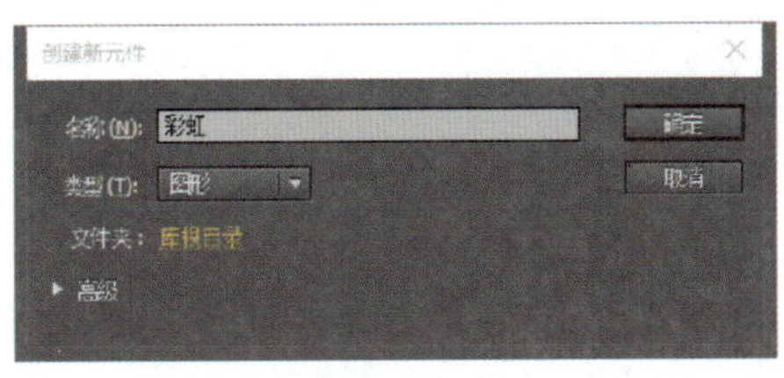

图 2—10

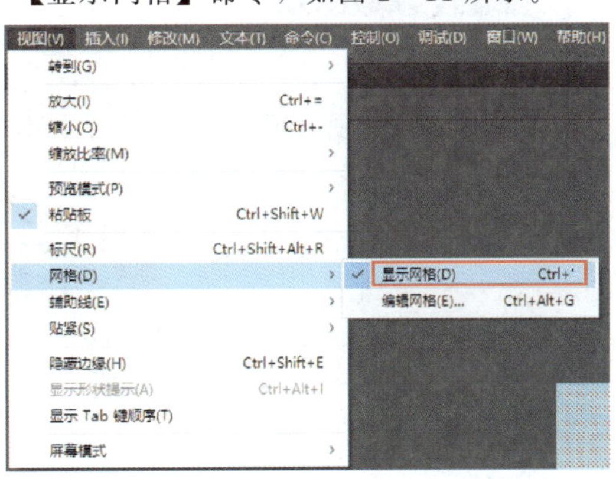

图 2—11

7. 选择“椭圆工具”，将笔触颜色设置为“黑色”，填充颜色设置为“无”，选中一个中心点，同时按住 Shift+Alt 组合键绘制一个圆框，用同样的方法再绘制 7 个同心圆框，如图 2—12、图 2—13 和图 2—14 所示。

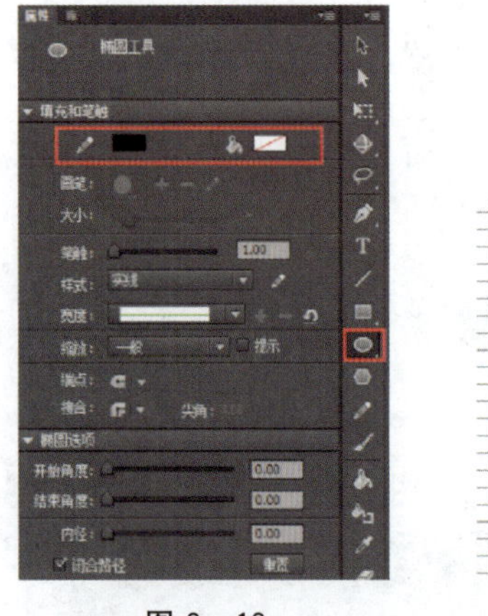

图 2—12

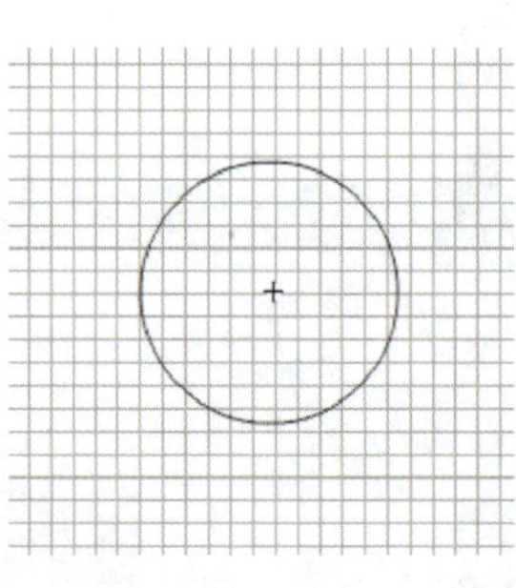

图 2—13

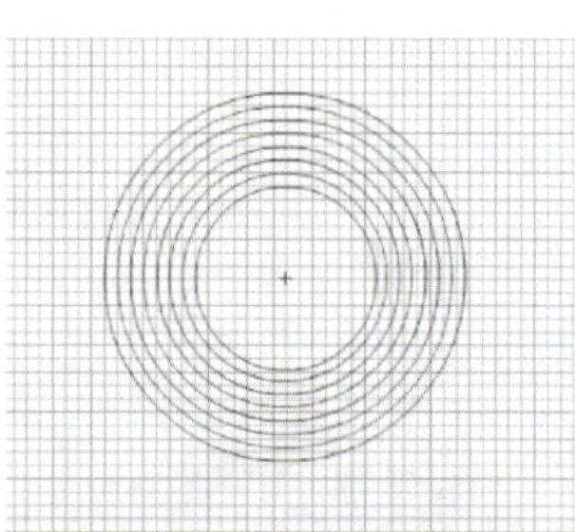

图 2—14

8. 选择“颜料桶工具”，如图 2—15 所示。依次选中“红”“橙”“黄”“绿”“青”“蓝”“紫”，填充 7 个圆框，如图 2—16 所示，填充完成后，单击“选择工具”，将黑色线条删除，如图 2—17 所示。

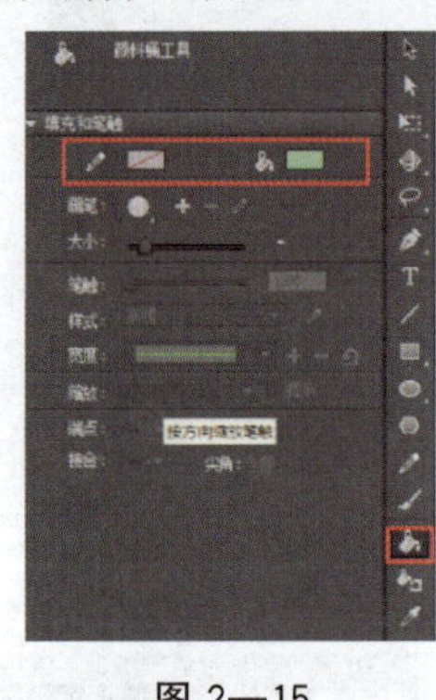

图 2—15

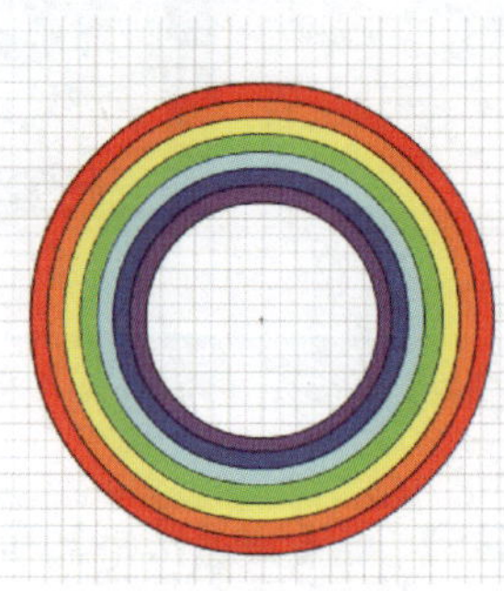

图 2—16

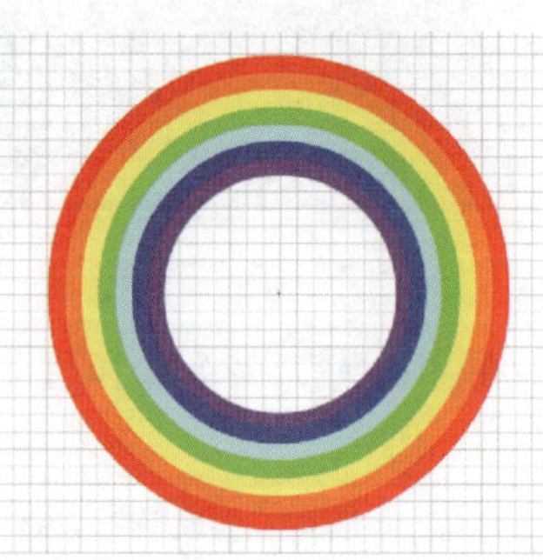

图 2—17

9. 再利用“选择工具”，选中整个圆形的一部分，按 Delete 键删除，如图 2—18 所

图 2—18

示。单击“场景 1”，返回场景 1 界面，打开库面板，将图形元件彩虹移到舞台上合适的位置，用“变形工具”调整其大小，如图 2—19 和图 2—20 所示。

图 2—19

图 2—20

10. 创建一个新的图层，命名为“云朵”，如图 2—21 所示。

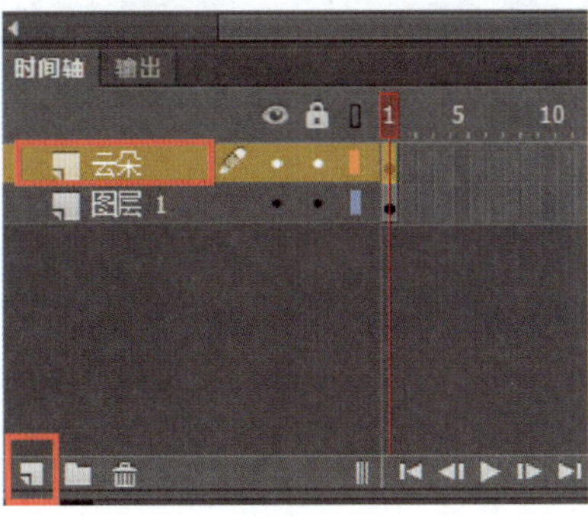

图 2—21

11. 在新的图层中选择“椭圆工具”，在“颜色”面板把笔触颜色设置为“无”，填充颜色设置为“白色”，在彩虹的下方绘制出云朵，如图 2—22 和图 2—23 所示。

图 2—22

图 2—23

12. 打开“文件”菜单，选择【导出】→【导出图像】命令，命名为“彩虹”，并保存，如图 2—24 和图 2—25 所示。

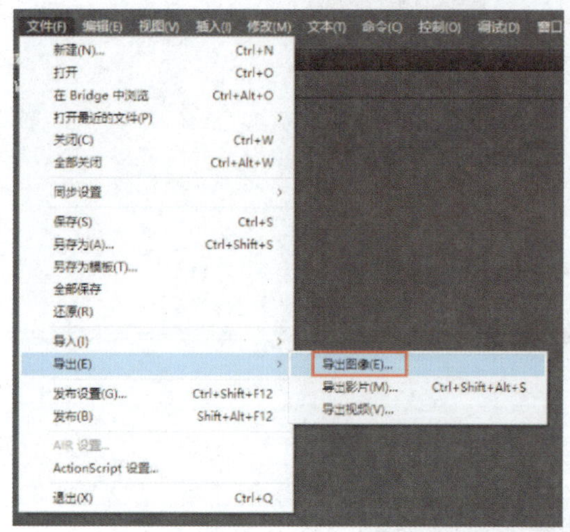

图 2—24

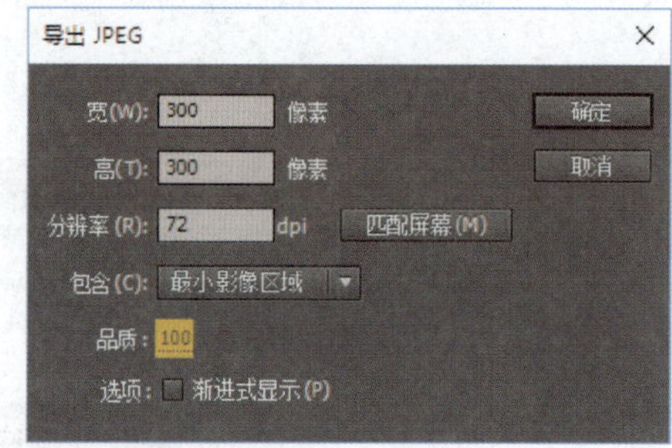

图 2—25

2.1.3 案例小结——椭圆工具的运用

本节主要介绍了一些基本工具的运用，如椭圆工具、变形工具、选择工具等。难点是使用 Flash 工具箱中的椭圆工具绘制图形以及对工具箱中各种工具的属性进行设置，如使用椭圆工具时同时按住 Shift+Alt 组合键可以绘制一个圆。

2.1.4 能力扩展

综合运用前面所学的知识，使用矩形工具、椭圆工具、填充工具和选择工具等命令，制作如下图所示的棒棒糖。

扩展效果图

2.2 绘制Q版角色小Q

2.2.1 案例描述

效果图

本案例主要讲述如何运用钢笔工具绘制Q版角色小Q。通过本例的学习，要求能熟练掌握选择工具、椭圆工具、填充变形工具的使用方法以及颜色面板的设置方法，并能将其灵活应用到实践中。

2.2.2 制作步骤

1. 执行【新建】命令，弹出“新建文档”对话框，新建一个空白 Flash 文档，在属性窗口把分辨率设置为“300×300 像素”。

2. 打开“插入”菜单，选择【新建元件】命令，弹出“创建新元件”窗口，把新建元件名称改为“Q 版角色”，单击“确定”按钮，如图 2—26 所示；选择“钢笔工具”，打开“颜色”面板，设置填充颜色和描边颜色，如图 2—27 所示。

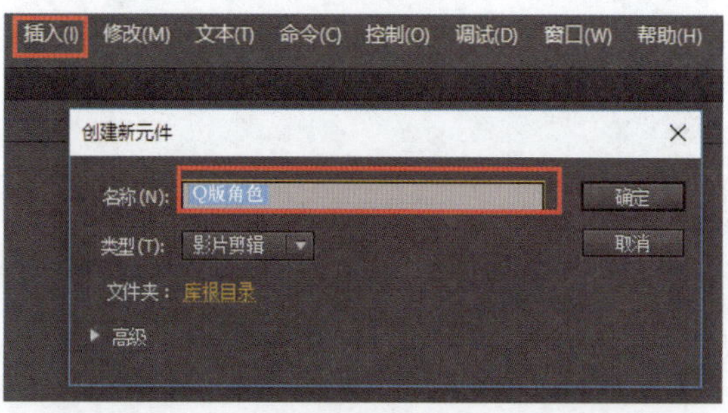

图 2—26

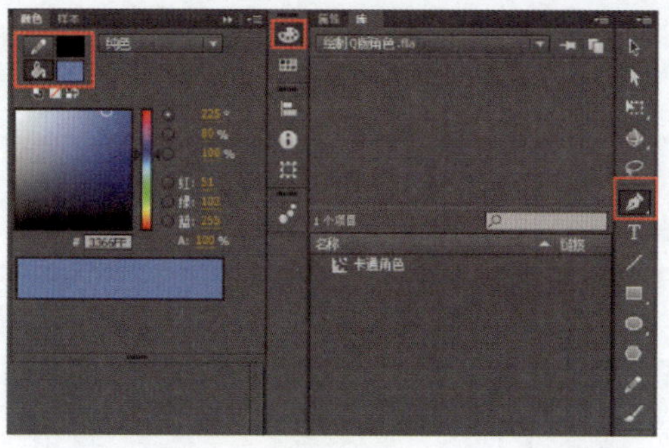

图 2—27

3. 在“颜色”面板内，把填充颜色设置为“黄色”，把描边颜色设置为“深黄色”，如图 2—28 所示。

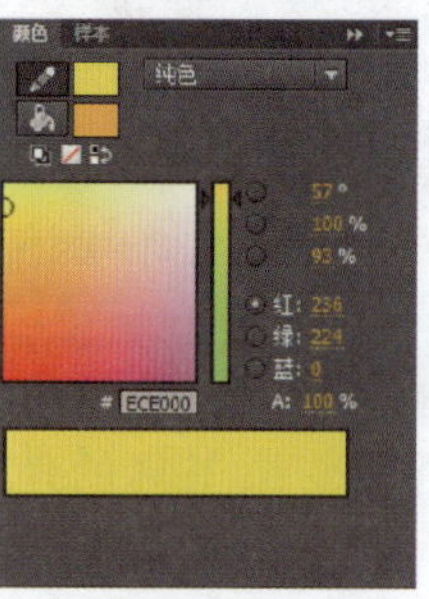

图 2—28

4. 使用“钢笔工具”在舞台中绘制图形路径，如图 2—29 所示。用鼠标左键按住“钢笔工具”不放，选择“转换锚点工具”调整路径形状，如图 2—30 所示；再使用“选择工具”调整路径形状，如图 2—31 所示。

图 2—29　　图 2—30　　图 2—31

5. 单击“填充”按钮，将路径内填充颜色，如图 2—32 所示。

图 2—32

6. 使用相同的方法，继续创建角色投影部分的路径，再填充颜色，如图 2—33、图 2—34 和图 2—35 所示。

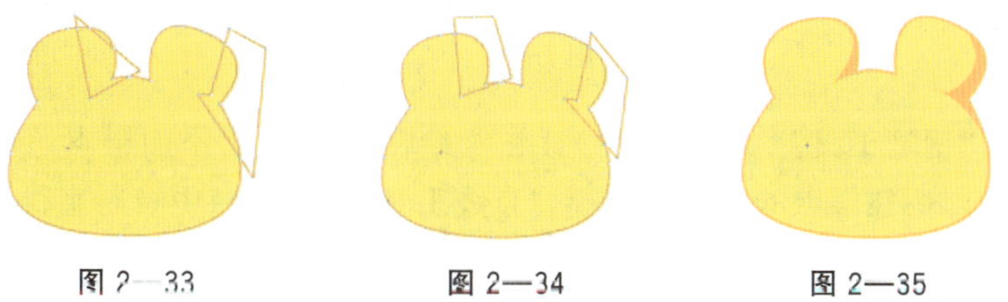

图 2—33　　图 2—34　　图 2—35

7. 新建图层，选择“椭圆工具”，打开“颜色”面板，设置填充颜色为“线性渐变”，如图 2—36、图 2—37 和图 2—38 所示。

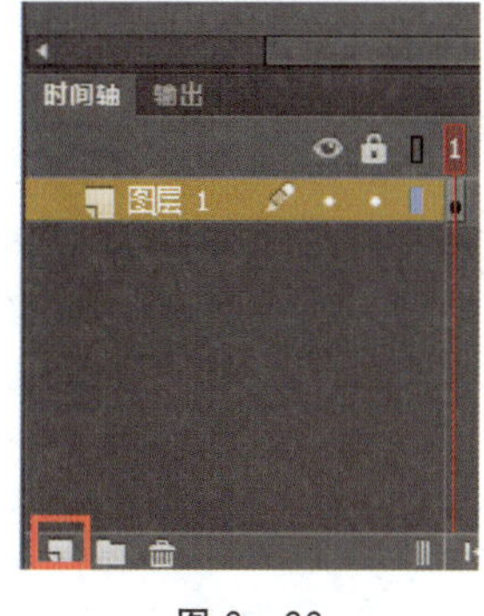

图 2—36

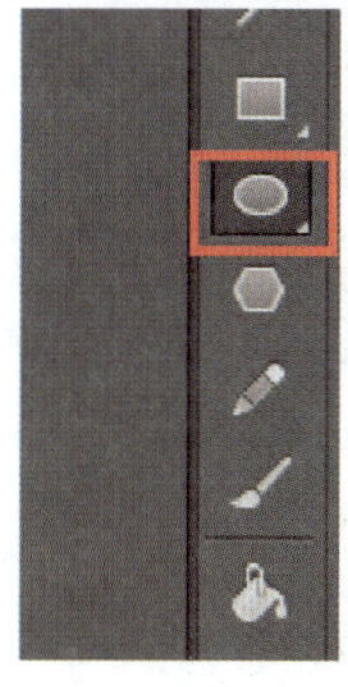

图 2—37

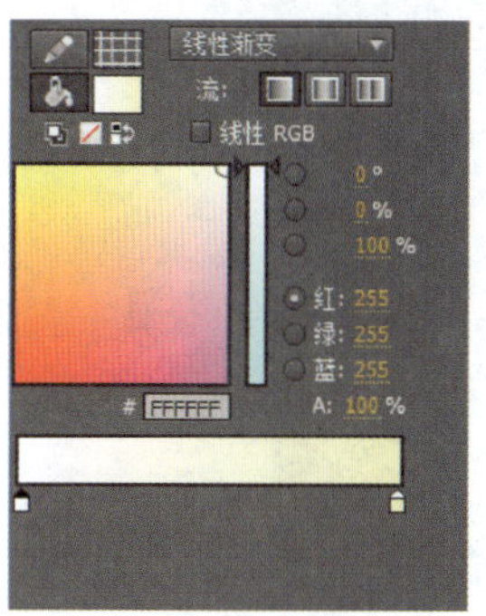

图 2—38

8. 在舞台中绘制椭圆形，如图 2—39 所示。新建图层 2，用同样的方法绘制两个椭圆形，如图 2—40 所示。

图 2—39

图 2—40

9. 新建图层 3，选择“矩形工具”，打开“颜色”面板，填充类型设置为“纯色”，颜色设置为“红色”，描边颜色设置为“深黄色”，在舞台中绘制一个矩形，如图 2—41、图 2—42 和图 2—43 所示。

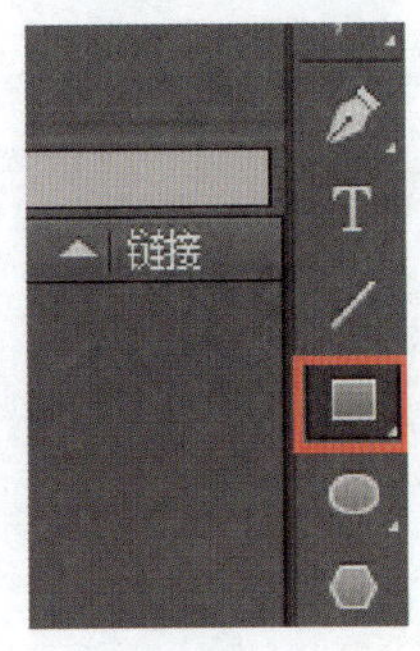

图 2—41

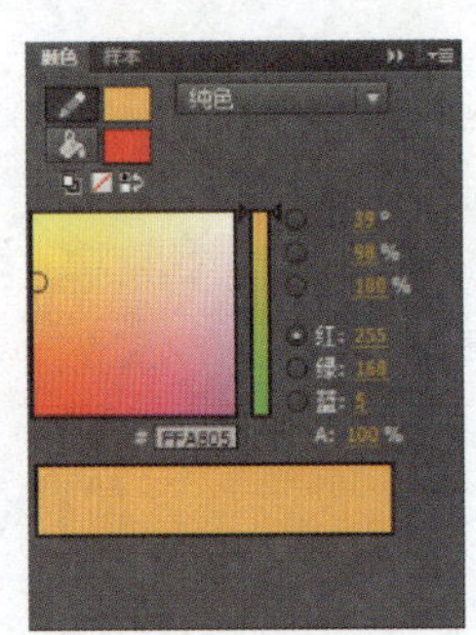

图 2—42

图 2—43

10. 选择“钢笔工具”（图 2—44），在刚绘制的图形上添加锚点。选择“选择工具”（图 2—45）调整锚点的形状。选择“直线工具”，在舞台中绘制直线，使用“选择工具”对直线进行调整，效果如图 2—46 所示。

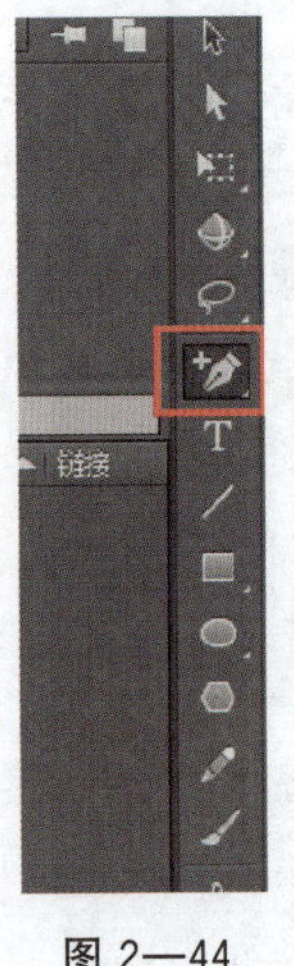

图 2—44

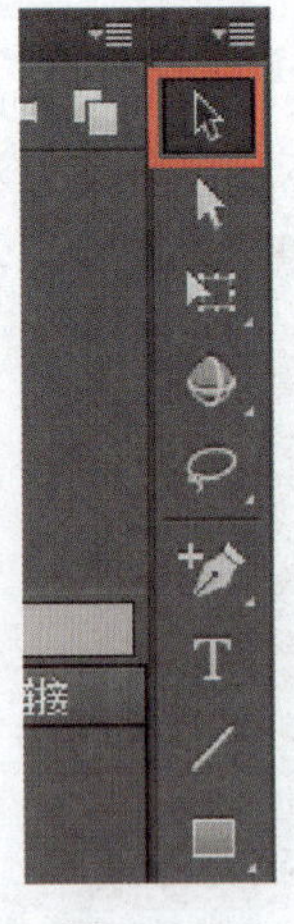
图 2—45

图 2—46

11. 新建图层 4，用椭圆工具绘制角色的眼睛，填充为黑色，再用椭圆工具绘制眼睛的高光，如图 2—47 所示。用同样的方法做出角色的躯体，使用选择工具选中躯体多余的轮廓线并删掉，效果如图 2—48 所示。

图 2—47

图 2—48

12. 返回场景 1 界面，选择“矩形工具”，设置描边颜色为“无”，设置填充颜色为径向渐变，在舞台中绘制一个矩形，将矩形设置为“300×300 像素”，并调整其位置，如图 2—49、图 2—50、图 2—51 和图 2—52 所示。

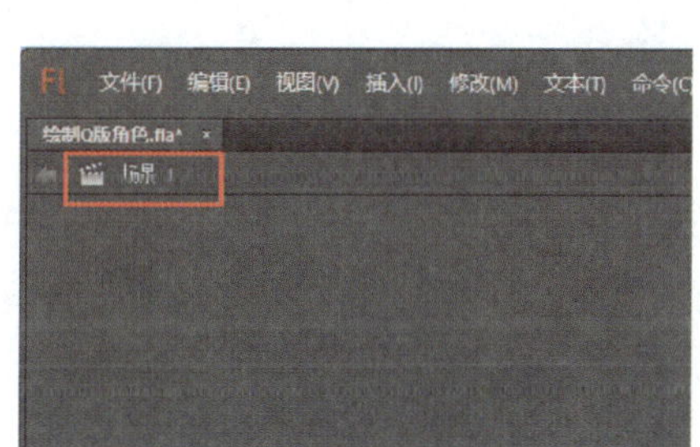

图 2—49

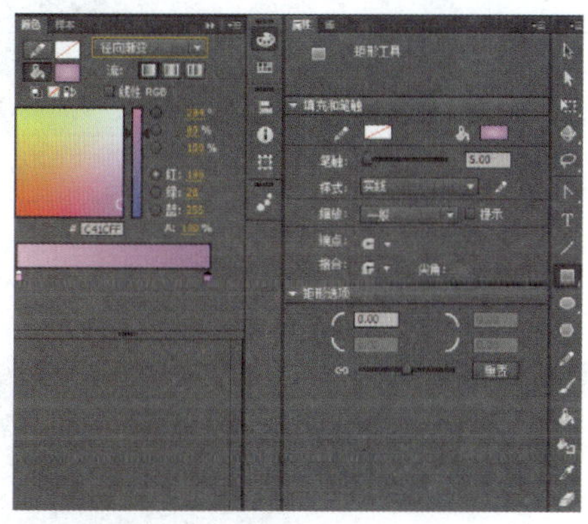

图 2—50

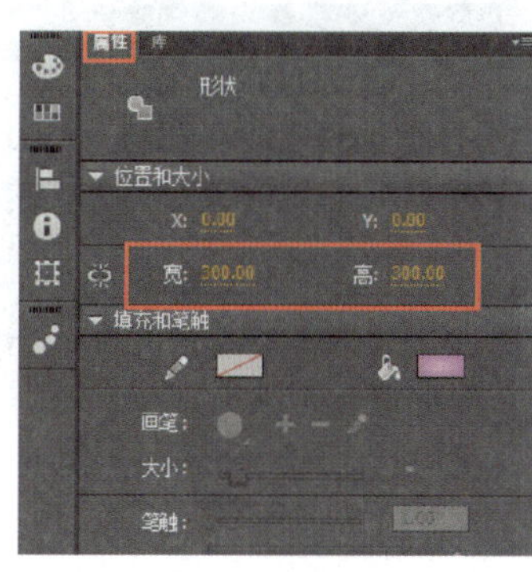

图 2—51

图 2—52

13. 打开“库”面板，把刚绘制的角色拖到舞台中，使用“变形工具”调整位置，完成角色的绘制，如图 2—53 和图 2—54 所示。

图 2—53

图 2—54

14. 选择“文件”菜单中的“导出”命令，导出图像，命名为“小 Q”并保存，如图 2—55 和图 2—56 所示。

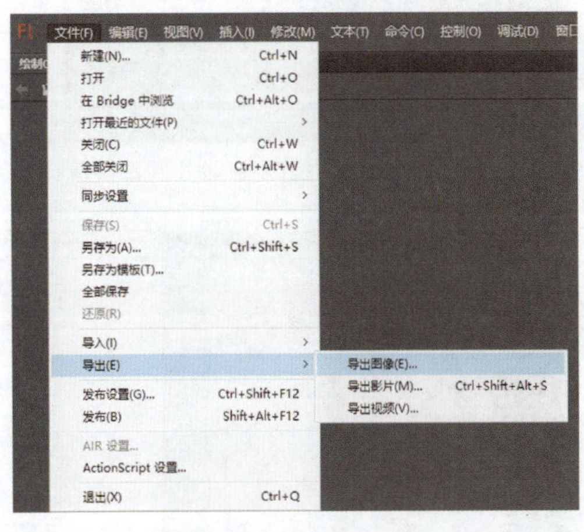

图 2—55

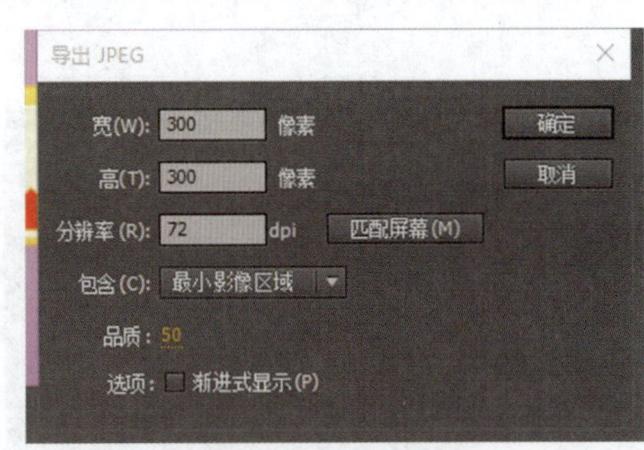

图 2—56

2.2.3 案例小结——钢笔工具的运用

本节的难点是钢笔工具的运用，钢笔工具主要用于绘制直线和曲线，其下拉菜单中不同的图标有不同的含义（分别是钢笔工具、增加锚点工具、删除锚点工具、转换锚点工具)。使用钢笔工具可以创建需要的曲线路径，只要熟练掌握其使用方法，这种简单的 Q 版角色制作起来就会得心应手。

2.2.4 能力扩展

扩展效果图

综合运用前面所学的知识，使用钢笔工具和选择工具等命令，制作如上图所示的 Q 版角色。

2.3 绘制星空

2.3.1 案例描述

效果图

本案例主要通过实际操作介绍一些绘制素材时经常使用的命令。通过本例的学习，要求熟练掌握选择工具、椭圆工具、矩形工具、填充变形工具的使用方法和颜色面板的设置方法，并能灵活应用到实践中。

2.3.2 制作步骤

1. 新建文档，在属性窗口将分辨率设置为“600×400像素”。

2. 打开“插入”菜单，选择【新建元件】命令，弹出“创建新元件”窗口，把新建元件名称改为“月亮”，单击“确定”按钮，如图2—57所示；选择“钢笔工具”，打开“颜色”面板，设置填充颜色和描边颜色，如图2—58所示。

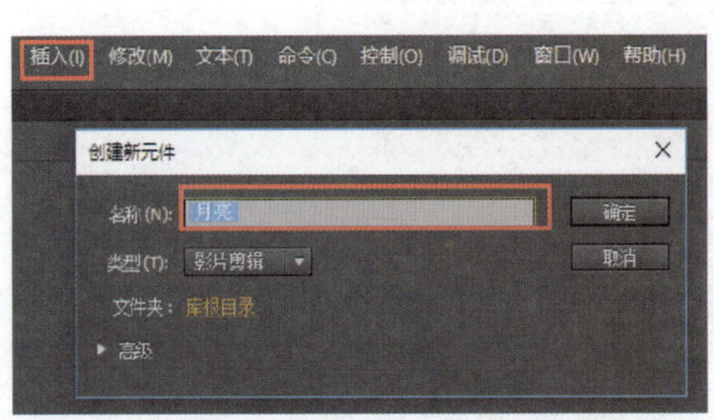

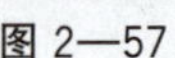
图2—57

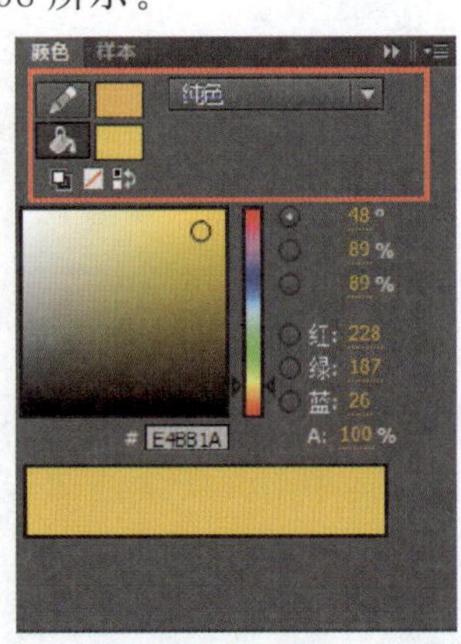

图2—58

3. 使用“钢笔工具”在舞台中绘制月亮的外形，如图2—59所示。

4. 使用“填充工具”填充相应的颜色，如图2—60所示；新建图层1，用同样的方法绘制月亮的明暗细节，如图2—61所示。

5. 新建图层2，选择“椭圆工具”，设置相应的填充颜色，在舞台中绘制一个椭圆形，如图2—62所示。

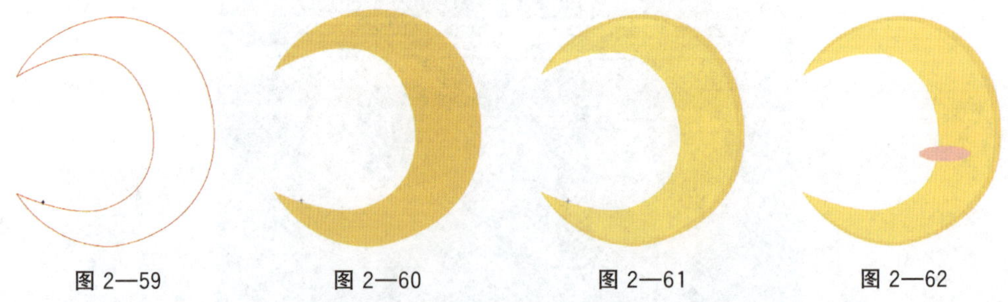

图2—59　　图2—60　　图2—61　　图2—62

6. 使用同样的方法，继续创建角色的眼睛，并调整其位置，如图2—63、图2—64和图2—65所示。

7. 新建图层3，选择“钢笔工具”，打开“颜色”面板，设置相应的颜色，绘制月亮的眉毛、嘴巴，再填充颜色，如图2—66所示。

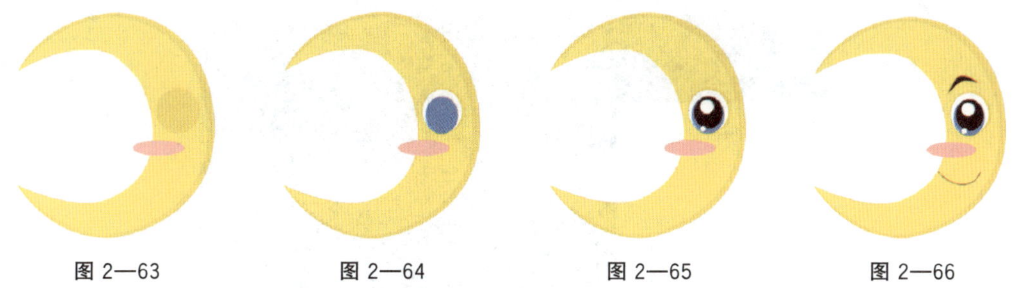

图 2—63　　图 2—64　　图 2—65　　图 2—66

8. 打开“插入”菜单，选择【新建元件】命令，弹出“创建新元件”窗口，把新建元件名称改为“星星”，单击“确定”按钮，如图 2—67 所示。

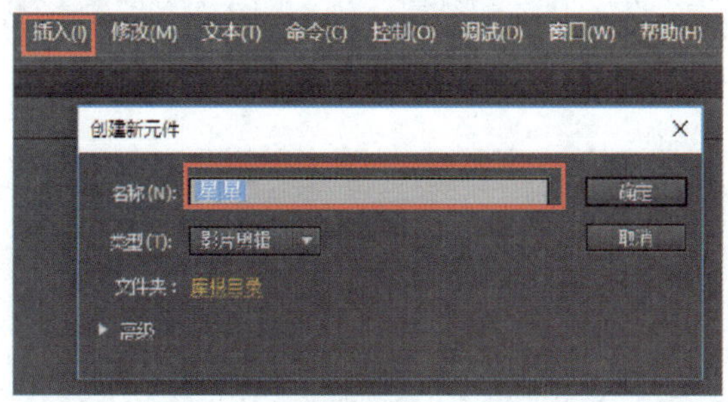

图 2—67

9. 选择“钢笔工具”以及相应的线框颜色绘制星星的形状，填充相应的颜色，如图 2—68 所示；新建图层 4，用同样的方法绘制星星的明暗细节，如图 2—69 所示。

10. 新建图层 5，使用“椭圆工具”绘制星星的脸部细节，如图 2—70 所示。

图 2—68　　图 2—69　　图 2—70

11. 返回场景 1，使用“矩形工具”，打开“颜色”面板设置相应的颜色，在舞台中绘制一个矩形，如图 2—71 所示。

12. 选择绘制的矩形，在右侧“属性”面板上设置其尺寸为“400×600 像素”，如图 2—72 所示。

13. 选择绘制的矩形，使用“变形工具”，旋转 90°并且匹配到舞台上，绘制出背景，如图 2—73 所示。

14. 打开“库”面板，把绘制好的“月亮”和“星星”元件拖到舞台中，使用“变形工具”摆放到相应的位置，如图 2—74 所示。

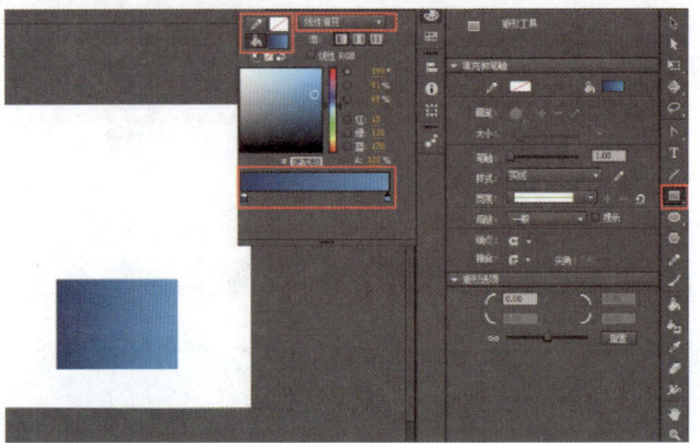

图 2—71

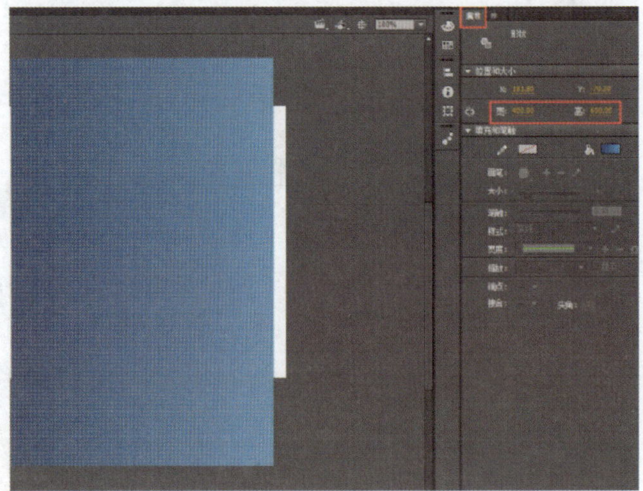

图 2—72

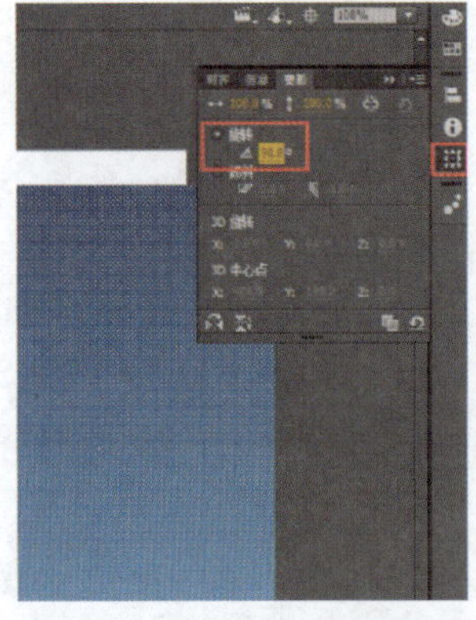

图 2—73

图 2—74

15. 新建图层，用“钢笔工具”绘制云朵，填充相应的颜色，并且把云朵的图层放置在月亮图层的上方，如图 2—75 所示。

图 2—75

16. 打开“文件”菜单，选择【导出】→【导出图像】命令，将图片导出，如图 2—76 所示；导出图片的具体参数如图 2—77 所示。

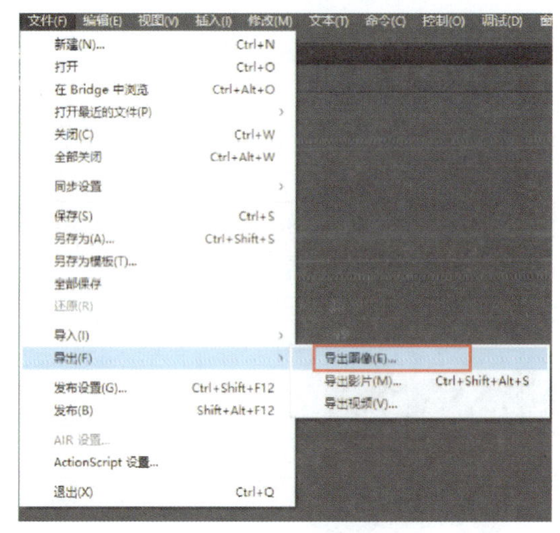

图 2—76

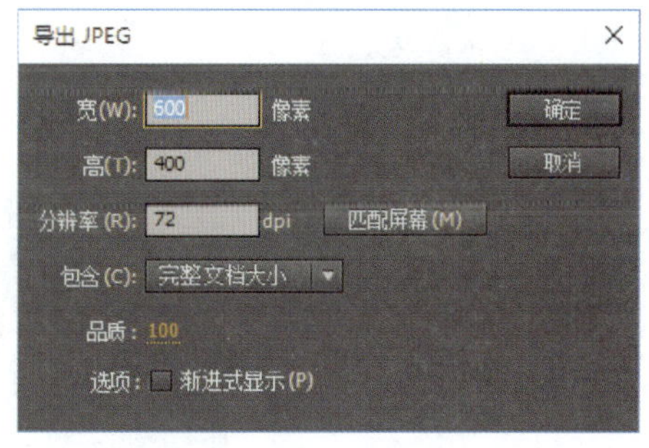

图 2—77

2.3.3 案例小结——钢笔工具的运用

本节通过一个简单的小场景绘制案例使大家对绘制完整的场景有一个深入的了解。难点是钢笔工具的运用和对图层、元件的叠放顺序的整理。排列同一图层上的对象，Flash 会根据对象绘制的先后顺序层叠放置，先绘制的放在最下面，最后绘制的放在最上面。对于群组、绘制对象、元件实例和文本，可以改变它们在舞台上的叠放顺序，通过图层和元件的不同叠放顺序可产生不同的层次效果。

2.3.4 能力扩展

扩展效果图

综合运用前面所学的知识，使用钢笔工具和选择工具等命令，制作如上图所示的太阳白云。

2.4 绘制卡通角色阿健

2.4.1 案例描述

效果图

本案例主要讲述如何运用钢笔工具绘制卡通角色阿健。通过本例的学习，要求熟练掌握选择工具、椭圆工具、矩形工具、填充变形工具的使用方法和颜色面板的设置方法，并能将其灵活应用到实践中。

2.4.2 制作步骤

1. 新建文档，在属性窗口将分辨率设置为“500×500 像素”。

2. 打开“插入”菜单，新建元件，命名为“头部”，如图 2—78 所示。在“颜色”面板内选择一种皮肤颜色，用“椭圆工具”创建一个圆形，填充颜色为浅一点的皮肤颜色，边框颜色为深一点的红色，如图 2—79 和图 2—80 所示。

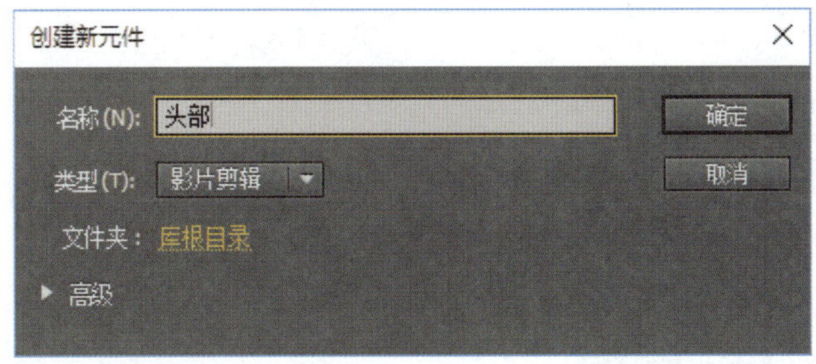

图 2—78

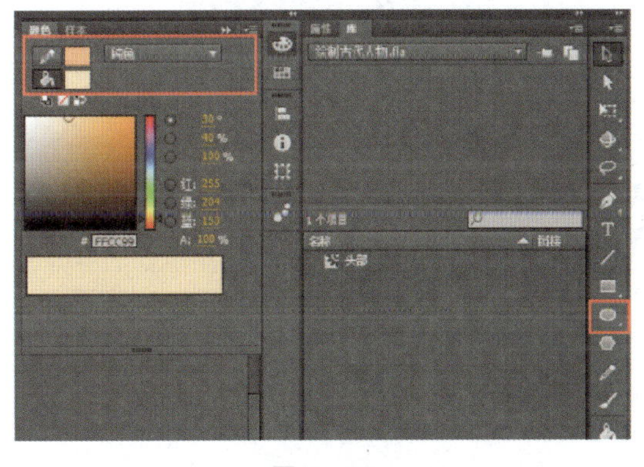

图 2—79

图 2—80

3. 选择“选择工具”，对绘制的图形进行调整（调整人物脸部形状），如图 2—81 所示。

4. 新建图层 1，用同样的方法绘制图形，如图 2—82 所示。

5. 新建图层 2，选择“椭圆工具”，在“颜色”面板中设置填充颜色为径向渐变的填充颜色，如图 2—83 所示；在舞台中绘制两个椭圆形，如图 2—84 所示。

6. 新建图层 3，用同样的方法，在舞台中绘制两个椭圆形，如图 2—85 所示。

7. 新建图层 4，用同样的方法绘制眼睛，如图 2—86 所示。

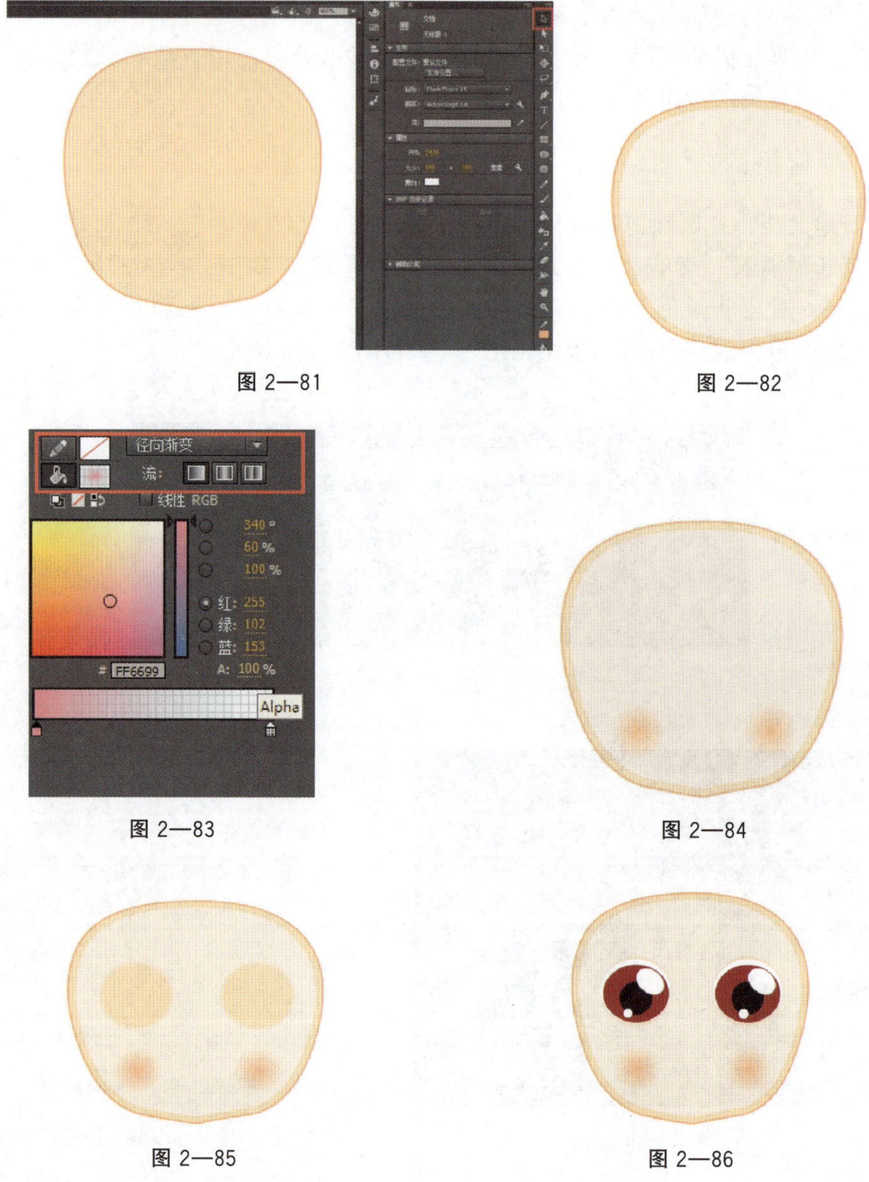

图 2—81　　图 2—82

图 2—83　　图 2—84

图 2—85　　图 2—86

8. 新建图层 5，使用“钢笔工具”勾出眉毛的形状并且填充相应的颜色，如图 2—87 所示。

9. 新建图层 6，同样用“钢笔工具”勾出嘴巴的形状并且填充相应的颜色，如图 2—88 所示。

10. 新建图层 7，用同样的方法绘制出耳朵部分，并且调整图层的位置放置在最下方，如图 2—89 所示。

11. 新建图层 8，在舞台中使用“钢笔工具”绘制头发轮廓线，如图 2—90 所示。

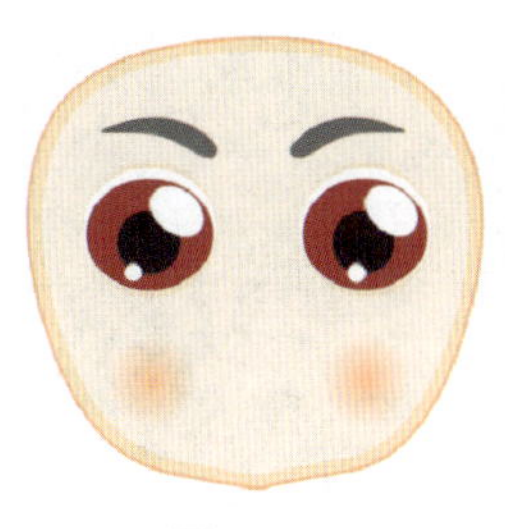
图 2—87

图 2—88

图 2—89

12. 选择“填充工具”为轮廓线填充相应的颜色，把轮廓线删掉，如图 2—91 所示。

13. 新建图层 9，用同样的方法绘制头发的细节，如图 2—92 所示。

14. 新建图层 10，用同样的方法绘制角色的围巾，如图 2—93 所示。

图 2—90

图 2—91

图 2—92

图 2—93

15. 新建图层 11，用同样的方法绘制角色的身体，如图 2—94 所示。

16. 新建图层 12，用同样的方法绘制角色的四肢，注意手部的位置与围巾的前后关系，如图 2—95 所示。

图 2—94

图 2—95

17. 打开“库”面板，把刚绘制的角色拖到舞台中。用“矩形工具”绘制背景，然后导出图像，如图 2—96 和图 2—97 所示。

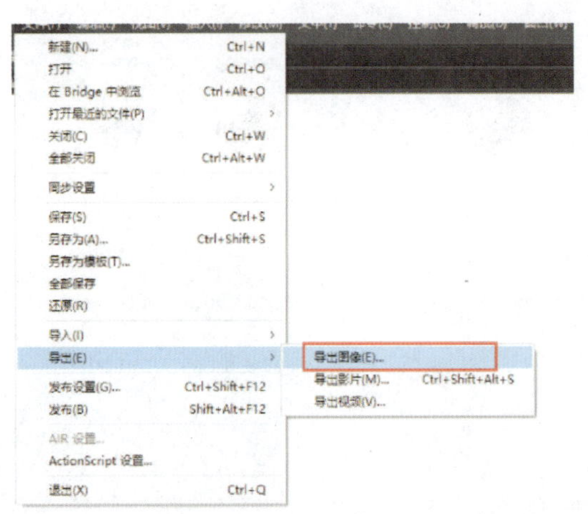

图 2—96

图 2—97

2.4.3 案例小结——钢笔工具、选择工具的运用

本节的难点是钢笔工具和选择工具的运用，选择工具可以选择、移动舞台上的对象，还可以调整图形的形状、进入或退出整体对象内部进行操作。本节主要目的是练习用钢笔工具和选择工具快速地绘制卡通角色。

2.4.4 能力扩展

扩展效果图

综合运用前面所学的知识，使用钢笔工具、矩形工具、椭圆工具、填充工具和选择工具等命令，制作如上图所示的人物角色。

2.5 绘制卡通动物小熊

2.5.1 案例描述

效果图

本案例主要讲述如何运用钢笔工具绘制卡通动物小熊。通过本例的学习，巩固上一节的知识，强化绘制角色素材的能力。要求熟练掌握选择工具、椭圆工具、矩形工具、填充变形工具的使用方法和颜色面板的设置方法，并能将其灵活应用到实践中。

2.5.2 制作步骤

1. 新建文档，在属性窗口将分辨率设置为“400×400像素”。

2. 打开“插入”菜单，选择【新建元件】命令，弹出“创建新元件”窗口，把新建元件名称改为“小熊”，单击“确定”按钮，如图2—98所示。

图 2—98

3. 选择“椭圆工具”，打开“颜色”面板，设置相应的填充颜色，在舞台中绘制一个椭圆形并调整绘制椭圆的形状，如图 2—99 所示。

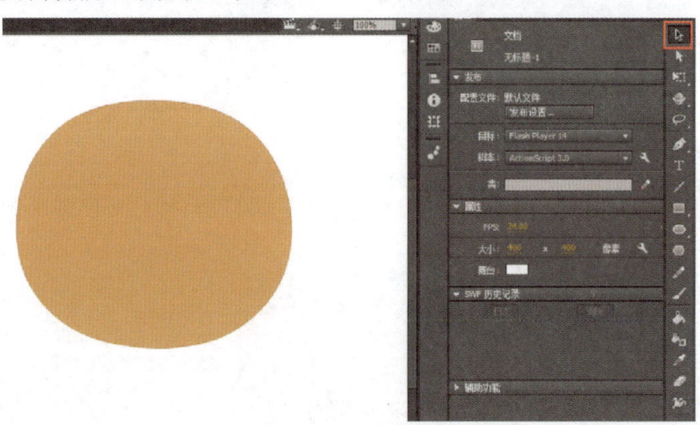

图 2—99

4. 新建图层 1，用“钢笔工具”在椭圆上绘制曲线，如图 2—100 所示；用“转换锚点工具”（鼠标左键按住“钢笔工具”不放，选择锚点工具）调整曲线的形状，再填充相应的颜色，如图 2—101 所示。

5. 新建图层 2，用“钢笔工具”绘制曲线，如图 2—102 所示；用“转换锚点工具”调整曲线的形状，如图 2—103 所示，再填充相应的颜色，如图 2—104 所示。

6. 新建图层 3，用同样的方法绘制角色的鼻子，如图 2—105 所示。

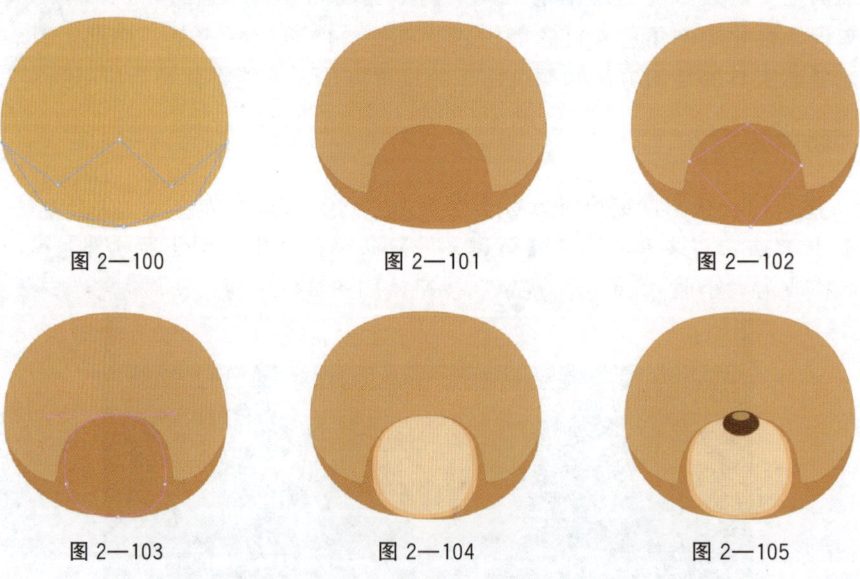

图 2—100　图 2—101　图 2—102

图 2—103　图 2—104　图 2—105

7. 新建图层 4，用“钢笔工具”绘制曲线，如图 2—106 所示；用“转换锚点工具”调整曲线的形状，如图 2—107 所示；再次选择“钢笔工具”在刚绘制的曲线上创建曲线，如图 2—108 所示；最后分别填充相应的颜色，如图 2—109 所示。

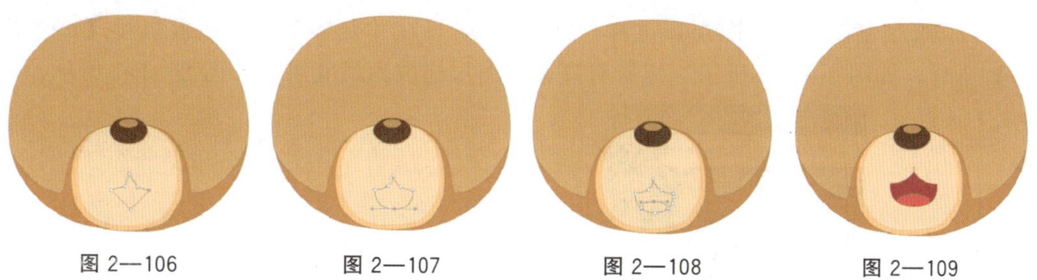

图 2—106　图 2—107　图 2—108　图 2—109

8. 新建图层 5，用“椭圆工具”绘制头部的细节，如图 2—110 所示。

9. 新建图层 6，用“钢笔工具”绘制角色的耳朵，并填充相应的颜色，如图 2—111 所示。

10. 新建图层 7，用“钢笔工具”在耳朵上绘制曲线，如图 2—112 所示；用“填充工具”填充相应的颜色，如图 2—113 所示；新建图层 8，用同样的方法绘制耳朵的细节，如图 2—114 所示。

11. 选择耳朵部分的图层，右击执行【拷贝图层】命令（图 2—115），再右击执行【粘贴图层】命令，复制耳朵的图层。

图 2—110　图 2—111　图 2—112　图 2—113

图 2—114

图 2—115

12. 选中复制出来的图层，选择“变形工具”，在“变形工具”面板执行【水平翻转】命令，如图 2—116 所示。把所有耳朵的图层拖拽到最底层，如图 2—117 所示。

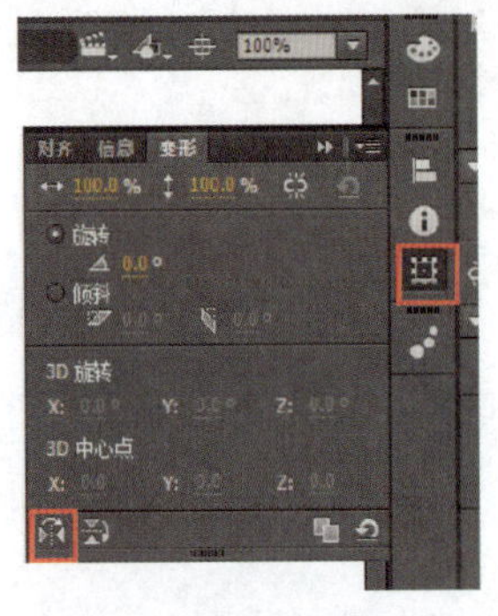

图 2—116

图 2—117

13. 新建图层 9，用“钢笔工具”绘制角色身体部分的曲线，如图 2—118 所示，并填充相应的颜色，如图 2—119 所示；新建图层 10，在角色的身体上用“钢笔工具”绘制“爱心”的形状并填充相应的颜色，如图 2—120 所示；用同样的方法绘制“爱心”的明暗细节，如图 2—121 所示。

图 2—118　　图 2—119　　图 2—120　　图 2—121

14. 新建图层 11，用“钢笔工具”绘制角色的手部曲线，如图 2—122 所示，并填充相应的颜色，如图 2—123 所示；把手部的图层拖拽到最底层，如图 2—124 所示。

图 2—122　　图 2—123　　图 2—124

15. 新建图层 12，用“钢笔工具”绘制角色的手掌，如图 2—125 所示；复制手掌的图层，并使用“变形工具”进行水平翻转变形，调整位置，如图 2—126 所示。

16. 新建图层 13，用同样的方法绘制角色的脚部，如图 2—127 所示。

17. 新建图层 14，用“钢笔工具”绘制身体的细节，如图 2—128 所示。

18. 单击左上角的“场景 1”按钮，打开“库”面板，把“小熊”元件拖拽到舞台中，如图 2—129 所示；选中“小熊”元件用“变形工具”摆放到舞台中。

图 2—125

图 2—126

图 2—127

图 2—128

图 2—129

19. 在“文件”菜单中执行【导出图像】命令，如图 2—130 所示，导出图像的具体参数如图 2—131 所示。

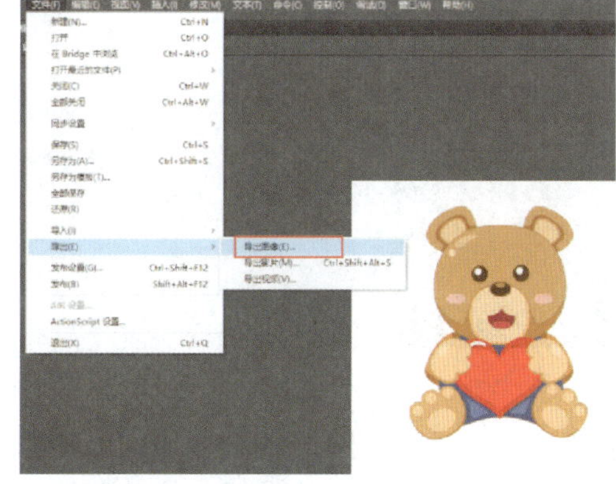

图 2—130

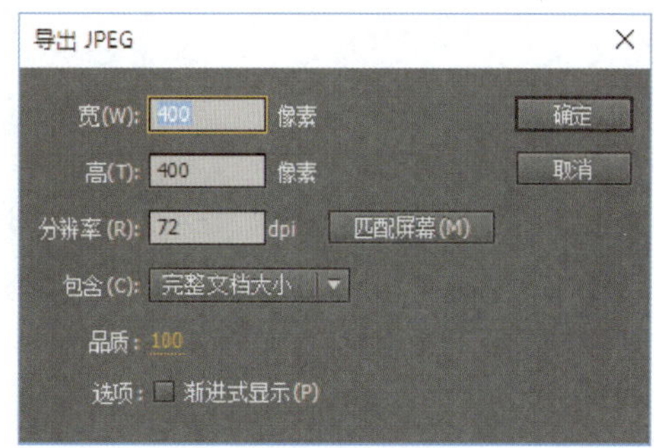

图 2—131

2.5.3 案例小结——钢笔工具、变形工具的运用

本节大量使用了钢笔工具和变形工具来绘制图形，以达到巩固上一节知识的目的。使用变形工具不仅可以对矢量图形进行缩放、旋转、倾斜、扭曲等，还可以对元件实例、群组、文本和位图等执行这些操作。

2.5.4 能力扩展

扩展效果图

综合运用前面所学的知识，使用钢笔工具和选择工具等命令，制作如上图所示的插画角色。

2.6 绘制风景

2.6.1 案例描述

效果图

本案例主要讲述如何运用矩形工具绘制风景场景。通过本例的学习，要求能熟练掌握矩形工具、钢笔工具、填充变形工具的使用方法和颜色面板的设置方法，并能将其灵活应用到实践中。

2.6.2 制作步骤

1. 新建文档，在属性窗口将分辨率设置为“550×400 像素”，单击“确定”按钮。

2. 选择“矩形工具”，打开颜色面板，设置填充颜色为“深绿”，在舞台中绘制一个“550×75 像素”的矩形，如图 2—132 和图 2—133 所示。

图 2—132

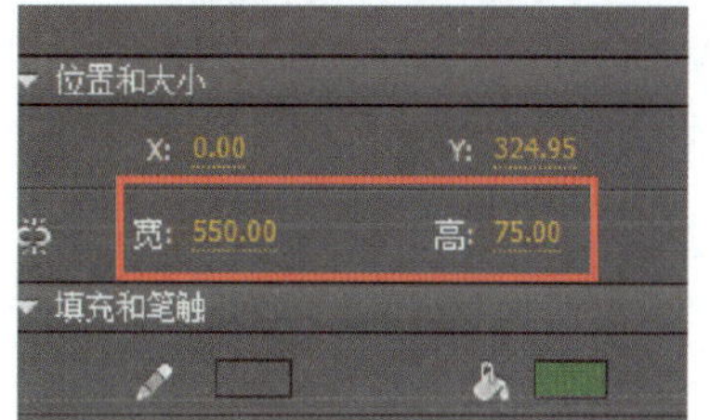

图 2—133

3. 新建图层 2，用同样的方法再绘制一个矩形，并填充相应的颜色，如图 2—134 所示。

4. 新建图层 3，放在图层 2 的下面。选择“钢笔工具”，打开“颜色”面板，设置填充颜色为“深绿色”，描边颜色为“深咖啡色”，如图 2—135 和图 2—136 所示；使用“钢笔工具”在舞台中绘制路径（远处草丛亮面细节的形状），并填充颜色，然后把轮廓线删掉，如图 2—137 和图 2—138 所示。

图 2—134

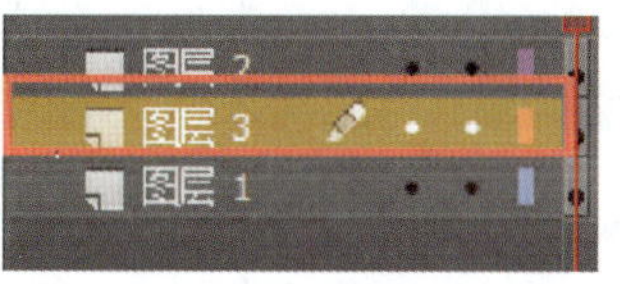

图 2—135

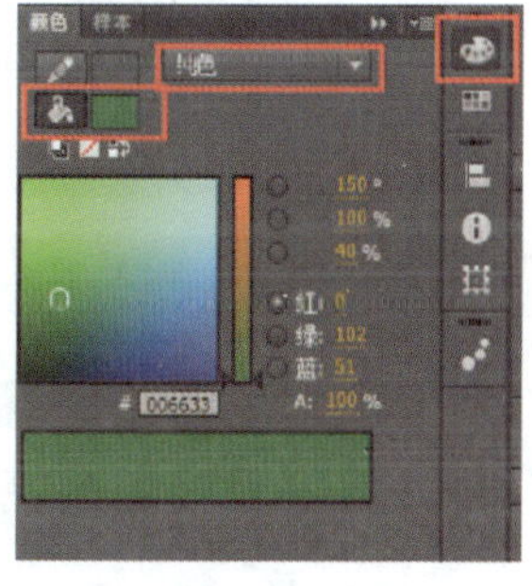

图 2—136

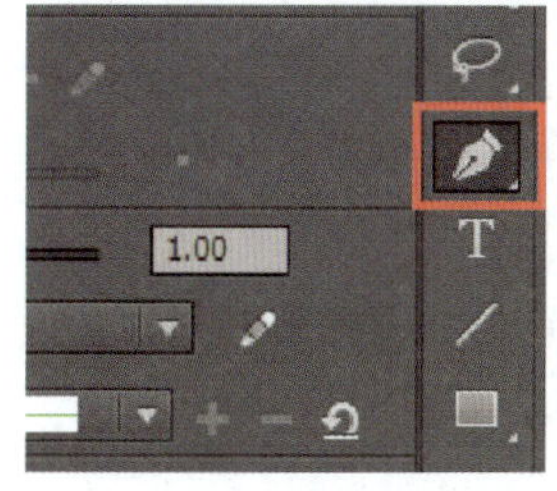

图 2—137

图 2—138

5. 新建图层 4，把图层 4 拖拽到图层 1 的下面，选择“矩形工具”，设置描边颜色为“无”，填充颜色选择“线性渐变”，设置一个由白色到淡蓝色的渐变颜色，如图 2—

139 所示；然后在场景中绘制矩形，选中绘制的矩形，执行“变形工具”的【旋转】和【缩放】命令，如图 2—140 所示。用“选择工具”摆放好矩形的位置，得到如图 2—141 所示的效果。

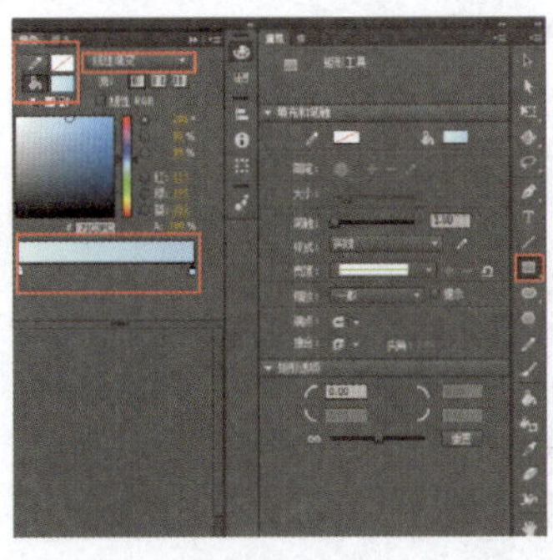

图 2—139

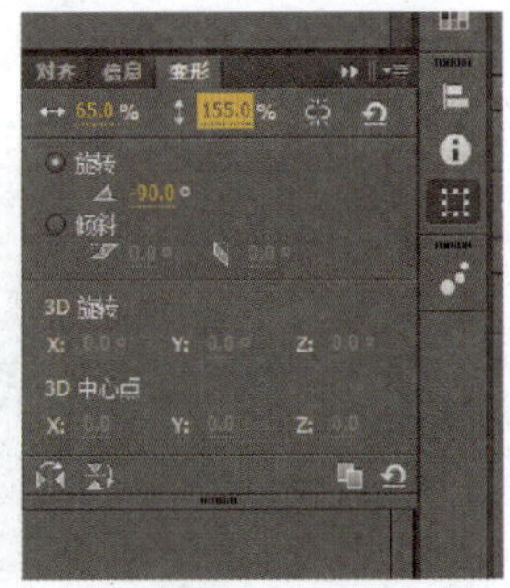

图 2—140

6. 新建图层 5，使用“钢笔工具”绘制远处草丛暗部细节的轮廓，再填充相应的颜色。

7. 新建图层 6，使用“钢笔工具”描出云的形状，再使用“油漆桶工具”填充白色，用“选择工具”选中轮廓线并删除，如图 2—142 所示；用同样的方法绘制云的细节，如图 2—143 所示。

图 2—141

图 2—142

8. 新建图层 7，使用“钢笔工具”绘制草坪上的小草轮廓，填充相应的颜色，再用“选择工具”选中轮廓线并删除，如图 2—144 所示。

图 2—143

图 2—144

9. 执行“文件”菜单栏的【导出图像】命令，导出场景。

2.6.3 案例小结——钢笔工具、矩形工具的运用

本节的难点是对一些基本工具的运用，如矩形工具、颜色工具、变形工具、选择工具等。矩形工具常用于绘制矩形、正方形，是从椭圆工具扩展出来的一种绘图工具，其用法与椭圆工具基本相同，如按住 Shift 键可以画正方形；利用矩形工具也可以绘制出带有一定圆角的矩形，而要使用其他工具绘制圆角矩形则会非常烦琐。本节主要练习如何用矩形工具和钢笔工具快速地绘制简单的卡通场景。

2.6.4 能力扩展

扩展效果图

综合运用前面所学的知识，使用钢笔工具、矩形工具、椭圆工具、填充工具等命令，制作如上图所示的卡通风景图。

2.7 绘制沙滩场景

2.7.1 案例描述

效果图

本案例主要讲述如何运用钢笔工具绘制沙滩场景，包括绘制时如何使用转换锚点工具绘制复杂的曲线，通过复杂的曲线制作出复杂的图形效果。

2.7.2　制作步骤

1. 新建文档，在属性窗口将分辨率设置为“600×400像素”，如图1—145所示。

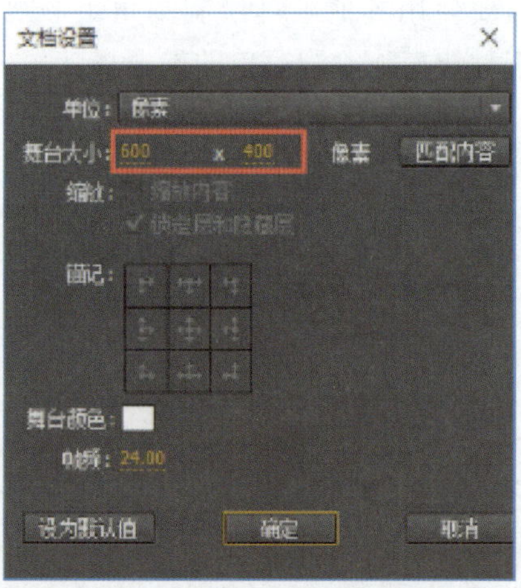

图2—145

2. 打开“颜色”面板，选择一种天空蓝，使用“矩形工具”在舞台中绘制一个矩形，如图2—146所示，并在属性面板上设置好矩形的尺寸使之与背景匹配，如图2—147所示。

图2—146

3. 新建图层1，使用“矩形工具”绘制一个矩形，填充颜色设置为“蓝色”，如图2—148所示。

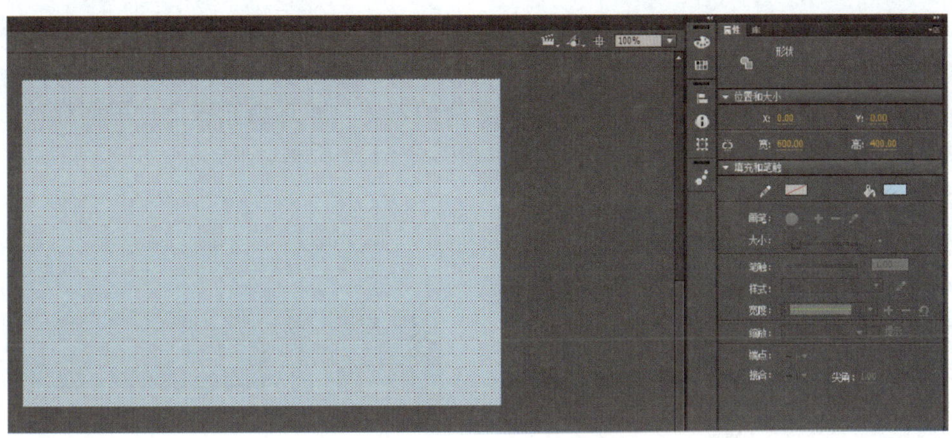

图 2—147

4. 使用“钢笔工具”在海面上绘制几个简单的波浪图形，再选择浅一点的颜色填充，如图 2—149 所示。

图 2—148

图 2—149

5. 新建图层 2，使用“钢笔工具”绘制海浪的细节，再填充白色，如图 2—150 所示；新建图层 3，使用“钢笔工具”绘制沙滩的轮廓，再填充相应的颜色，并将该图层放置在海浪图层的下方，如图 2—151 所示。

图 2—150

图 2—151

6. 新建图层 4，用同样的方法绘制沙滩的细节，填充相应的颜色，再把轮廓线删除，如图 2—152 所示。

7. 新建图层 5，用“钢笔工具”绘制云朵的轮廓，并且填充白色，用同样的方法绘制云朵的细节，如图 2—153、图 2—154 和图 2—155 所示。

图 2—152

图 2—153

图 2—154

图 2—155

8. 新建图层 6，用“钢笔工具”在舞台中绘制太阳伞的轮廓，再用“颜料桶工具”为太阳伞的不同区域填充相应的颜色，填充完成后删除太阳伞的轮廓线，然后在伞的下方绘制一个阴影，如图 2—156、图 2—157、图 2—158 所示。

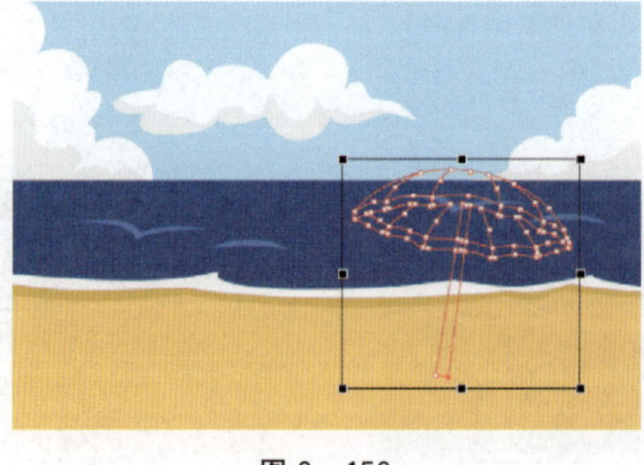
图 2—156

图 2—157

图 2—158

9. 新建图层 7，使用“钢笔工具”绘制毯子的轮廓，然后使用“油漆桶工具”填充相应的颜色，再使用“变形工具”调整位置，如图 2—159 和图 2—160 所示。

图 2—159

图 2—160

10. 新建图层 8，选择“椭圆工具”，在“颜色”面板内将颜色设置为如图 2—161 所示的状态，颜色由完全不透明的白色渐变到完全透明的白色。

11. 在舞台右上方绘制一个正圆形，如图 2—162 所示。

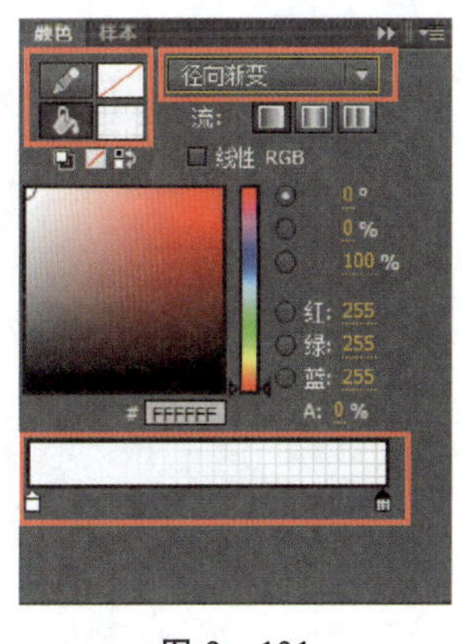

图 2—161

图 2—162

12. 新建图层 9，使用“椭圆工具”绘制一些普通白色的正圆形，调整透明度，以表示光晕效果，如图 2—163 和图 2—164 所示。

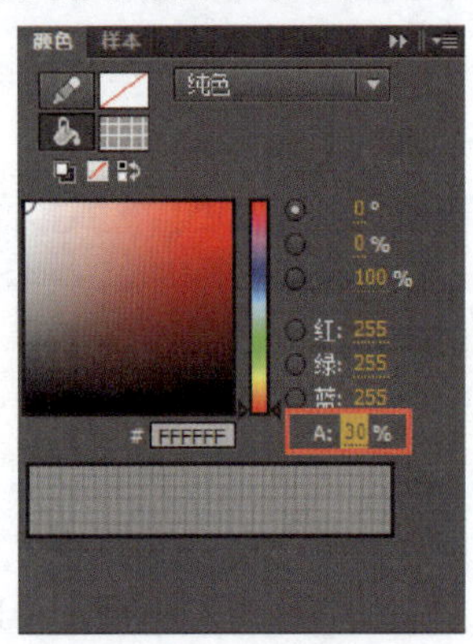

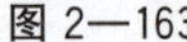

图 2—163

图 2—164

13. 执行“文件”菜单栏的【导出图像】命令，导出场景。

2.7.3　案例小结——钢笔工具的运用

本节场景的制作难度比之前的场景制作要难，主要体现在如何使用钢笔工具对复杂的物体轮廓进行曲线勾勒，如何在使用钢笔工具的过程中通过转换锚点工具快速地绘制出复杂的曲线。虽然使用钢笔工具可以建立曲线路径，但并不能一次性建立精确的路径。这时就可以在建立路径完成后，使用转换锚点工具将直线段转换为曲线段，还可以单独调整单个方向的方向线，从而对相应曲线进行调整。

2.7.4　能力扩展

扩展效果图

综合运用前面所学的知识，使用钢笔工具、矩形工具、椭圆工具、填充工具和选择工具等命令，制作如上图所示的效果图。

2.8 绘制动漫人物

2.8.1 案例描述

效果图

本案例主要讲述如何运用钢笔工具绘制卡通女仆角色，完成一个完整动漫人物的绘制流程，详细介绍了绘制过程中用到的各种命令和注意事项，以及一些常用的小技巧。

2.8.2 制作步骤

1. 新建文档，在属性窗口将分辨率设置为“600×1000 像素”。

2. 新建图层 1，使用“钢笔工具”勾出角色的头部，在“颜色”面板把线条颜色设置为“黑色”，再填充相应的颜色，如图 2—165 所示，填充完后把头部的图层锁定，如图 2—166 所示。

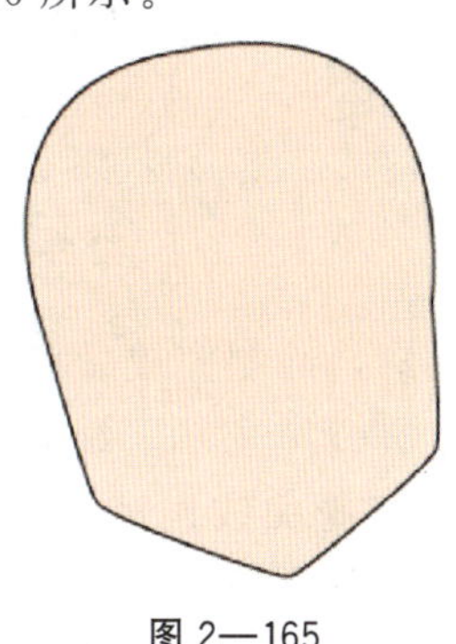

图 2—165

图 2—166

3. 新建图层 2，选择“钢笔工具”，在“颜色”面板设置线框颜色为“黑色”，然后在舞台上分别绘制人物的眉毛、双眼皮、睫毛、鼻子和嘴巴的轮廓，绘制完成后用“钢笔工具”中的“转换锚点工具”调整轮廓的形状，另外还可以用“选择工具”对轮廓的形状进行调整，如图 2—167 所示。

4. 使用“油漆桶工具”填充相应的颜色，如图 2—168 所示。

5. 新建图层 3，使用“钢笔工具”绘制眼睛的眼白轮廓，再填充白色，如图 2—169 所示；新建图层 4，使用“钢笔工具”绘制瞳孔的轮廓，再填充相应的颜色，如图 2—170 所示。

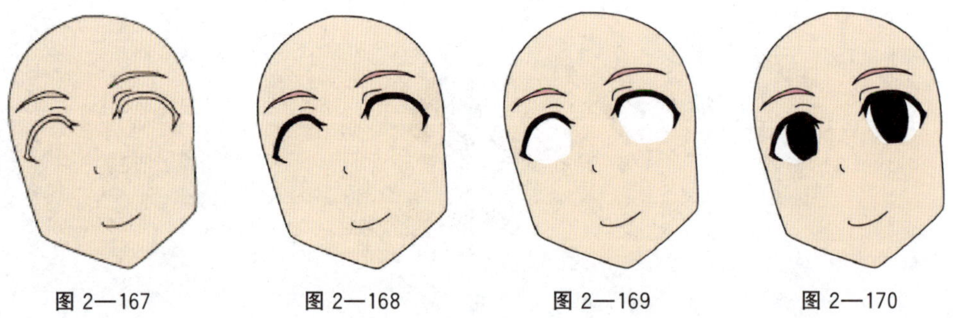

图 2—167　　图 2—168　　图 2—169　　图 2—170

6. 新建图层 5，选择“椭圆工具”，打开“颜色”面板，设置颜色填充方式为“径向渐变”，选择相应的颜色，如图 2—171 所示。

7. 设置好填充颜色后，在瞳孔位置绘制瞳孔的细节，如图 2—172 所示；选择“椭圆工具”，设置填充颜色为“纯色”，再选取相应的颜色绘制瞳孔的细节，然后用“选择工具”调整形状，如图 2—173 所示。

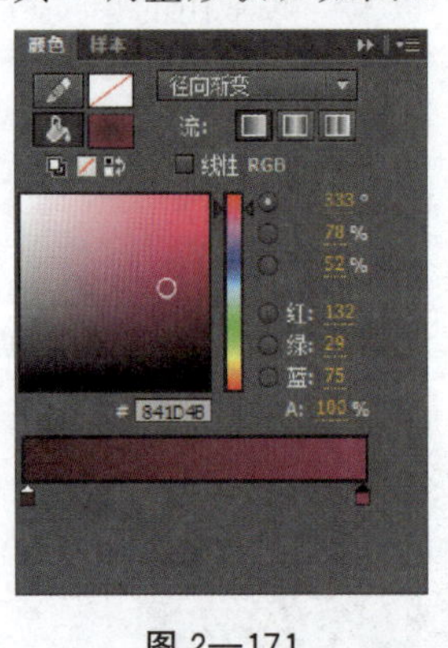

图 2—171

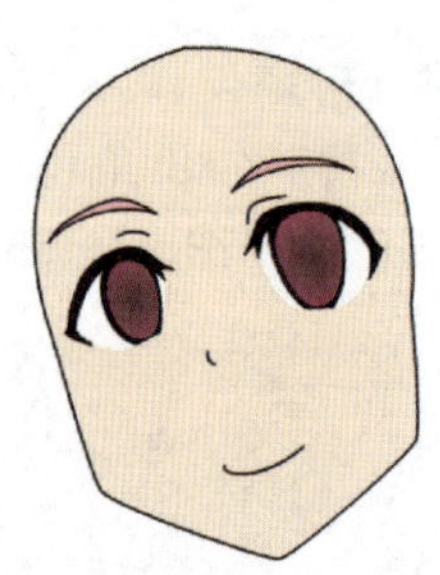

图 2—172

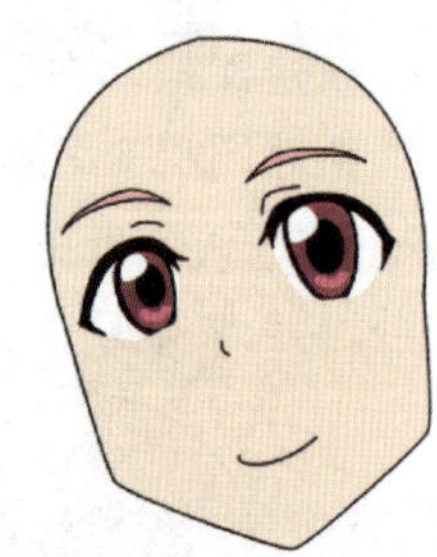

图 2—173

8. 新建图层 6，用“钢笔工具”绘制人物头发的轮廓，绘制完成后可以用“转换锚点工具”和“直接选择工具”调整轮廓的形状，如图 2—174 所示；继续在当前图层的基础上用“钢笔工具”绘制头发阴影部分的轮廓，并且把曲线连接起来，如图 2—175 所示；选择“油漆桶工具”为头发和头发的阴影部分分别填充相应的颜色，如图 2—176 所示；填充完成后用“选择工具”把头发阴影部分的轮廓线条删除，如图 2—177 所示；最后把当前全部图层锁定。

图 2—174　图 2—175　图 2—176　图 2—177

9. 新建图层 7，用“钢笔工具”绘制人物后面被遮住的头发和颈部的轮廓，然后再用“钢笔工具”绘制头发的阴影部分轮廓，最后用“转换锚点工具”和“选择工具”调整形状，如图 2—178 所示。

10. 用“油漆桶工具”分别填充相应的颜色，再用“变形工具”调整位置，如图 2—179 所示。

11. 把刚绘制的被遮住的头发部分的图层拖拽到最底层，得到如图 2—180 的效果。

图 2—178　图 2—179　图 2—180

12. 新建图层 8，用“钢笔工具”绘制人物的上衣部分，重复地使用“钢笔工具”以一条已绘制好的线条内的一点为起点绘制曲线（即以线条上为开端绘制曲线），让线条连接、闭合起来，继续绘制上衣阴影部分的轮廓，如图 2—181 所示；用“油漆桶工具”为上衣和阴影部分分别填充相应的颜色，如图 2—182 所示；用“选择工具”把阴影部分的轮廓线条删除，得到如图 2—183 所示的效果。

图 2—181　图 2—182　图 2—183

13. 取消之前锁定的图层，选中绘制的所有图层，在 Flash 左下方的“图层”面板进行编组命令，把所有填充图层放置在一个组内；新建图层 9，将其放置在组下方进行绘制。

14. 用“钢笔工具”绘制人物的裙子部分，重复地使用“钢笔工具”在线条上为开端绘制线条，让线条连接起来，继续绘制裙子阴影部分的轮廓，如图 2—184 所示；用“油漆桶工具”为裙子和裙子阴影部分分别填充相应的颜色，如图 2—185 所示；用“选择工具”把裙子阴影部分的轮廓线条删除，得到如图 2—186 所示的效果。

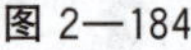

图 2—184

图 2—185

图 2—186

15. 新建图层 10，命名为“下半身”，并且修改其他图层的名称，方便观察，如图 2—187 所示；用“钢笔工具”绘制人物的下半身部分，重复地使用“钢笔工具”在线条上为开端绘制线条，让线条连接起来，继续绘制下半身阴影部分的轮廓，如图 2—188 所示；用“油漆桶工具”为腿部、鞋子和下半身阴影部分分别填充相应的颜色，如图 2—189 所示；用“选择工具”把阴影部分的轮廓线条删除，得到如图 2—190 所示的效果。

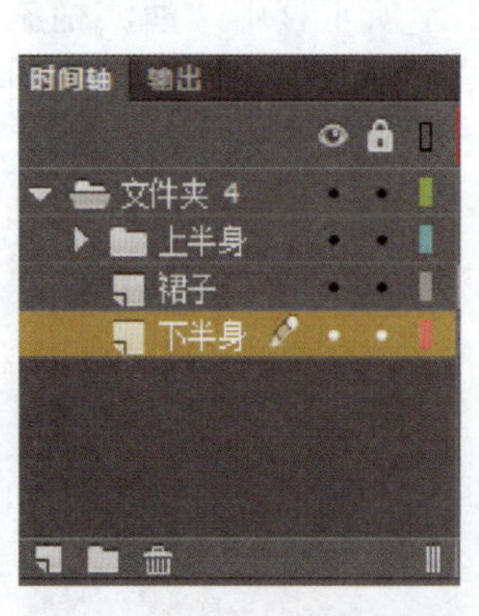

图 2—187

图 2—188

图 2—189

图 2—190

16. 新建图层 11，命名为“手”，将其放置在“图层”面板最上方，如图 2—191 所示；用“钢笔工具”绘制人物的手掌部分，如图 2—192 所示；用“油漆桶工具”为手掌部分填充相应的颜色，如图 2—193 所示。

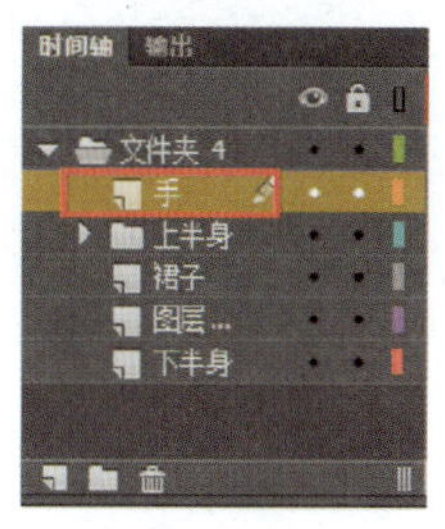

图 2—191

图 2—192

图 2—193

17. 新建图层 12，命名为“背景”，如图 2—194 所示；选择“矩形工具”，设置背景颜色为“灰蓝色”，在舞台中绘制一个矩形，使用“变形工具”修改矩形的尺寸，使之与背景图层相匹配，如图 2—195 所示；把绘制好的矩形背景图层放置在人物图层的下方，得到如图 2—196 所示的效果。

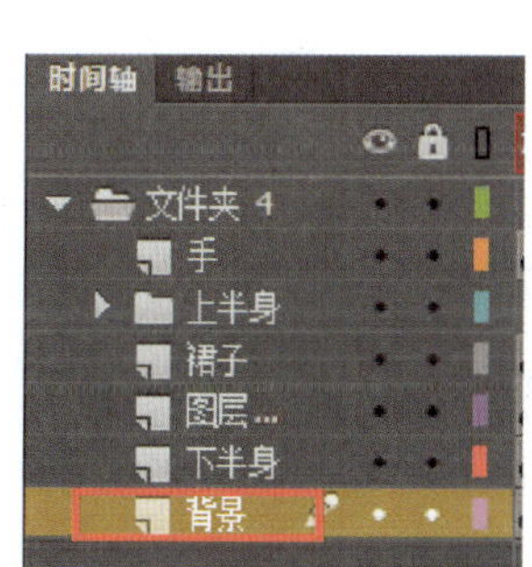

图 2—194

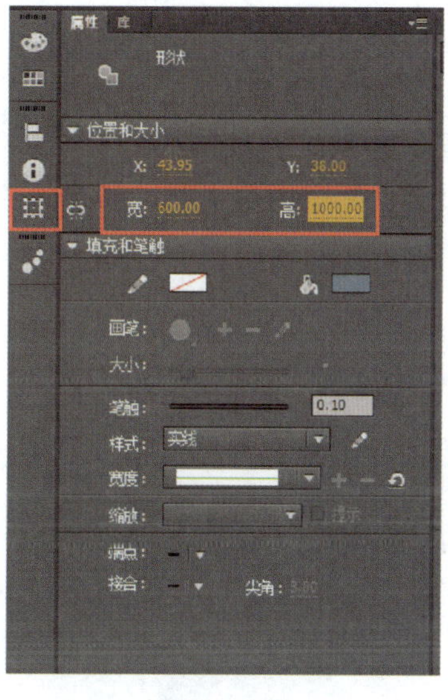

图 2—195

图 2—196

18. 执行“文件”菜单栏的【导出图像】命令，导出场景。

2.8.3 案例小结——钢笔工具、油漆桶工具的运用

本节的难点是如何使用钢笔工具对复杂的人物轮廓和投影部分轮廓进行曲线勾勒，如何熟练地运用钢笔工具绘制各种复杂的图形，并且使用转换锚点工具、选择工具调整轮廓的形状。油漆桶工具可以进行纯色填充、渐变色填充和位图填充。使用颜色面板来设置填充颜色时有三种方法：通过输入 RGB 的值及透明度来选择颜色；通过输入十六进制数来选择颜色；先选择色块，再选择明暗度来设置颜色。

2.8.4 能力扩展

扩展效果图

综合运用前面所学的知识，使用钢笔工具、转换锚点工具、矩形工具、椭圆工具、填充工具和选择工具等命令，制作如上图所示的效果图。

2.9 绘制卡通小屋

2.9.1 案例描述

效果图

本案例主要讲述如何运用矩形工具和钢笔工具绘制一个卡通小屋物景，详细介绍了绘制过程中用到的各种命令和注意事项，以及一些常用的小技巧。

2.9.2 制作步骤

1. 新建文档，在属性窗口将分辨率设置为“600×400 像素”。

2. 新建图层 1，命名为“房子”，使用“钢笔工具”勾出房子的轮廓，在“颜色”面板把线条颜色设置为“蓝色”，如图 2—197 所示，使用“油漆桶工具”为房子的不同部位填充相应的颜色，如图 2—198 所示。

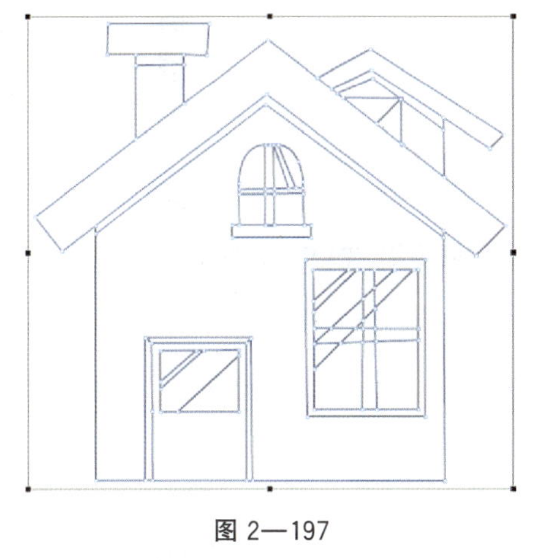

图 2—197

图 2—198

3. 选择“选择工具”，双击选中房子的外轮廓线条，将其直接删除，如图 2—199 所示。

4. 新建图层 2，命名为“围栏”，并把房子的图层锁定，如图 2—200 所示。

图 2—199

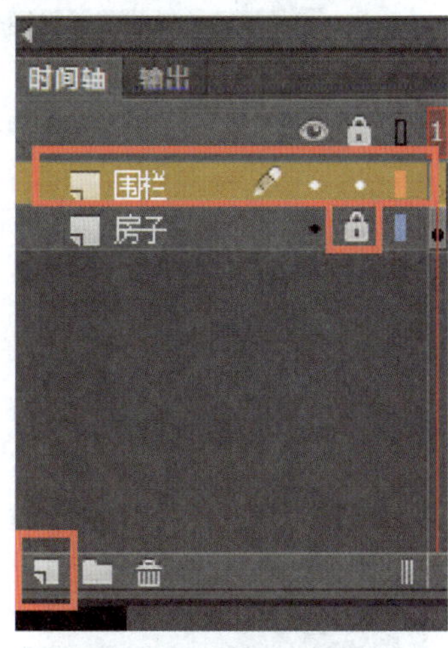

图 2—200

5. 使用“钢笔工具”绘制围栏的轮廓，如图 2—201 所示；使用“油漆桶工具”填充相应的颜色，如图 2—202 所示。

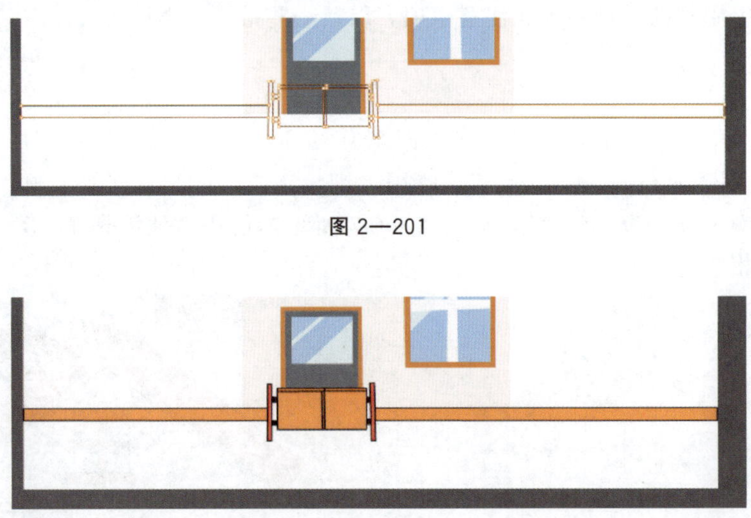

图 2—201

图 2—202

6. 选择“选择工具”，双击选中围栏的外轮廓线条，将其直接删除，如图 2—203 所示。

图 2—203

7. 新建图层 3，命名为“围栏 2”，把围栏 2 图层拖拽到围栏图层的下方，如图 2—204 所示；使用“钢笔工具”绘制围栏 2 的外轮廓，如图 2—205 所示。

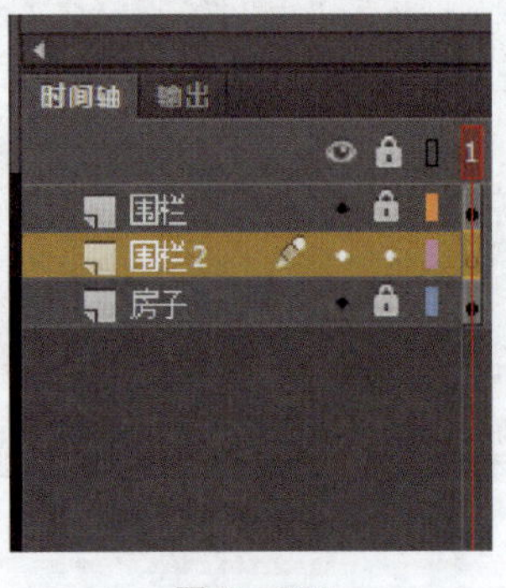

图 2—204

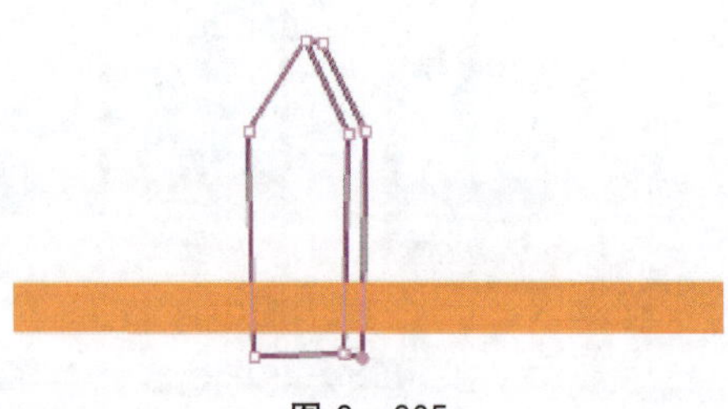

图 2—205

8. 使用“油漆桶工具”填充相应的颜色，如图 2—206 所示；用“选择工具”选中围栏，按 Ctrl+D 键进行复制，并将其摆放到相应的位置，如图 2—207 所示；新建图层 4，命名为“钉子”，使用“钢笔工具”和“椭圆工具”绘制围栏的细节，如图 2—208 所示；把当前全部图层锁定，再新建图层 5，命名为“树”，把树图层拖拽到围栏 2 图层的下方，如图 2—209 所示；使用“钢笔工具”在图层上绘制树的外轮廓，如图 2—210 所示。

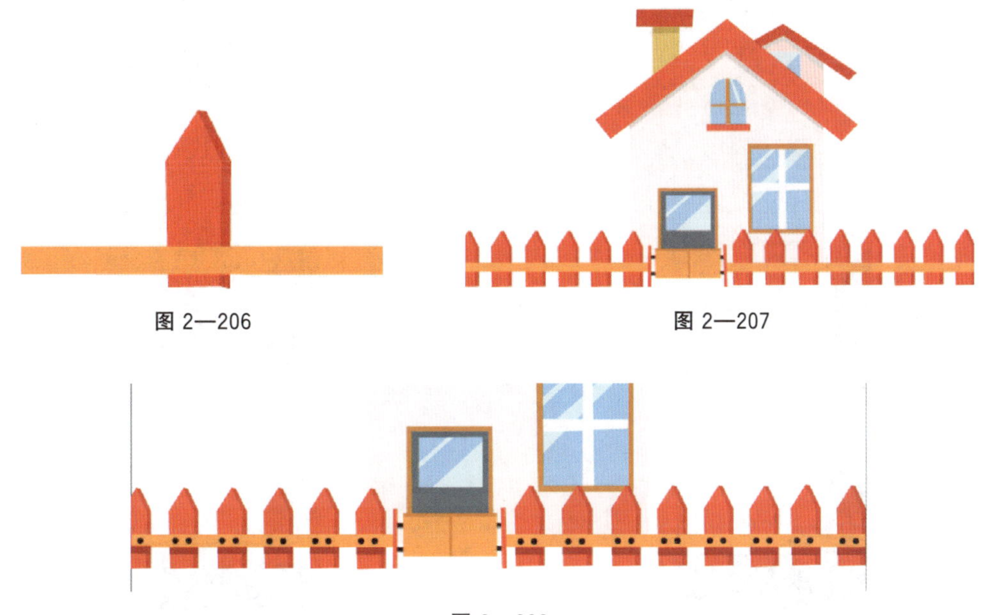

图 2—206　　图 2—207

图 2—208

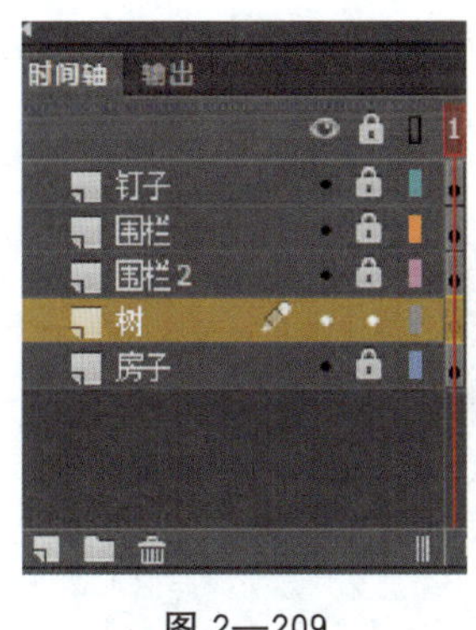

图 2—209

图 2—210

9. 使用“油漆桶工具”为树填充相应的颜色，如图 2—211 所示。

10. 使用“选择工具”选中并删除树的外轮廓线条，如图 2—212 所示。

11. 选中刚绘制的树的图层，右击执行【拷贝图层】命令，继续右击执行【粘贴图层】命令，复制一个树的图层，如图 2—213、图 2—214 所示。

图 2—211

图 2—212

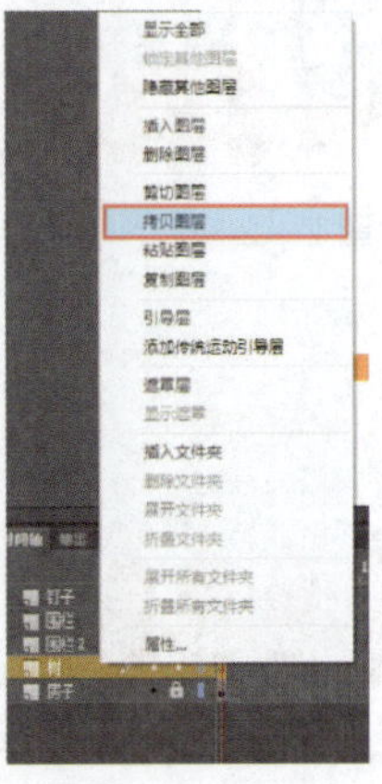
图 2—213

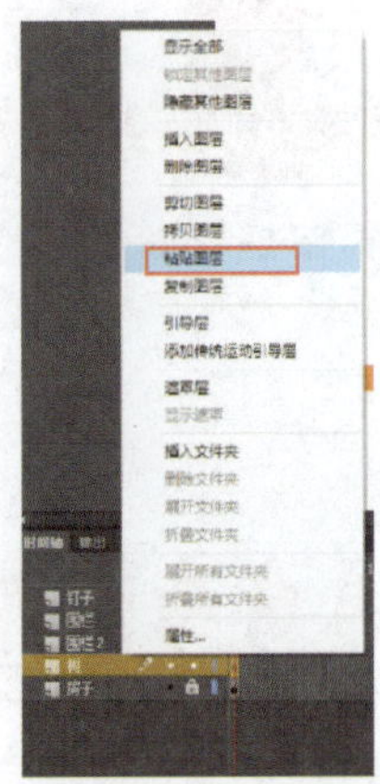
图 2—214

12. 选中复制出来的图层，使用“变形工具”进行水平翻转，如图 2—215 所示；把复制出来的图层命名为“树 2”，并把该图层拖拽到房子图层的下方，如图 2—216 所示；使用“选择工具”将树摆放到相应的位置，得到如图 2—217 所示的效果。

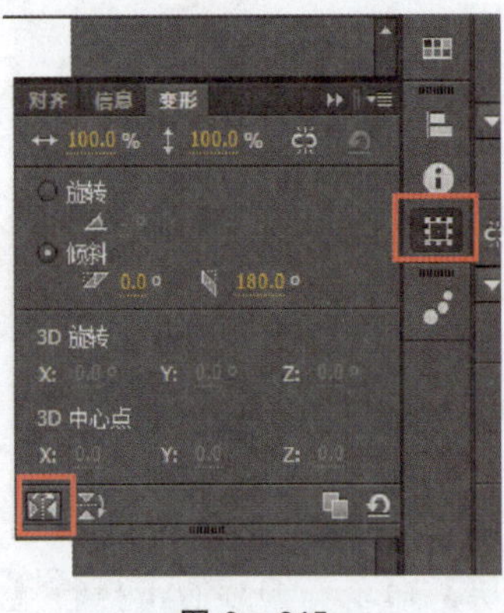

图 2—215

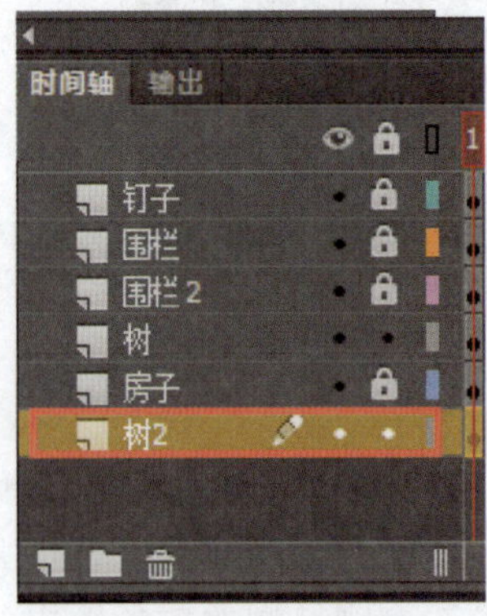

图 2—216

图 2—217

13. 新建图层 6，命名为“背景”，并将其拖拽到最下方，如图 2—218 所示；使用“矩形工具”绘制背景，并填充相应的颜色，如图 2—219 所示。

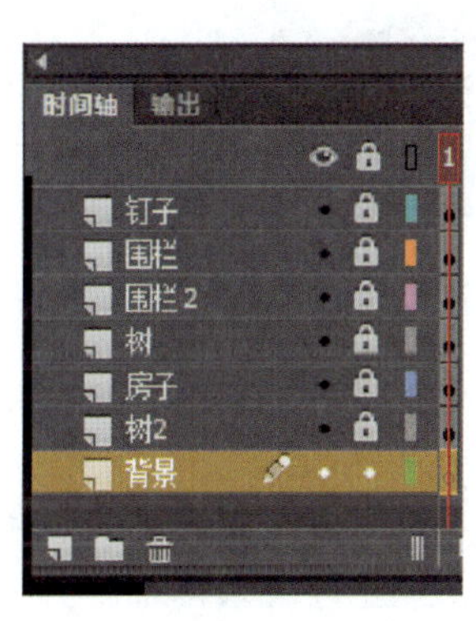

图 2—218

图 2—219

14. 新建图层 7，命名为“云朵”，使用“钢笔工具”绘制云朵的轮廓，如图 2—220 所示，使用“油漆桶工具”填充白色；再使用“钢笔工具”绘制云朵的细节轮廓，如图 2—221 所示，使用“油漆桶工具”为云朵的细节填充颜色，并把外轮廓线条删除，得到如图 2—222 所示的效果。

图 2—220

图 2—221

图 2—222

15. 执行“文件”菜单栏的【导出图像】命令，导出场景。

2.9.3 案例小结——钢笔工具、矩形工具的运用

本节的难点是如何使用钢笔工具、矩形工具对绘制的轮廓进行线条添加，并且熟练掌握【复制】及【粘贴】命令。

利用菜单的【复制】命令进行复制：执行【编辑】→【复制和编辑】→【粘贴到中心】命令，即在舞台中央复制出一个对象。如果执行【粘贴到当前位置】命令，则得到一个重合的对象；执行【选择性粘贴】命令，也在中心位置得到一个对象。

利用快捷键复制、粘贴：按 Ctrl＋C、Ctrl＋V 组合键，则把对象粘贴在舞台中心位置；按 Ctrl＋Shift＋V 组合键，则把对象粘贴在原来位置，即和原来重合。

2.9.4 能力拓展

综合运用前面所学的知识，使用钢笔工具、选择工具、转换锚点工具、矩形工具、椭圆工具、填充工具等命令，制作如下图所示的效果图。

扩展效果图

2.10 绘制城市建筑

2.10.1 案例描述

效果图

本案例主要讲述如何运用矩形工具和钢笔工具绘制一个画面内容复杂的城市建筑场景，详细介绍了绘制过程中用到的各种命令和注意事项，以及一些常用的小技巧。

2.10.2 制作步骤

1. 新建文档，在属性窗口将分辨率设置为“600×400 像素”。

2. 新建图层 1，命名为“背景”，如图 2—223 所示，使用“矩形工具”绘制天空和路面，用“油漆桶工具”填充相应的颜色，如图 2—224 所示。

图 2—223

图 2—224

3. 新建图层 2，命名为“建筑”，锁定背景图层，然后使用“钢笔工具”绘制建筑的轮廓，如图 2—225 和图 2—226 所示。

4. 使用“油漆桶工具”填充相应的颜色，然后使用“选择工具”删除轮廓线，如图 2—227 所示。

图 2—225

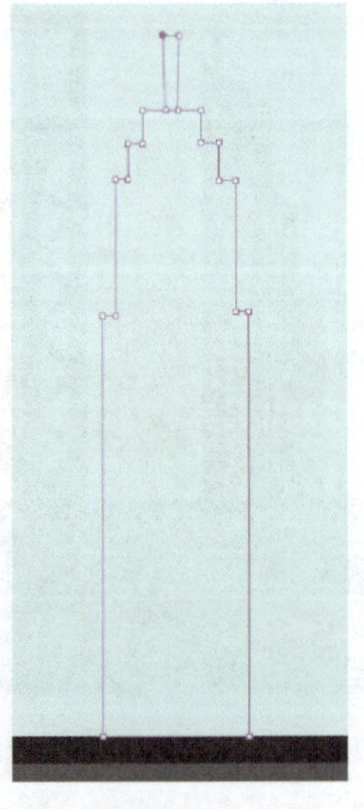

图 2—226

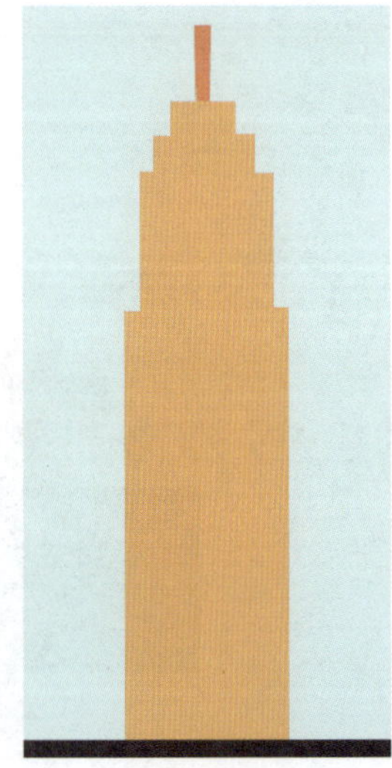

图 2—227

5. 选择“矩形工具”，设置颜色，如图 2—228 所示；使用“矩形工具”绘制建筑的细节，如图 2—229 所示。

6. 新建图层 3，命名为“建筑 2”，锁定其他图层，使用“矩形工具”绘制一个矩形，如图 2—230 所示。

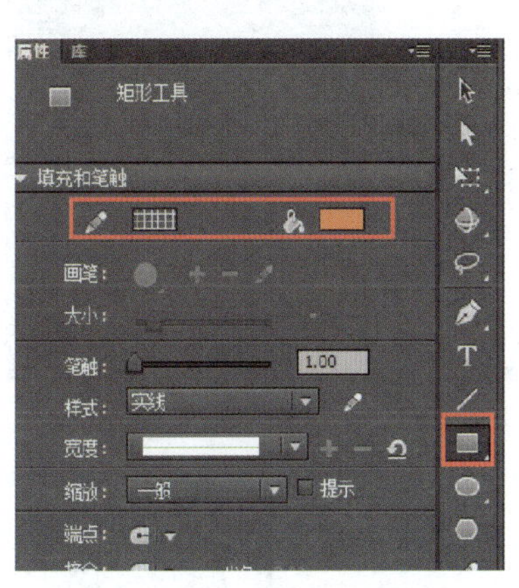

图 2—228

图 2—229

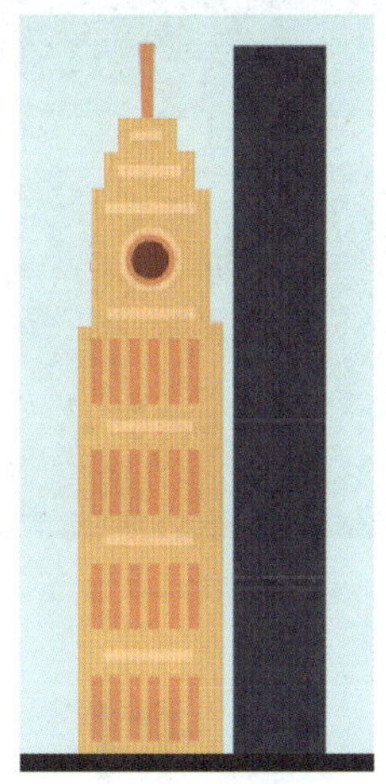

图 2—230

7. 使用“钢笔工具”描绘建筑细节的轮廓，如图 2—231 所示；使用“选择工具”选中轮廓中的图形并删除，如图 2—232 所示。

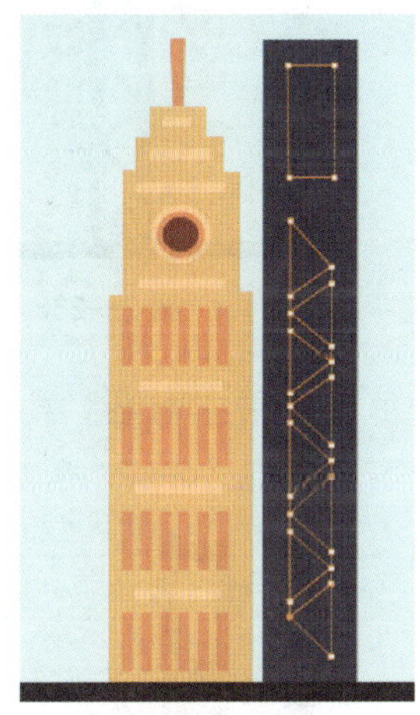

图 2—231

图 2—232

8. 新建图层 4，命名为“建筑 3”，如图 2—233 所示，重复使用“矩形工具”绘制建筑物，如图 2—234 所示；新建图层 5，命名为“建筑 4”，如图 2—235 所示，使用“钢笔工具”绘制建筑的轮廓，如图 2—236 所示，使用“油漆桶工具”填充相应的颜色后，再使用“钢笔工具”绘制建筑细节的轮廓，如图 2—237 所示。

9. 使用“油漆桶工具”填充相应的颜色，然后使用“矩形工具”绘制建筑的细节，如图 2—238 所示。

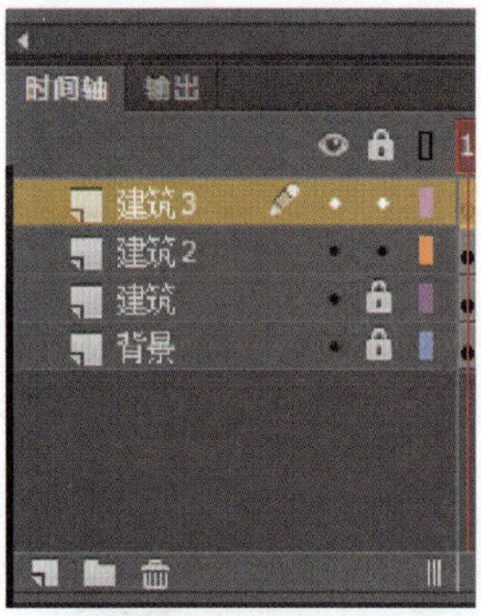

图 2—233

图 2—234

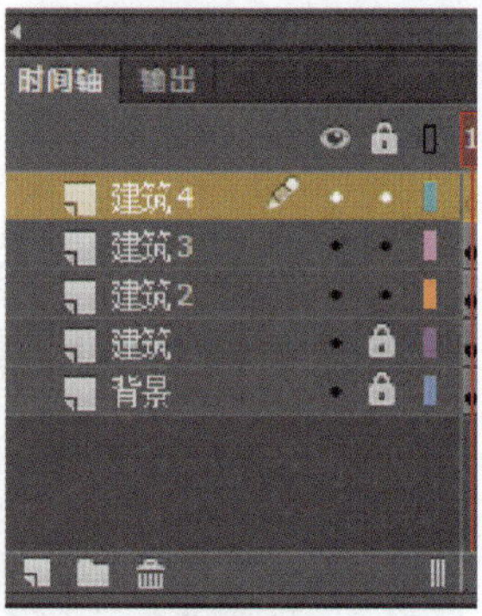

图 2—235

图 2—236

图 2—237

图 2—238

10. 新建图层 6，命名为“建筑 5”，如图 2—239 所示；使用“钢笔工具”绘制建筑的轮廓，如图 2—240 所示。

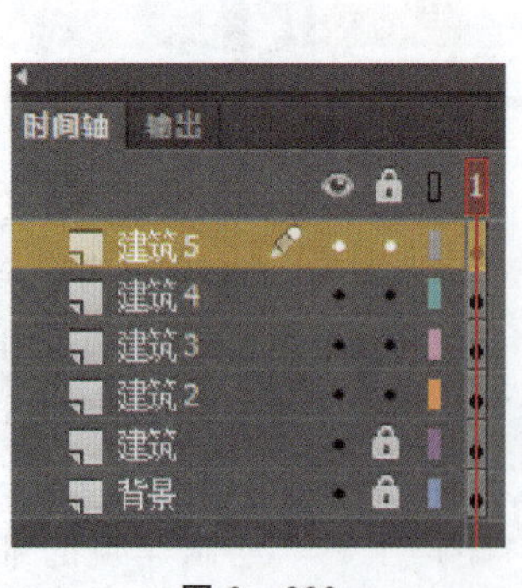

图 2—239

图 2—240

11. 使用“油漆桶工具”填充相应的颜色，得到如图 2—241 所示的效果。

12. 新建图层 7，命名为“建筑 6”，如图 2—242 所示；使用“矩形工具”，在“颜色”面板设置好相应的颜色后绘制矩形，如图 2—243 所示；再使用“矩形工具”选择一种淡一点的颜色来绘制建筑的细节，得到如图 2—244 所示的效果。

图 2—241

图 2—242

图 2—243

图 2—244

13. 新建图层 8，命名为“房子”，如图 2—245 所示，使用“钢笔工具”绘制房子的轮廓，如图 2—246 所示。

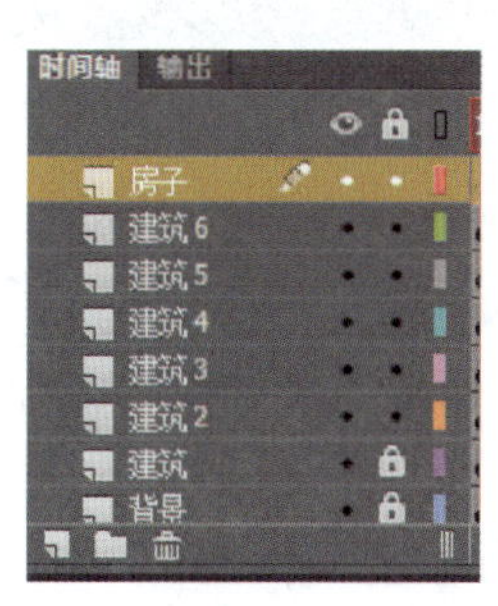

图 2—245

图 2—246

14. 使用“油漆桶工具”填充相应的颜色，如图 2—247 所示；选中房子图层，右击执行【拷贝图层】命令，继续右击执行【粘贴图层】命令，复制一个房子的图层，如图 2—248 和图 2—249 所示；选中复制出来的房子图层执行【变形工具】命令，对房子进行水平翻转，如图 2—250 所示。

图 2—247

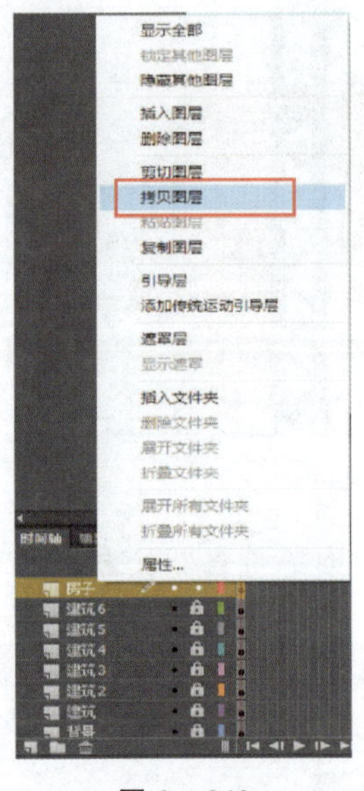

图 2—248

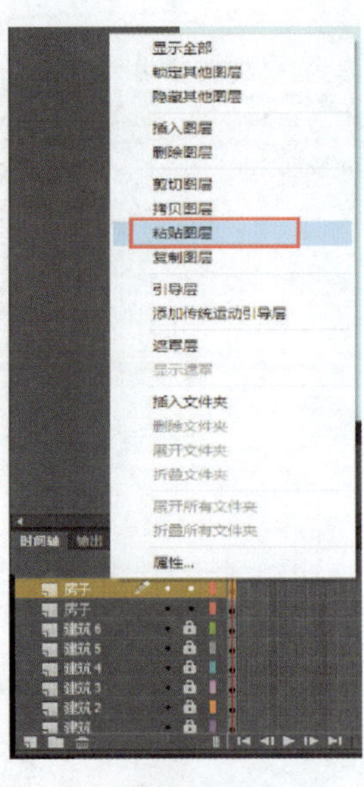

图 2—249

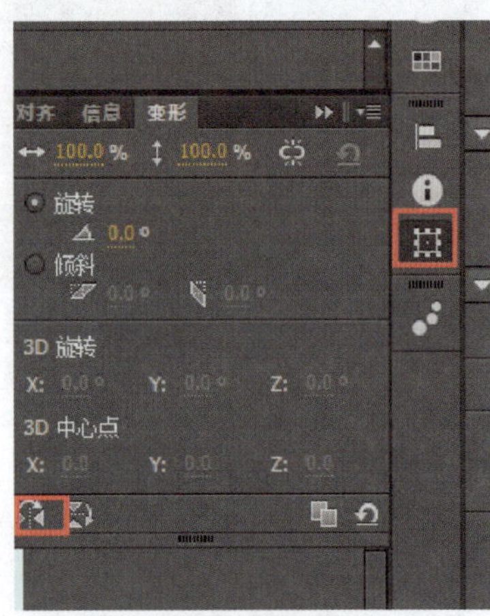

图 2—250

15. 使用“选择工具”把房子的图层摆放到适当的位置，如图 2—251 所示；使用“选择工具”删除轮廓线，并调整复制出来的房子颜色，如图 2—252 所示。

16. 新建图层 9，命名为“树木”，并且锁定其他图层，如图 2—253 所示，使用钢笔工具绘制树木，如图 2—254 所示。

17. 选中树木图层，按 Ctrl+D 组合键复制树木并摆放好位置，如图 2—255 所示。

图 2—251

图 2—252

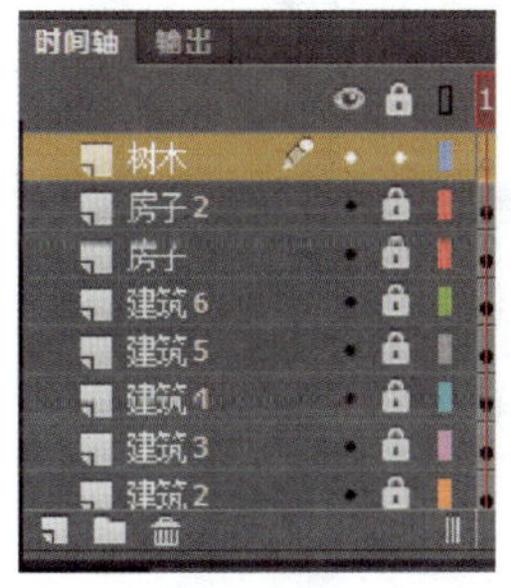

图 2—253

图 2—254

图 2—255

18. 新建图层 10，命名为“公路”，如图 2—256 所示，使用“矩形工具”绘制公路的细节，如图 2—257 所示。

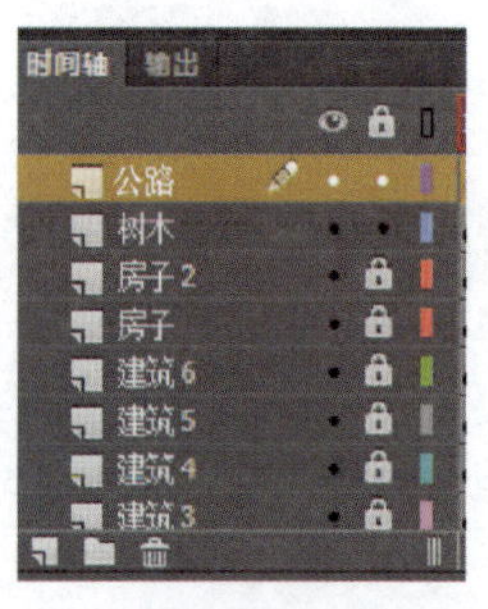

图 2—256

图 2—257

19. 新建图层 11，命名为“汽车”，如图 2—258 所示；使用“钢笔工具”绘制汽车的轮廓并填充相应的颜色，如图 2—259 所示；按 Ctrl+D 组合键进行复制，并对选中的汽车执行【水平翻转】命令，如图 2—260 所示；使用“选择工具”摆放好复制出来的汽车，改变一下汽车的颜色，得到如图 2—261 所示的效果。

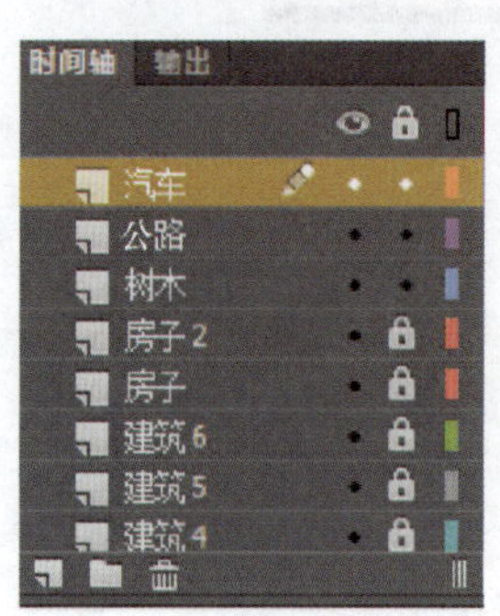

图 2—258

图 2—259

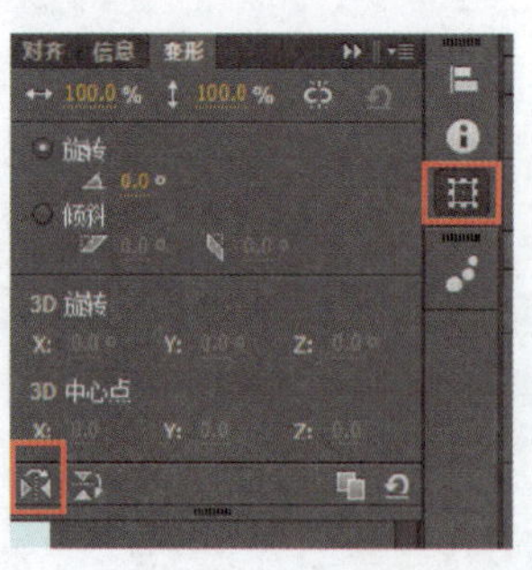

图 2—260

图 2—261

20. 执行“文件”菜单栏的【导出图像】命令，导出场景。

2.10.3 案例小结——钢笔工具、矩形工具的运用

本节的难点是使用钢笔工具和矩形工具绘制数量众多物体时，如何用不同图层去区分和管理。在 Flash 中，图层就像一叠透明纸一样，每一张纸上都有不同的画面，将这些纸叠在一起就组成一幅比较复杂的画，在上面一层添加内容，会遮住下面一层中相同位置的内容，但如果上面一层的某个区域没有内容，透过这个区域就可以看到下面一层相同位置的内容。每个图层都是互相独立的，拥有自己的时间轴，包含独立的帧，用户可以在一个图层上任意修改图层内容，而不会影响到其他图层。

2.10.4 能力扩展

扩展效果图

综合运用前面所学的知识，使用钢笔工具、选择工具、转换锚点工具、矩形工具、椭圆工具、填充工具等命令，制作如上图所示的效果图。

2.11 绘制室内卧室

2.11.1 案例描述

本案例主要讲述如何运用钢笔工具、矩形工具、椭圆工具和油漆桶工具等绘制一

效果图

个室内卧室的场景，详细介绍了绘制过程中用到的各种命令和注意事项，以及一些常用的小技巧。

2.11.2 制作步骤

1. 新建文档，在属性窗口把分辨率设置为“600×400 像素”。

2. 新建图层 1，命名为“背景”，如图 2—262 所示，使用“矩形工具”和“椭圆形工具”绘制背景和细节，用“油漆桶工具”填充相应的颜色，如图 2—263 所示。

图 2—262

图 2—263

3. 新建图层 2，命名为“窗外”，锁定背景图层，然后使用“矩形工具”绘制一个蓝色的矩形，如图 2—264 所示。

4. 使用“钢笔工具”绘制窗外的物体轮廓，如图 2—265 所示。

5. 使用“油漆桶工具”填充相应的颜色，如图 2—266 所示；新建图层 3，命名为“窗户”，使用“钢笔工具”绘制窗户的轮廓，如图 2—267 所示。

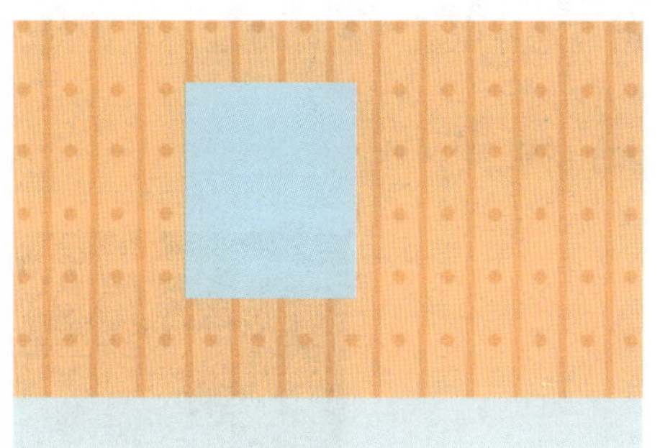
图 2—264

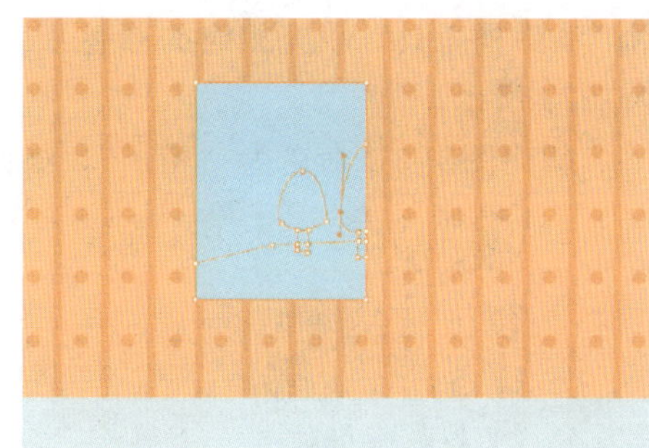
图 2—265

图 2—266

图 2—267

6. 使用“油漆桶工具”填充相应的颜色，使用“选择工具”删除窗户的轮廓线，如图 2—268 所示。

7. 新建图层 4，命名为“窗帘”，如图 2—269 所示，使用“钢笔工具”绘制窗帘的轮廓，如图 2—270 所示。

图 2—268

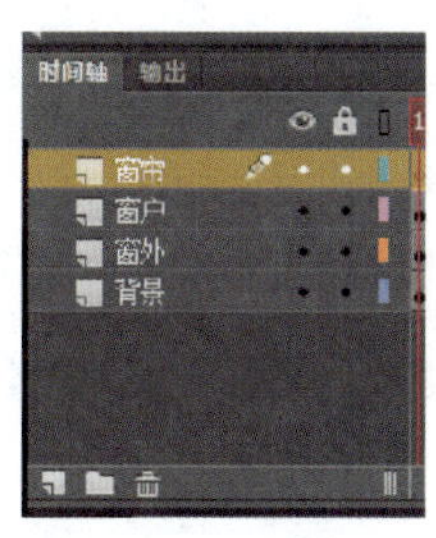

图 2—269

图 2—270

8. 使用“油漆桶工具”填充相应的颜色，如图 2—271 所示；在“图层”面板选中窗帘的图层，按 Ctrl+D 组合键复制窗帘，再执行“变形工具”的【水平翻转】命令，如图 2—272 所示；使用“选择工具”摆放好复制出来的窗帘的位置，如图 2—273 所示；再使用“钢笔工具”绘制连着左、右两边窗帘的横杠的轮廓，如图 2—274 所示；

使用“油漆桶工具”填充相应的颜色后，再使用“选择工具”删除横杠的轮廓线，如图 2—275 所示。

9. 新建图层 5，命名为“柜子”，如图 2—276 所示。

图 2—271

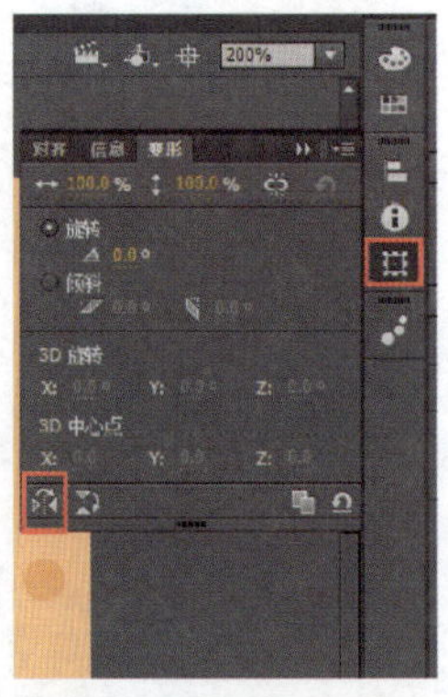

图 2—272

图 2—273

图 2—274

图 2—275

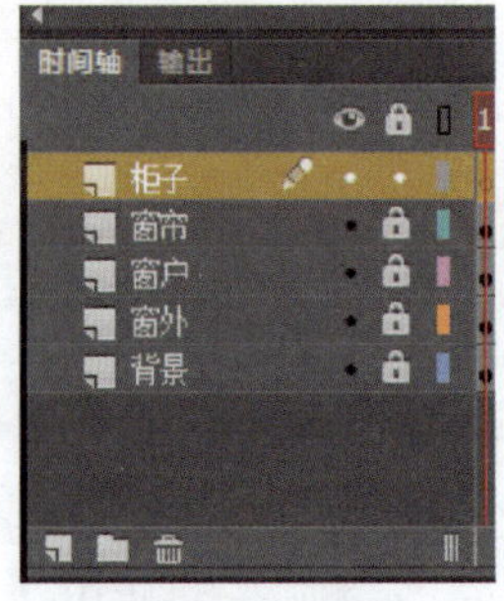

图 2—276

10. 使用“矩形工具”，在“颜色面板”设置好相应的颜色后绘制矩形，如图 2—277 所示。

11. 新建图层 6，命名为“把手”，并锁定其他图层，如图 2—278 所示。

图 2—277

图 2—278

12. 使用“钢笔工具”绘制把手的轮廓，再填充相应的颜色，并删除轮廓线，如图 2—279 所示；在“图层”面板选中刚绘制的窗帘、窗户、窗外三个图层，按 Ctrl+C 组合键进行复制，如图 2—280 所示；再新建图层 7，命名为“窗户投影”，如图 2—281 所示。

图 2—279

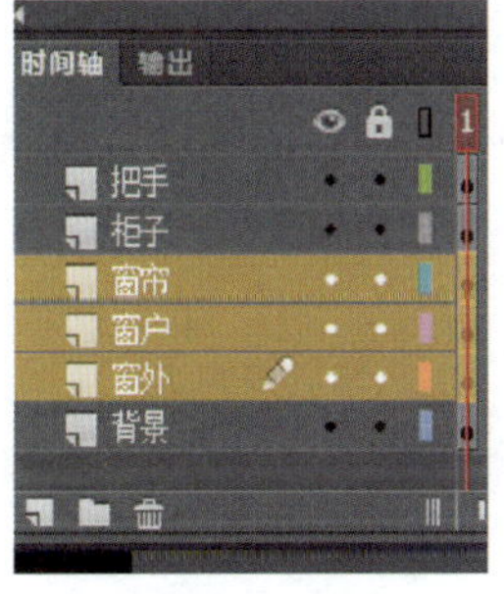

图 2—280

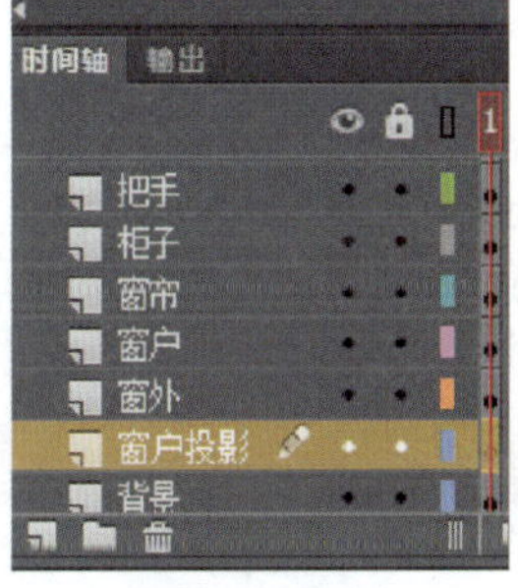

图 2—281

13. 在当前图层上按 Ctrl+V 组合键进行粘贴，再用“油漆桶工具”将全部窗户填充为深一点的背景颜色，并摆放到相应的位置，得到如图 2—282 所示的效果；新建图层 8，命名为“海报”，如图 2—283 所示。

图 2—282

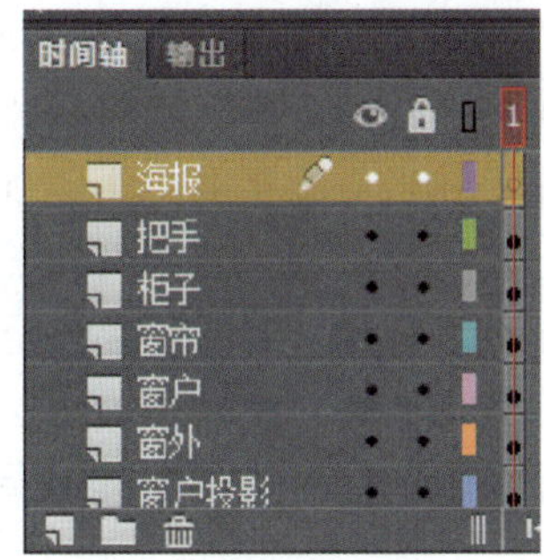

图 2—283

14. 使用“矩形工具”绘制两个矩形，再使用“椭圆工具”绘制图形，如图 2—284 所示；新建图层 9，命名为“床”，并锁定其他图层，如图 2—285 所示；使用“钢笔工具”绘制床的外轮廓，如图 2—286 所示。

15. 使用“油漆桶工具”填充相应的颜色，再使用“选择工具”删除床的轮廓线，如图 2—287 所示。

图 2—284

图 2—285

图 2—286

图 2—287

16. 执行“文件”菜单栏的【导出图像】命令，导出场景。

2.11.3 案例小结——钢笔工具的运用

本节的难点是使用钢笔工具、椭圆工具和矩形工具绘制数量众多物体时，如何用不同图层去区分和管理。当舞台中的图层较多时，可以通过一些命令同时对多个图层进行操作。在当前图层上右击，弹出快捷菜单，该菜单最上面的三个命令是对所有图层或其他图层的管理，其含义如下：

全部显示：将所有图层都设定为显示状态。

锁定其他图层：将除当前图层外的其他图层设定为锁定状态。

隐藏其他图层：将除当前图层外的其他图层都设定为隐藏状态。

2.11.4 能力扩展

扩展效果图

综合运用前面所学的知识，使用钢笔工具、选择工具、转换锚点工具、矩形工具、椭圆工具、填充工具等命令，制作如上图所示的效果图。

本章小结

本章主要介绍了使用Flash工具箱中的工具绘制图形的方法和技巧。在Flash中绘制图形的最常用方法是：先使用“线条工具”“钢笔工具”“矩形工具”“椭圆工具”等绘制轮廓线，然后使用“选择工具”修改轮廓形状，在“颜色”面板中调制颜色，使用“颜料桶工具”为不同区域填充颜色，再对图形做细微处理。灵活地使用各种工具，可以绘制出生动的图形，当然这也需要对生活的细致观察。需要强调的是，“选择工具”是最常用的工具，使用它可以方便地选择、移动、复制和调整图形。

铅笔工具主要是用来绘制线条和形状。铅笔工具绘制的是矢量线条，它既可以绘制直线又可以绘制平滑或尖锐的曲线。但是，铅笔工具只能绘制图形的轮廓线，没有填充色，这是它与钢笔工具的主要曲别。而钢笔工具可以对已经绘制好的直线或曲线进行精确地调整。

第三章　Flash CC 色彩工具操作

学习目标

■ 熟悉色彩的基础知识。

■ 掌握对元件的填色。

■ 熟悉颜料桶工具和滴管工具的运用。

■ 熟悉渐变工具和笔触颜色工具的运用。

内容提要

前面章节学习了 Flash CC 绘图工具的使用，在这些操作的基础上，本章结合实例，由浅入深介绍色彩工具的使用技巧，其中包括颜料桶工具、滴管工具、笔触颜色工具、线性渐变、径向渐变等工具使用与基本操作，以及动画色彩的制作方法。

3.1 绘制西瓜

3.1.1 案例描述

效果图

本案例主要讲述如何运用椭圆工具绘制西瓜摆放在桌子上的效果图。制作过程中主要使用矩形工具和椭圆工具绘制西瓜的外形，使用颜料桶工具、封套、径向渐变填充上色。

3.1.2 制作步骤

1. 选择【文件】→【新建】命令，在“新建文档”对话框中选择“ActionScript 3.0”，新建一个大小为“600×500 像素”，帧频为“24fps”，背景颜色为“白色”的空白文档，如图 3—1 所示。再新建一个名为“西瓜”的“图形”元件。

2. 使用“矩形工具”在舞台中绘制一个深绿色的矩形，如图 3—2 所示。

图 3—1

图 3—2

3. 使用“选择工具”调整图形为锯齿形状，选中图形后按 Ctrl+C 组合键复制，按 Ctrl+V 组合键粘贴多个图形，并调整位置，如图 3—3 所示。

4. 使用“椭圆工具”在图形上绘制一个无填充色的椭圆形，如图 3—4 所示；用“任意变形工具”选择图形并封套，调整封套效果，以调整图形形状，如图 3—5 所示；使用“选择工具”将圆形以外的多余部分删除，按 Ctrl+G 组合键进行图形组合。

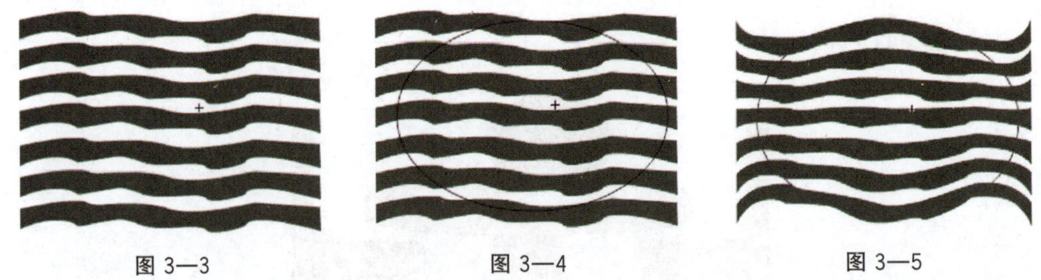

图 3—3　　图 3—4　　图 3—5

5. 使用“椭圆工具”在舞台中的空白处绘制一个与上一个图形大小相同的椭圆形，在“属性”面板中设置填充颜色为“径向渐变”并选择相应的颜色，如图 3—6 所示。

6. 使用“颜料桶工具”上色，用“选择工具”将两个图形重合，并将有纹理的一个图形放在上面，如图 3—7 所示，选中图形，按 Ctrl+G 组合键进行图形组合。

7. 选择“颜料桶工具”，填充设置为“径向渐变”，在“颜色”面板中默认有 2 个色标，在 2 个色标中间添加 4 个色标，并分别设置这 6 个色标的颜色渐变，如图 3—8 所示。在舞台空白处绘制一个直径与西瓜宽度相仿的西瓜瓣，删除轮廓线。

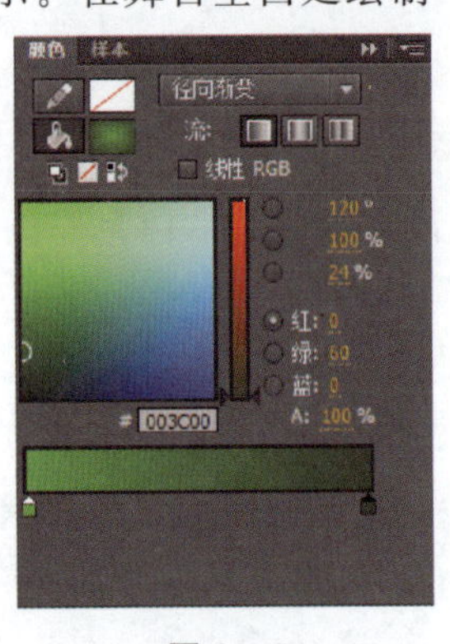

图 3—6

图 3—7

图 3—8

8. 使用“椭圆工具”，在舞台空白处绘制一个黑色的椭圆形，如图 3—9 所示；使用“选择工具”对椭圆进行变形，如图 3—10 所示；把绘制好的小黑点放置到西瓜瓣中，作为西瓜籽；使用“任意变形工具”将西瓜变形，如图 3—11 所示。

9. 使用“选择工具”框选图 3—11 中的上半部分图形，将选中的部分删除，删除后剩下的图形如图 3—12 所示。

10. 将“素材\第三章\3.1 绘制西瓜\背景.jpg”导入到舞台，返回场景 1，将“西瓜”元件拖入到舞台，并调整到合适的位置，如图 3—13 所示。

图 3—9　　图 3—10　　图 3—11

图 3—12　　图 3—13

3.1.3　案例小结——颜料桶工具、径向渐变的运用

填充径向渐变颜色时，将颜色面板的填充样式设置为“径向渐变”，颜色面板会变为渐变色设置模式。这时需要先定义好当前颜色，然后再拖动渐变定义栏下面的调节色标来调整颜色的渐变效果，并且通过单击渐变定义栏还可以添加更多色标，从而创建更复杂的渐变效果。

3.1.4　能力扩展

扩展效果图

综合运用前面所学知识，制作如上图所示的柠檬在桌子上的效果图。

3.2 绘制花朵

3.2.1 案例描述

效果图

本案例介绍了花朵的制作过程，综合使用了任意变形工具、线条工具、椭圆工具和颜料桶工具等。通过本例的学习，要求能熟练掌握各种绘图工具的使用方法、中心旋转方法及利用透视原理进行图像排列的方法。

3.2.2 制作步骤

1. 选择【文件】→【新建】命令，在“新建文档”对话框中选择“ActionScript 3.0”，新建一个大小为“600×500 像素”，帧频为“24fps”，背景颜色为“白色”的空白文档。再新建一个名为“花”的“图形”元件。

2. 使用“椭圆工具”在舞台中绘制一个填充颜色为“＃FF6666”，描边颜色为“＃990000”的椭圆形，笔触为“1”，具体设置如图 3—14 所示，绘制的椭圆形如图 3—15 所示。

3. 使用“选择工具”，移动鼠标至椭圆形的底端，按住 Alt 键，同时按住鼠标左键拖拽，将椭圆形的底端调整为尖角，再用同样的方式调整其顶端，使其成为一片花瓣，如图 3—16 所示。

4. 在舞台的空白处绘制一个无填充颜色，笔触颜色为黑色的正圆，然后选中绘制好的花瓣，放置在相应的位置，如图 3—17 所示。

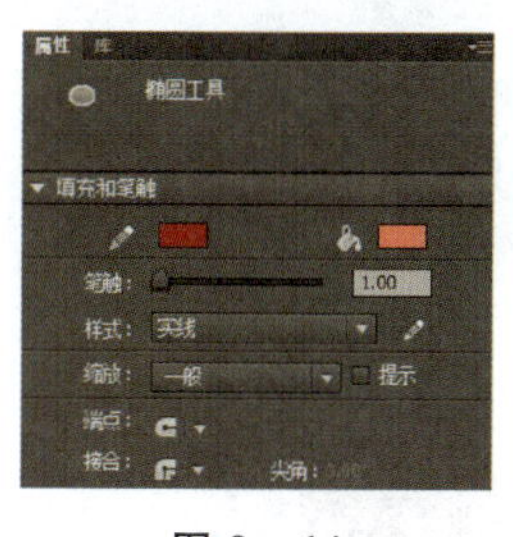

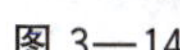
图 3—14

图 3—15

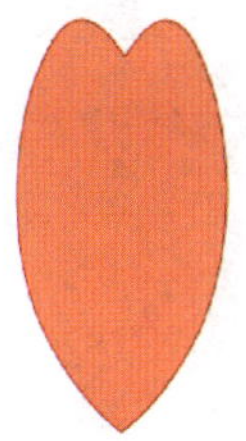
图 3—16

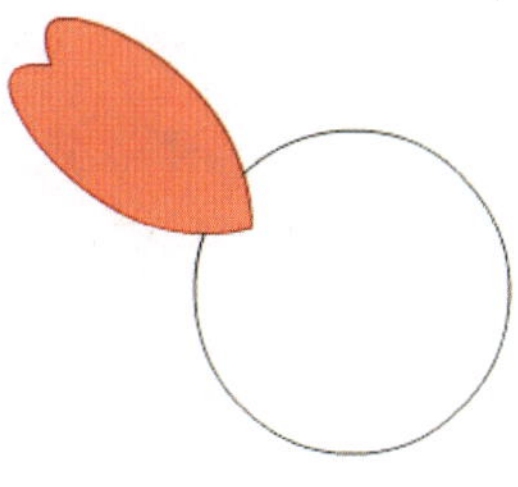
图 3—17

5. 选中花瓣，按住 Alt 键拖拽鼠标，复制出 4 片花瓣，如图 3—18 所示；用“任意变形工具”旋转并拖拽花瓣，将它们放置在黑色空心圆相对应的位置，如图 3—19 所示，完成后删除黑色空心圆，如图 3—20 所示。

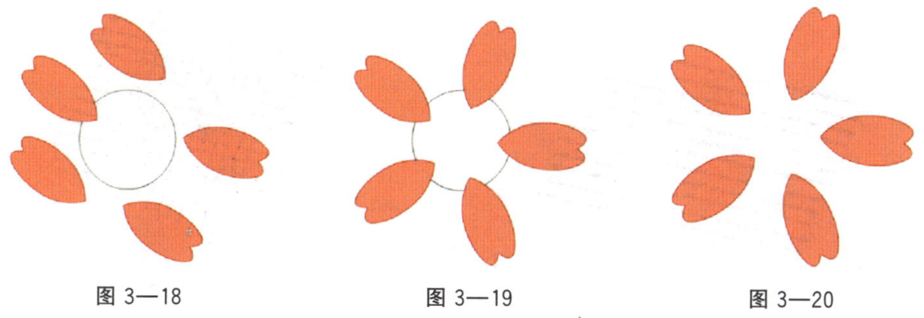
图 3—18　　图 3—19　　图 3—20

6. 选中排列好的 5 片花瓣，如图 3—21 所示；复制被选中的花瓣，使用“任意变形工具”以中心点为轴心旋转花瓣，如图 3—22 所示；重复操作两次，所有的花瓣绘制完成，如图 3—23 所示。

7. 绘制花蕊部分。使用“椭圆工具”绘制三个不同大小的正圆，颜色分别为“#CC9933”“#CC6600”“#443601”，如图 3—24 所示。

8. 使用“线条工具”在舞台中绘制一组平行的直线，如图 3—25 所示；复制这组直线，使用“任意变形工具”调整第二组直线使之与第一组直线相交错，如图 3—26 所示。

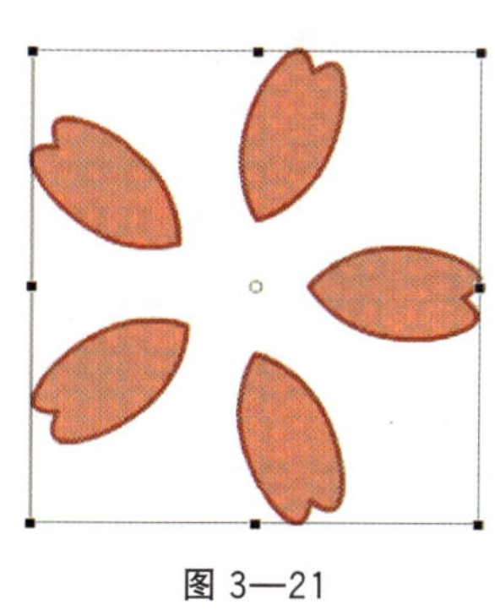
图 3—21

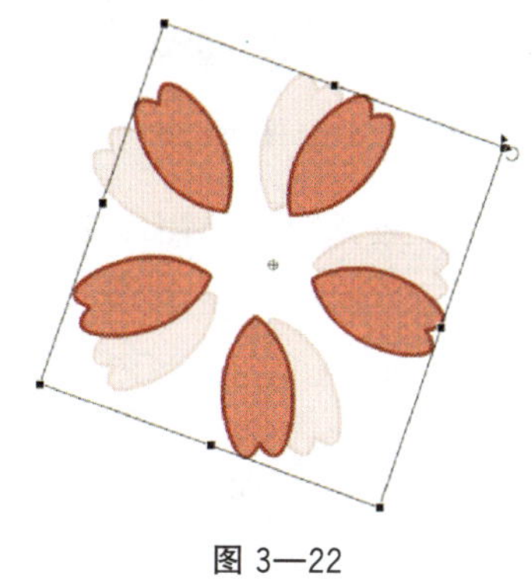
图 3—22

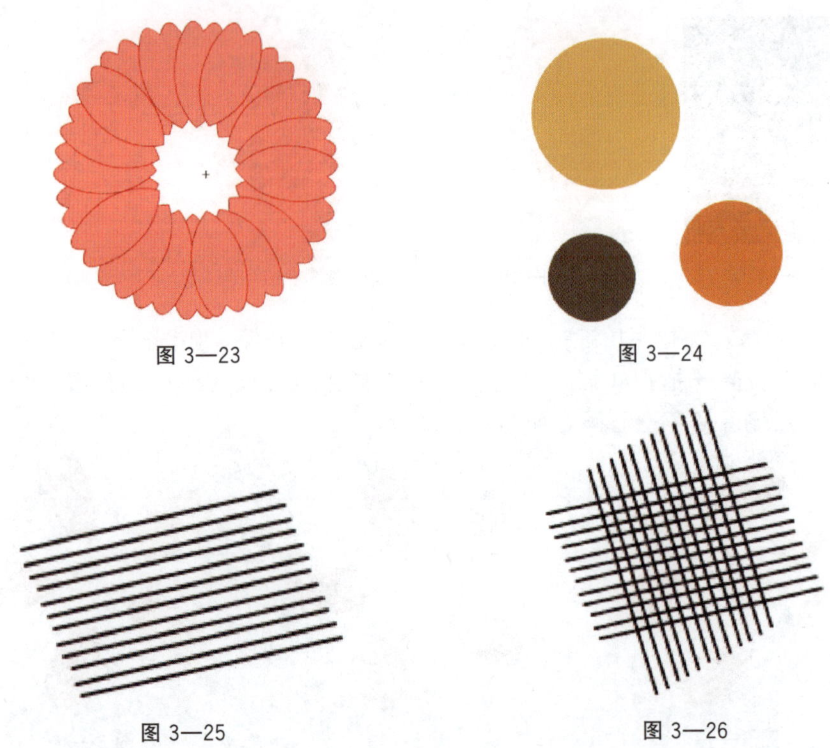

图 3—23　　图 3—24

图 3—25　　图 3—26

9. 使用“任意变形工具”将绘制的三个圆以及交错的网格以中心为基点对齐，使之重合，如图 3—27 所示。将完成的花蕊部分移动到花瓣的中心位置，如图 3—28 所示。

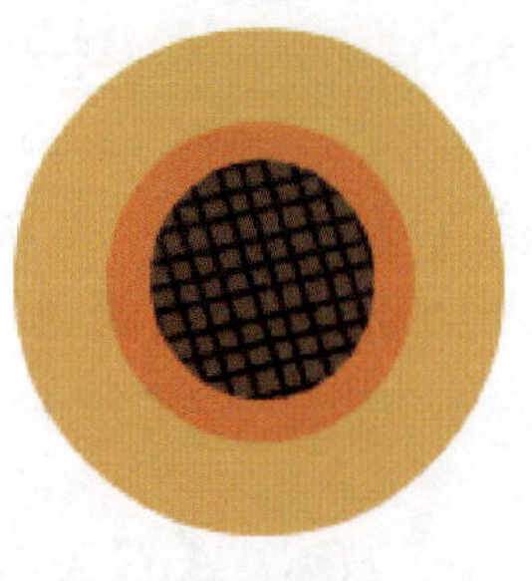

图 3—27

图 3—28

10. 绘制花梗部分。使用“矩形工具”绘制一个填充颜色为“#016600”，描边颜色为“#003300”的矩形，如图 3—29 所示；使用“选择工具”使矩形变形，如图 3—30 所示。

11. 使用“直线工具”绘制叶子，然后用“选择工具”对叶子进行调整变形，填充颜色与花梗部分一致，如图 3—31 所示。

12. 使用“任意变形工具”和“选择工具”把绘制好的花、花梗及叶子调整到相应的位置，一朵花制作完成，如图 3—32 所示。

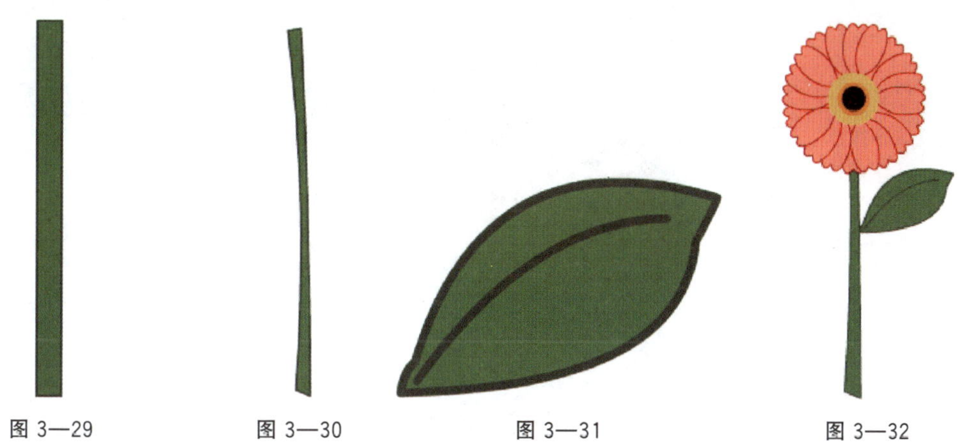

图 3—29　　图 3—30　　图 3—31　　图 3—32

13. 将“素材\第三章\3.2 绘制花朵\背景.jpg”导入到舞台，返回场景 1，将“花”元件拖入到舞台，并调整到合适的位置，如图 3—33 所示。

图 3—33

3.2.3　案例小结——颜料桶工具的运用

颜料桶工具可以改变图形的内部填充颜色，通过对颜料桶的设置可以在封闭的区域内填充单色、渐变色和位图。在填充过程中，要求图形边线完全封闭，如果边线有空隙或没有完全连接就不能填充颜色；可以填充封闭的小空隙；如果在图形填充时，选择“封闭中空隙”“封闭大空隙”不起作用，则可以使用放大镜工具缩小图形，再使用颜料桶工具填充，这样就很容易上色。

3.2.4　能力扩展

综合运用前面所学知识，制作如下图所示的缤纷的花朵效果图。

扩展效果图

3.3 综合案例(一) 绘制彩虹雨伞

3.3.1 案例描述

效果图

本案例主要讲述如何运用选择工具、线条工具、椭圆工具和颜料桶工具等绘制彩虹雨伞。通过本例的学习，要求能熟练掌握线性渐变、填充上色等多种绘图工具的使用方法，并能将其熟练应用到实践中。

3.3.2 制作步骤

1. 选择【文件】→【新建】命令，在“创建新文档”对话框中选择“ActionScript

3.0”，新建一个大小为“600×500像素”，帧频为“24fps”，背景颜色为“白色”的空白文档。再新建一个名为“雨伞”的“图形”元件，如图3—34所示。

图3—34

2. 使用“椭圆工具”在舞台中绘制一个无填充颜色的椭圆形，如图3—35所示。

3. 使用“椭圆工具”在刚绘制的大椭圆形中绘制一个正圆，如图3—36所示。

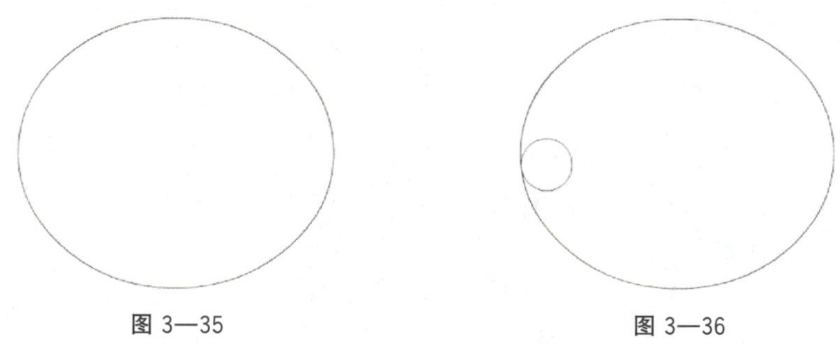

图3—35　　图3—36

4. 选中小正圆，按住Alt键不放，向右拖动再复制出几个横向排列的小正圆；当出现最右边的小正圆没有与大椭圆形的右边紧靠的情况时，其解决方法为：在确认不选中大椭圆形的情况下，将鼠标箭头放到大椭圆形最右边的弧线上，当箭头变为带圆弧的箭头时向左拖动，即可进行调节，效果如图3—37所示。

5. 使用“选择工具”，框选图3—37中的下半部分图形，如图3—38所示；将选中的部分删除，删除后剩下的图形如图3—39所示。

图3—37　　图3—38

6. 使用“线条工具”，以大弧线的中点为起点，小弧线的交点为终点，分别绘制5条直线，如图3—40所示；使用“选择工具”对所绘制的线条进行调整，如图3—41所示；

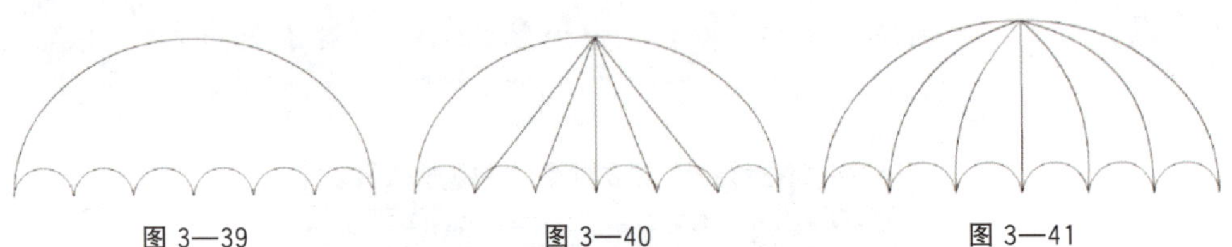

图 3—39　　图 3—40　　图 3—41

7. 使用“颜料桶工具”，选择“线性渐变”，从左到右依次设置颜色为“#0000FF”“#58F748”“#33CCFF”“#FF0000”“#FF72FF”“#FFFF02”共 6 种颜色，分别渐变到黑色，如图 3—42、图 3—43、图 3—44、图 3—45、图 3—46 和图 3—47 所示。填充后，效果如图 3—48 所示。

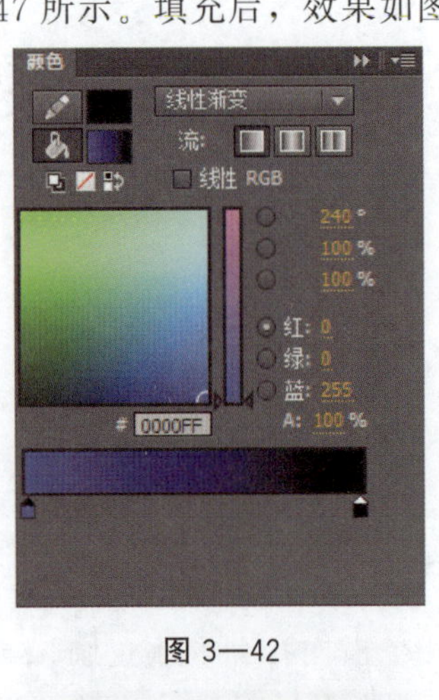

图 3—42

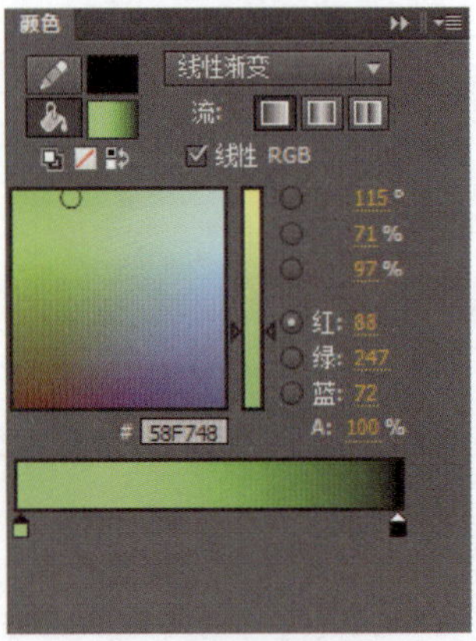

图 3—43

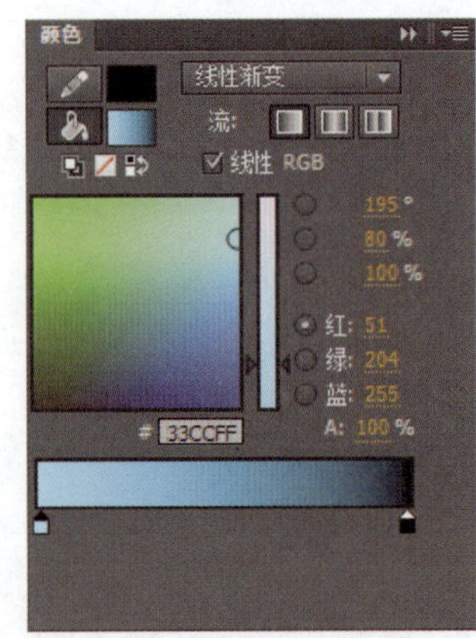

图 3—44

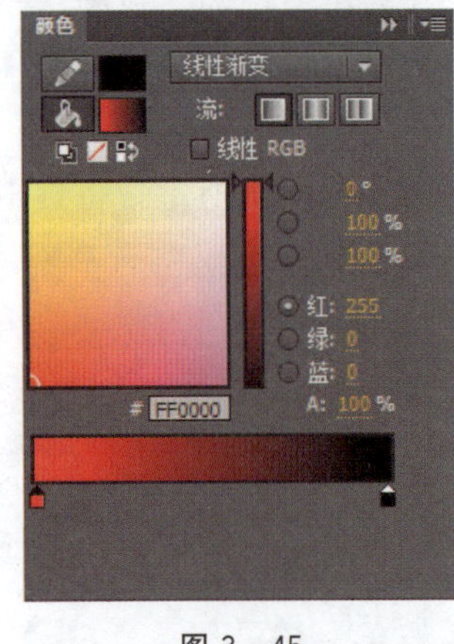

图 3—45

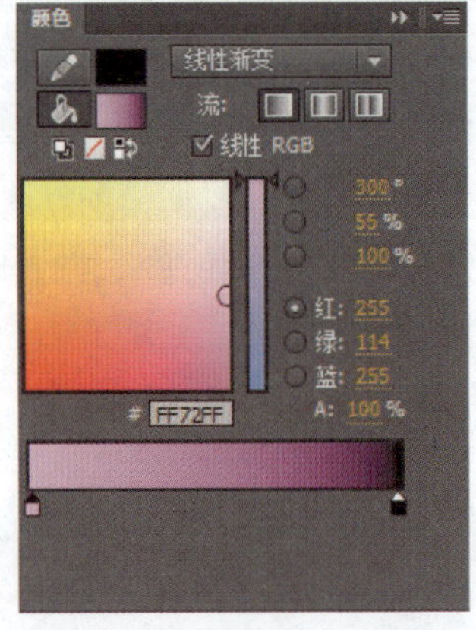

图 3—46

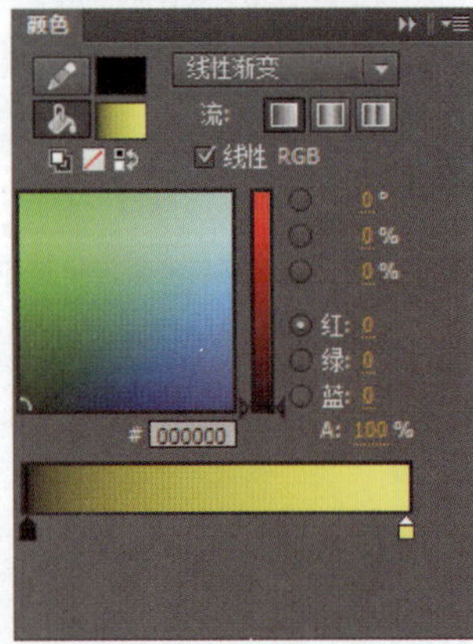

图 3—47

8. 使用“钢笔工具”绘制一个笔触为“17.45”并带弯钩的伞柄，其参数设置如图 3—49 所示，完成后按 Ctrl+Enter 组合键进行效果测试，如图 3—50 所示。

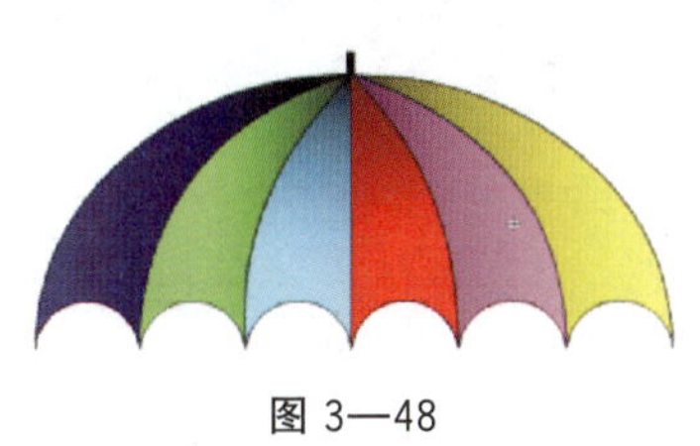
图 3—48

图 3—49

图 3—50

9. 将“素材\第三章\综合案例（一） 绘制彩虹雨伞\背景.jpg”导入到舞台，返回场景 1，将“雨伞”元件拖入到舞台，然后进行 5 次复制粘贴，以近大远小的透视原理，把 6 把雨伞调整到合适的位置，效果如图 3—51 所示。

图 3—51

3.4 综合案例(二) 绘制卡通木板

3.4.1 案例描述

效果图

本案例主要讲述如何绘制卡通木板。制作过程中主要使用文件导入、矩形工具、钢笔工具、选取工具、部分选取工具等组合，重点在于木板颜色的设置。

3.4.2 制作步骤

1. 选择【文件】→【新建】命令，在“新建文档”对话框中选择“ActionScript 3.0”，新建一个大小为“607×400 像素”，帧频为“24fps”，背景颜色为“白色”的空白文档。

2. 选择【文件】→【导入】→【导入到舞台】命令，导入“第三章\3.4 综合案例（二） 绘制卡通木板\草地.jpg”文件，选择“任意变形工具”选中舞台的素材图片，用鼠标+Shift 键等比例调整图片大小，如图 3—52 所示。

图 3—52

3. 新建“元件 1”，选择“矩形工具”，打开“属性”面板，将笔触颜色去除，填充颜色设置为“# C79E59”，如图 3—53 所示。然后在图层 1 的舞台中绘制矩形木板，如图 3—54 所示。

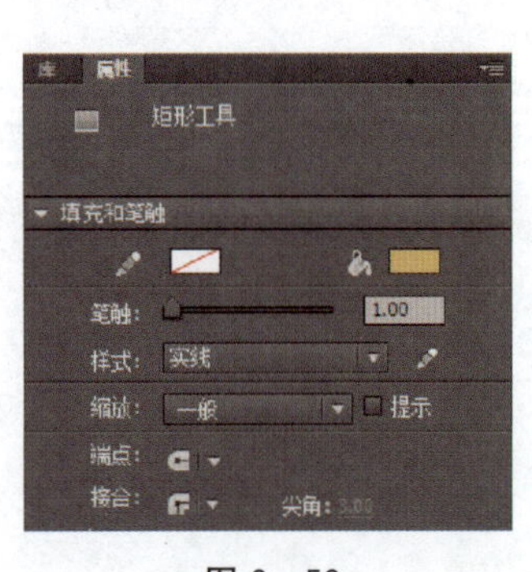

图 3—53

图 3—54

4. 选择“钢笔工具”，在矩形边上绘制三角形，制作木板缺口，如图 3—55 所示。使用“选择工具”选中绘制的三角形，如图 3—56 所示，注意不要选择三角形边框线，把点选的三角形删除，接着点选三角形边框删除，效果如图 3—57 所示。

图 3—55

图 3—56

图 3—57

5. 在“元件 1”中新建图层 2。选择“矩形工具”，打开“颜色”面板，将笔触颜色去除，填充颜色设置为“＃A06844”，如图 3—58 所示，绘制木板细的长条方形纹路，并选择“部分选取工具”，修改纹路形状，如图 3—59 和图 3—60 所示。

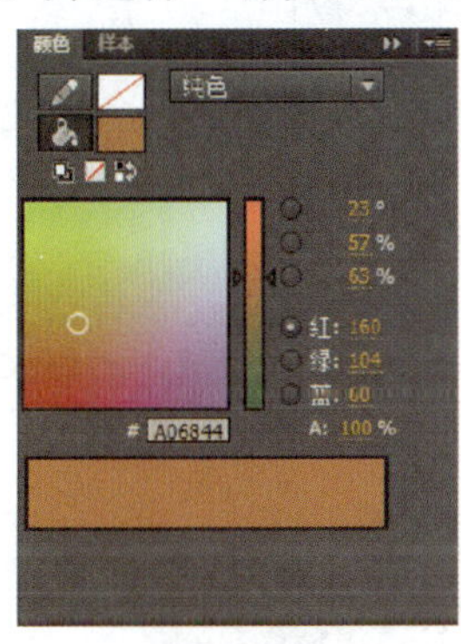

图 3—58

图 3—59

图 3—60

6. 新建图层 3，在“颜色”面板将颜色透明度降低（A：29%），如图 3—61 所示；再次使用“矩形工具”绘制木板纹路；使用“部分选取工具”调整木板形状和纹路，调整过程中可根据需要使用“钢笔工具”添加锚点，效果如图 3—62 所示。

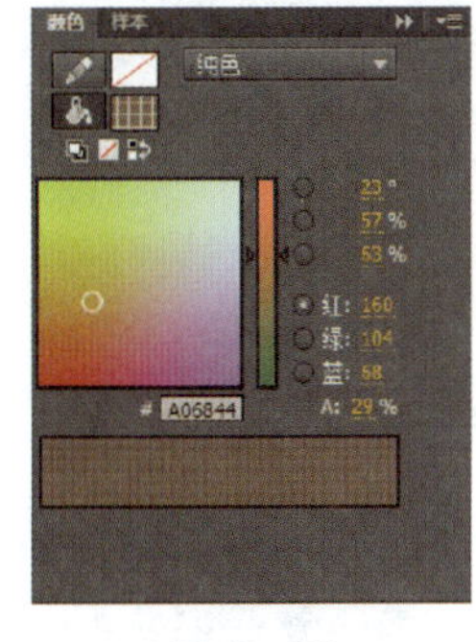

图 3—61

图 3—62

7. 在“时间轴”面板上，右击选中“图层 1”，在弹出的快捷菜单中执行【复制图层】命令，如图 3—63 所示，在该面板上即可看到图层 1 的复制图层，如图 3—64 所示。

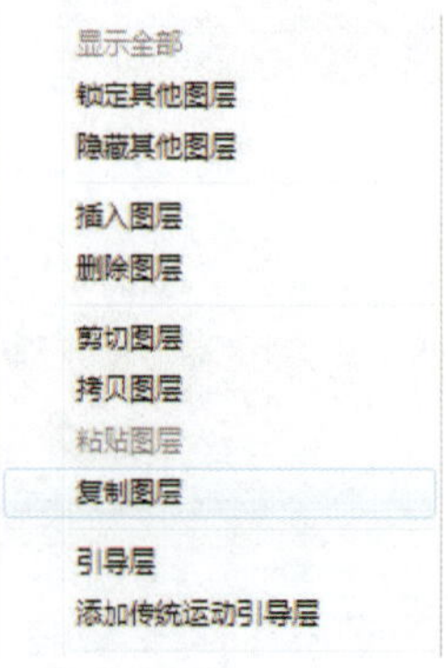

图 3—63

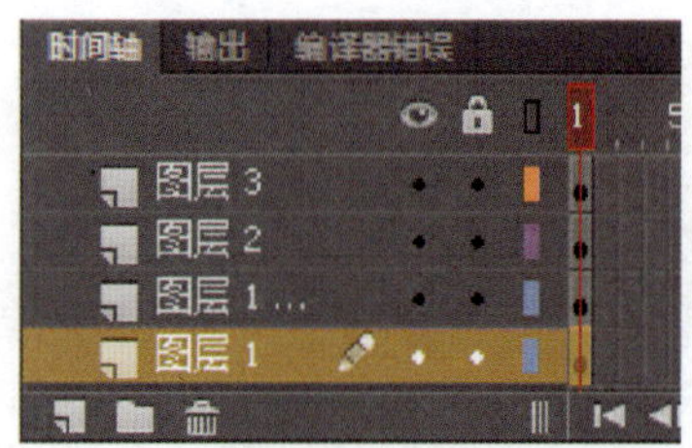

图 3—64

8. 选择最下层的“图层 1”，选择“选择工具”，在“颜色”面板将填充颜色设置为“# 70583A”，如图 3—65 所示，将图层 1 往下移动，制作出木板阴影效果，如图 3—66 所示。

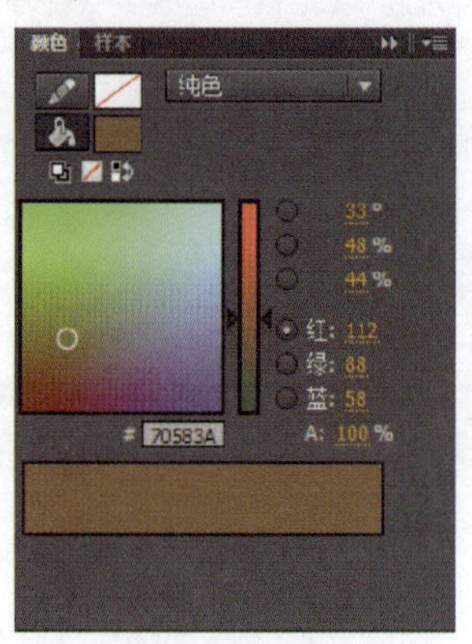

图 3—65

图 3—66

9. 新建“元件 2”，用同样的方法绘制一块卡通木板，如图 3—67 所示。

图 3—67

10. 新建“元件 3”，选择“矩形工具”，在“属性”面板将笔触颜色去除，将填充颜色设置为“#7D6321”，然后在舞台中绘制一个矩形，并使用“部分选取工具”修改其形状，效果如图 3—68 所示。

11. 在“元件 3”中新建图层 2，使用“矩形工具”绘制木头的阴影，将颜色设置为“#574B24”，并降低透明度（A：62%），效果如图 3—69 所示。

12. 新建图层 3，使用“矩形工具”绘制木头的纹路，将颜色设置为“#735A15”，透明度设置为 62%，使用“部分选取工具”修改其形状，效果如图 3—70 所示。

图 3—68　　图 3—69　　图 3—70

13. 返回场景 1，将“元件 3”“元件 2”“元件 1”依次拖入舞台，并调整其位置，效果如图 3—71 所示。

图 3—71

本章小结

本章主要讲述 Flash CC 色彩工具的工作原理和使用技巧。色彩是 Flash 动画的重要元素，是对动画进一步完善的综合技能。可采用由浅入深并结合实例的方法学习色彩动画的制作。通过学习可掌握色彩和光线的处理技巧，应结合实践巧妙地将其运用到动画的设计与制作过程中。

第四章　Flash CC 元件、库和实例

学习目标

■ 了解元件的特点和作用。

■ 能在库面板中对元件进行编辑和管理。

■ 能编辑和运用实例。

内容提要

本章主要介绍元件、库和实例的应用，其中包括元件、元件库和实例的基本操作。在制作一段 Flash 动画的过程中，需要多次重复使用一个图形或者一段动画片段，因此，将这个图形或动画片段制作为元件是很有必要的；使用库可以方便元件和图形素材的管理。

4.1 元件

4.1.1 元件的类型

元件是构成动画的基本元素，是可以被重复应用多次的图形、按钮和小动画。简单来说，元件只需要创建一次就可在整个文档中被重复使用。元件中的小动画可以独立于主动画进行播放，每个元件可由多个独立的元素组合而成。

在制作影片的过程中，可以多次复制某一个元件来达到创作的需要，此时，每个复制对象都有独立的文件信息，相应的整个影片的容量也会加大。如果将对象制作成元件，在制作过程中反复调用同一个对象，则不会影响影片的容量。

Flash 主要包括 3 大类元件，分别是影片剪辑元件、按钮元件和图形元件，每一类元件的表现方式及功用各不相同，如图 4—1 所示。

1. 影片剪辑元件

影片剪辑元件本身是一个可以重复使用的小动画，拥有独立的时间轴，能独立于主动画进行播放。可以在影片剪辑元件中加入按钮元件和图形元件，或另一个影片剪辑元件。

2. 按钮元件

按钮元件用于创建动画中所使用的交互控制按钮，按钮具有“弹起”“指针经过”“按下”“点击”4 种不同状态的帧，如图 4—2 所示。用户可以分别在按钮不同状态的帧上创建不同的内容，既可以是静止图形，也可以是影片剪辑。

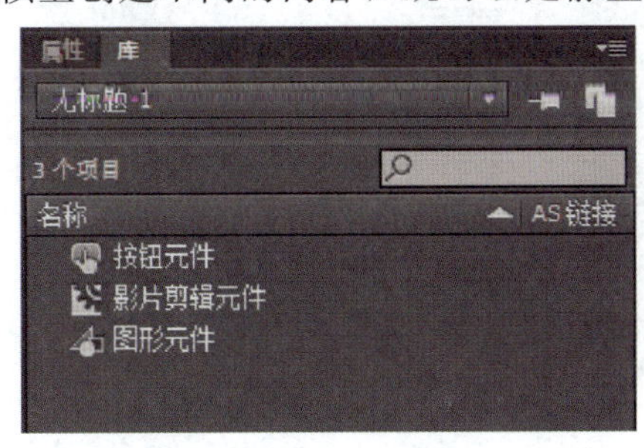

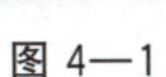
图 4—1

图 4—2

3. 图形元件

图形元件用于制作动画中的静态图形，是制作动画的基本元素之一，它也可以是影片剪辑元件或场景的一个组成部分，但没有交互性，不能为图形元件添加声音，也不能为图形元件的实例添加脚本动作。图形元件的动画效果受到主场景帧数的影响，即仅在主场景帧数大于或等于该元件所具有动画帧数时，才可以看到完整的动画效果，而无论主场景的帧数是多少，影片剪辑元件的动画效果都能够完整播放。

4.1.2 创建元件

创建元件可以通过两种途径，一种是将舞台中的对象转换成元件；另一种是直接创建一个空白的元件，然后在元件编辑模式下制作或导入内容，可以是影片剪辑、按钮以及图形。

1. 创建元件的方法

(1) 选择【插入】→【新建元件】命令，或按 Ctrl+F8 组合键，在弹出的“创建新元件”对话框中选择需要的元件类型，单击“确定”按钮即可，如图 4—3 所示。

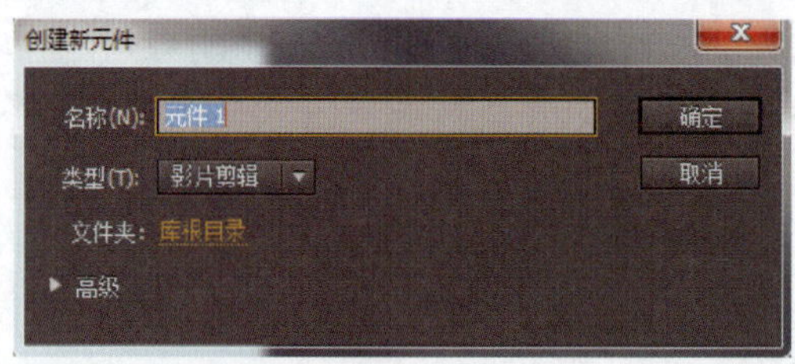

图 4—3

(2) 在“库”面板中的空白处右击，在弹出的快捷菜单中选择【新建元件】命令，如图 4—4 所示。

(3) 单击“库”面板右上角的“面板菜单”按钮，在弹出的下拉菜单中选择【新建元件】命令，如图 4—5 所示。

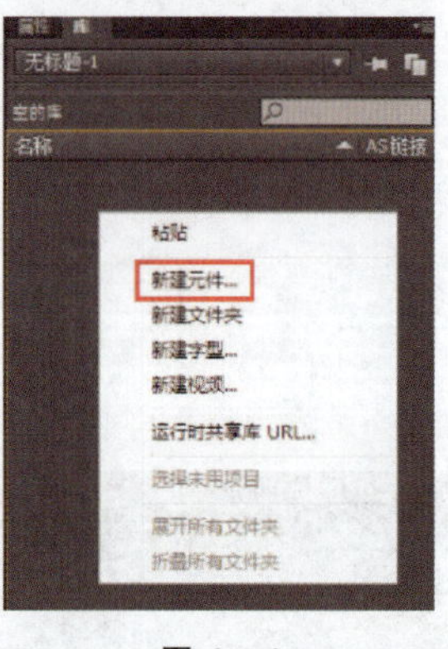

图 4—4

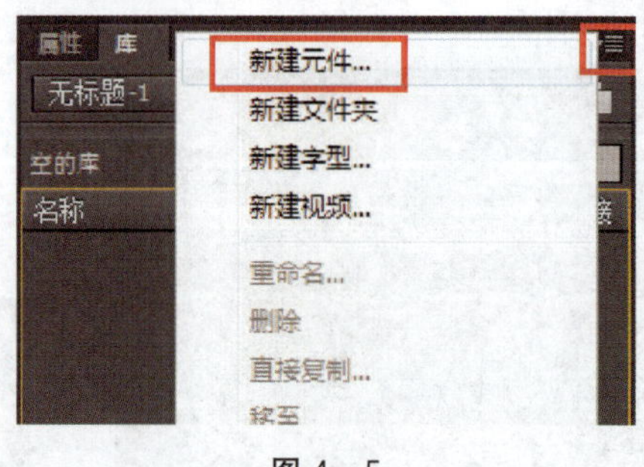

图 4—5

(4) 单击“库”面板底部的“新建元件”按钮，如图 4—6 所示，在弹出的“创建新元件”对话框中创建相应的元件。

2. “创建新元件”对话框中各选项的含义

(1) 名称：设置元件的名称。

(2) 类型：设置元件的类型，包括影片剪辑、按钮和图形 3 个选项。

(3) 文件夹：单击“库根目录”，打开“移至文件夹”对话框，可以将元件放置在

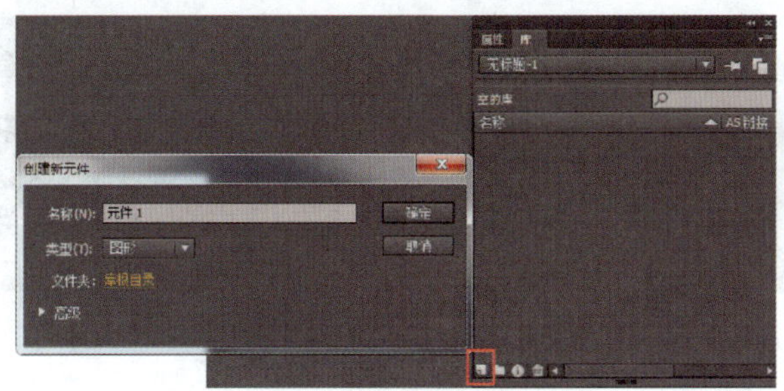

图 4—6

新建文件夹中，也可以将元件放置在现有文件夹中或库根目录中，如图 4—7 所示。

（4）高级：单击该链接，可以将该面板展开，从而对元件进行高级设置，如图 4—8 所示。

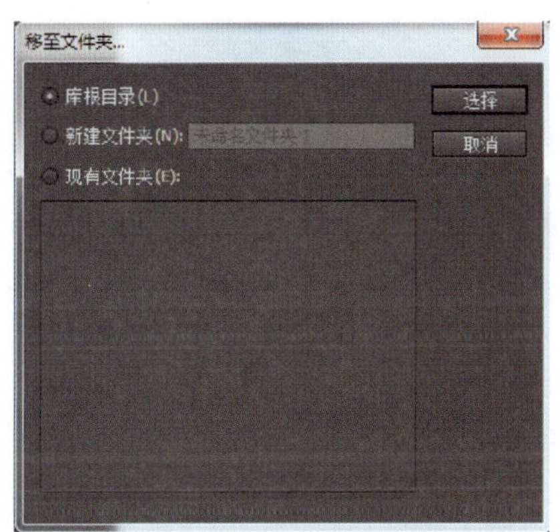

图 4—7

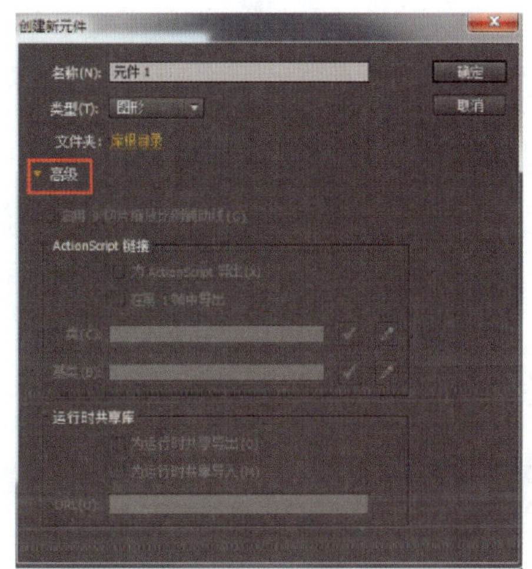

图 4—8

4.1.3　转换元件

在制作动画的过程中，如果需要将舞台中的对象转换成元件，可以单击选中对象，选择【修改】→【转换为元件】命令，弹出如图 4—9 所示的对话框，从中设置元件类型，最后单击“确定”按钮。

将对象转化为元件还有以下几种方法：

（1）选中对象并右击，在弹出的快捷菜单中选择【转换为元件】命令。

（2）直接将选中的对象拖拽到库面板中。

（3）选中一个对象后，按 F8 键，弹出“转换为元件”对话框。

“转换为元件”对话框与“创建新元件”对话框中的选项相似，只是该对话框中多了一个“对齐”选项。单击“对齐”选项后面的定位框，可以选择元件的中心点位置，如图 4—10 所示。

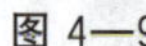

图 4—9

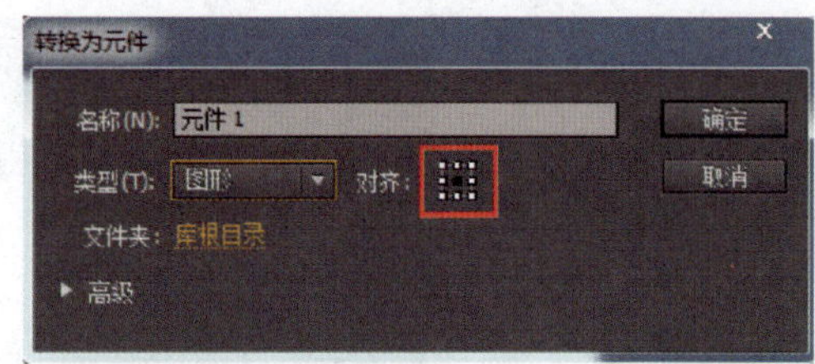

图 4—10

4.1.4 编辑元件

要改变元件的内容，就需要进入元件的内部对其进行编辑，编辑完成后，所有与之相关的实例都会发生相应的变化。

在 Flash 中，可以通过两种方法来对元件进行编辑，下面分别讲解其相关操作。

1. 在当前位置编辑元件

（1）双击要编辑的元件。

（2）单击选中需要编辑的元件，选择【编辑】→【在当前位置编辑】命令。

（3）选中元件并右击，在弹出的快捷菜单中选择【在当前位置编辑】命令，如图 4—11 所示。

（4）在当前位置编辑元件时，将会淡化元件以外的内容，以便与正在编辑的元件区别开来，如图 4—12 所示。

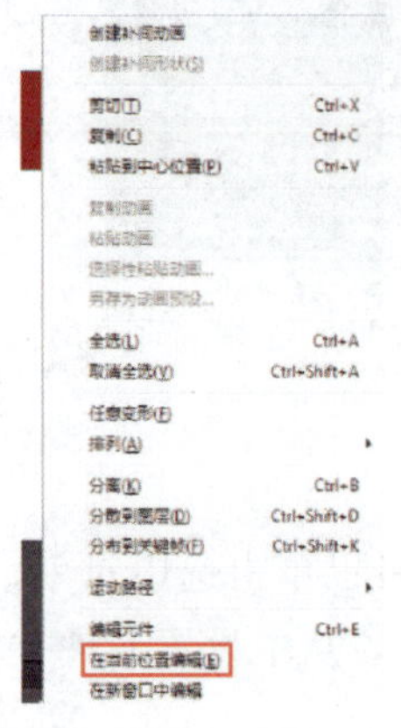

图 4—11

图 4—12

2. 仅编辑元件

另一种编辑元件内容的方法，就是在不显示舞台内容的情况下，仅对元件进行编辑，其操作方法有如下几种：

（1）单击选中要编辑的元件，按 Ctrl+E 组合键进入其编辑状态。

（2）在“库”面板中双击要编辑的元件图标。

（3）在“库”面板中选中要编辑的元件，双击其顶部的预览区。

4.2 库

4.2.1 认识库面板

“库”面板用于存储和组织在Flash中创建的各种元件和导入的文件，包括矢量插图、位图图形、声音文件和视频剪辑。这样可以方便地进行管理，节省动画空间，而且可以被无限制地使用。需要用到其中的对象时，直接将其拖拽到舞台中即可。

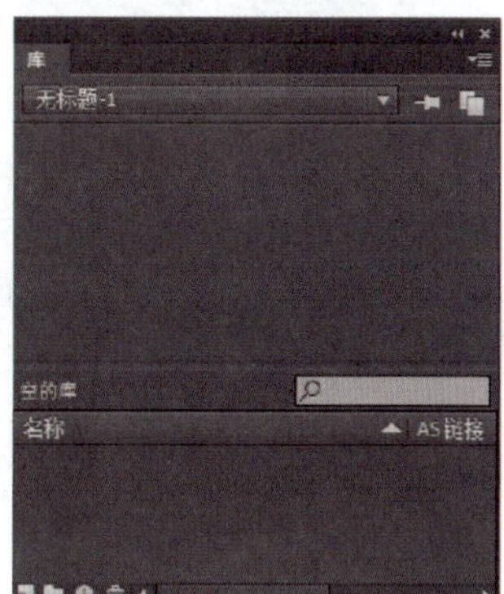

图 4—13

新建Flash文档时，“库”面板是空的，随着在制作的过程中不断把所需资源导入到库里，“库”面板也随之增加内容。选择【窗口】→【库】命令，或按Ctrl＋L组合键，即可打开“库”面板，如图4—13所示。

在“库”面板中，各组成部分的功能介绍如下：

(1) 预览窗口：用于显示所选对象的内容。

(2) “选项”按钮：单击该按钮，弹出“库”面板中的各种操作选项。

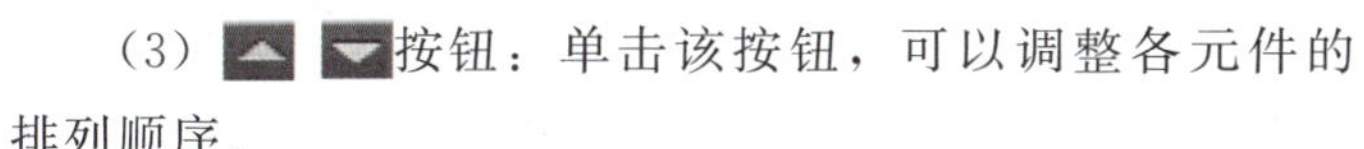

(3) 按钮：单击该按钮，可以调整各元件的排列顺序。

(4) “新建库面板”按钮：单击该按钮，可以新建“库”面板。

(5) “新建元件”按钮：单击该按钮，弹出“创建新元件”对话框，用于新建元件。

(6) “新建文件夹”按钮：单击该按钮可新建文件夹，用于存放元件。

(7) “属性”按钮：用于打开相应的元件属性对话框。

(8) “删除”按钮：用于删除元件或文件夹。

4.2.2 重命名库元素

在制作动画时，“库”面板中包含很多库项目，为了更好地管理及使用库项目，用户可以为库项目重命名。

重命名库项目的方法主要包含以下几种：

(1) 双击“库”面板中的对象名称。

(2) 选中库面板中的对象，在“面板”菜单中选择【重命名】命令，如图4—14所示。

(3) 选中库面板中的对象并右击，在弹出的快捷菜单中选择【重命名】命令，如图4—15所示。

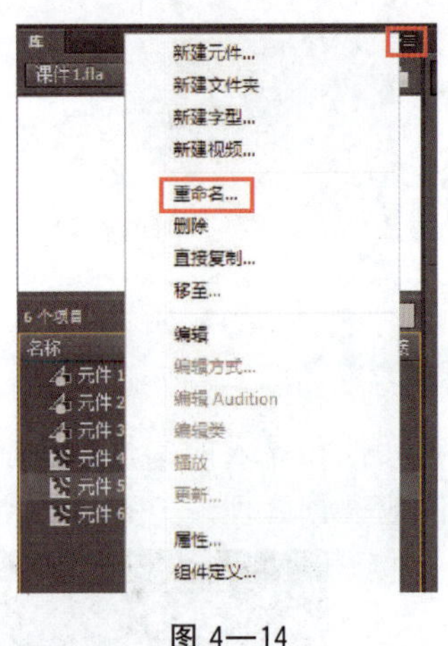

图 4—14

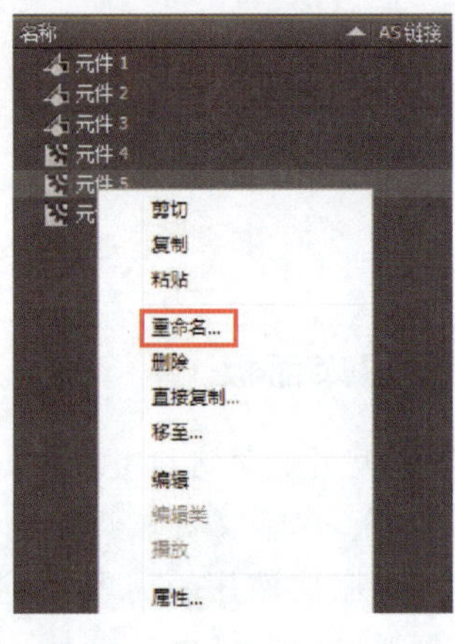

图 4—15

按照以上任何一种方法进行重命名，在输入新名称之后，按 Enter 键或在其他空白区单击，即可完成重命名的操作。

4.2.3 创建库文件夹

当库项目繁多时，可以利用库文件夹对其进行分类管理，“库”面板中可以同时包含多个库文件夹，但不允许文件夹使用同样的名称。

若要新建一个库文件夹，可以在“库”面板空白处右击，在弹出的快捷菜单中选择【新建文件夹】命令，如图 4—16 所示；或在“库”面板中单击“新建文件夹”按钮，然后在文本框中输入文件夹的名称，如图 4—17 所示。

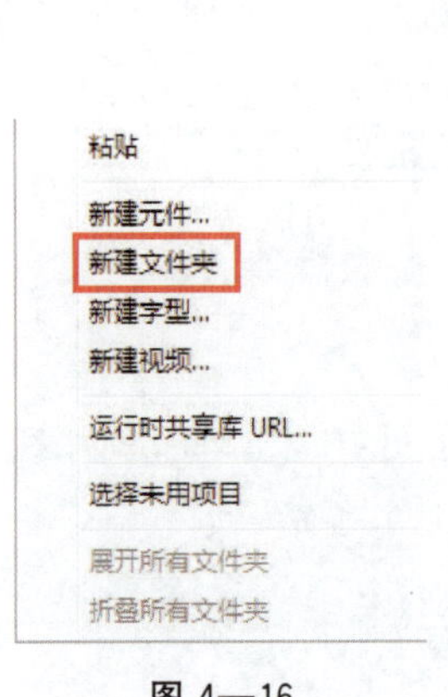

图 4—16

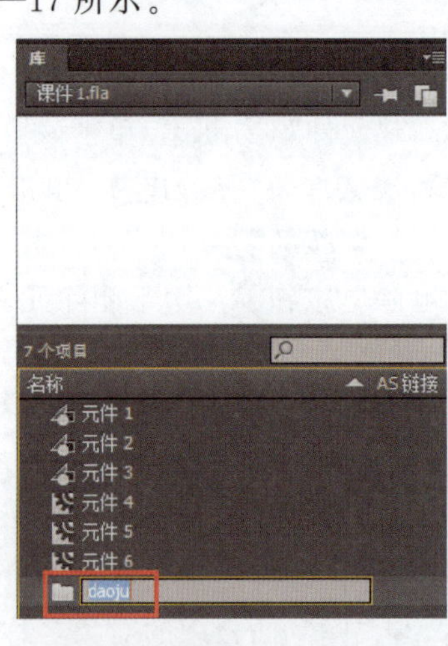

图 4—17

4.2.4 调用库元素

当一些图形或元件已经被置入到一个 Flash 文档中时，可以通过单击“库”面板中的▼按钮，在弹出的下拉列表中选择所需要的 Flash 文档，即可打开该文档的“库”面板，从而可随时调用其他文档库面板中的元素。

4.2.5 应用并共享库资源

使用共享库资源可以将一个影片库面板中的资源共享，以供其他影片使用，同时可以合理地组织影片中的每个元素，缩短影片的开发周期。下面介绍库资源的共享与应用。

1. 复制库资源

在文档之间复制库资源，可以使用以下几种方法将库从源文档复制到目标文档中。在制作动画时，还可以将元件作为共享库资源在文档之间共享。

(1) 通过复制和粘贴来复制库资源

在舞台中选中资源并右击，在弹出的快捷菜单中选择【复制】命令。若要将资源粘贴到舞台中心位置，选择【编辑】→【粘贴到中心位置】命令，资源便被粘贴到舞台的中心。若要将资源放置到与源文档相同的位置，选择【编辑】→【粘贴到当前位置】命令即可。

(2) 通过拖动来复制库资源

在源文档的“库”面板中选中该资源，并将其拖入目标文档的“库”面板中。

(3) 通过在目标文档中打开源文档库来复制库资源

当目标文档处于活动状态时，选择【文件】→【导入】→【打开外部库】命令，选中源文档并单击“打开”按钮，即可导入到目标文档的库面板中。

2. 实时共享库中的资源

源文档的资源是以外部的形式链接到目标文档中的，运行时资源在文档回放期间加载到目标文档中。在创作目标文档时，包含共享资源的源文档并不需要在本地网络上。未来让共享资源在运行时可供目标文档使用，源文档必须发布到 URL 上。

(1) 在创作时共享库中的资源

对于创作期间的共享资源，可以用本地网络上任何其他可用元件来更新或替换正在创作的文档中的任何元件。在创建文档时更新目标文档中的元件，目标文档中的元件保留了原始名称和属性，但内容会被更新或替换成所选元件的内容，选定元件使用的所有资源也会复制到目标文档中。

(2) 解决库资源之间的冲突

如果将一个库资源导入或复制到已经含有同名的不同资源的文档中，则可以选择是否用新项目替换现有项目。将库资源导入或复制到文档中时出现“解决库冲突”对话框，可以通过重命名的方法来解决冲突。

4.3 实例

4.3.1 创建实例

每个实例都具有自己的属性，用户可以利用“属性”面板设置实例的色彩、图形显示模式等信息，也可以重新设置元件的类型和对实例进行变形，修改这些特征设置只会显示在当前所选的实例上，对元件和场景中的其他实例并不会造成影响。

创建实例，只需在“库”面板中选中元件，并按住鼠标左键不放，直接将其拖拽至场景中即可，如图4—18所示。

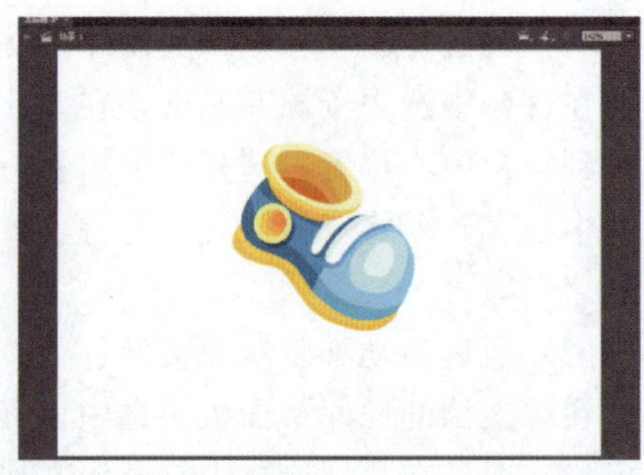

图 4—18

4.3.2 复制实例

在需要重复使用已经建立好的实例时，用户可以直接在舞台中复制实例。具体的操作如下：

选择需要复制的实例，然后按住Alt键的同时拖动实例，鼠标指针的右下角将显示一个小“+”标识，此时会直接复制出实例，只需要把复制出的实例拖拽至目标位置即可，如图4—19所示。

4.3.3 设置实例的色彩

每个元件实例都可以利用“属性”面板来设置颜色和透明度等。选中元件实例，在“属性”面板“色彩效果”栏中的“样式”下拉列表中选择相应的选项，即可设置实例的颜色和透明度，如图4—20所示。

图 4—19

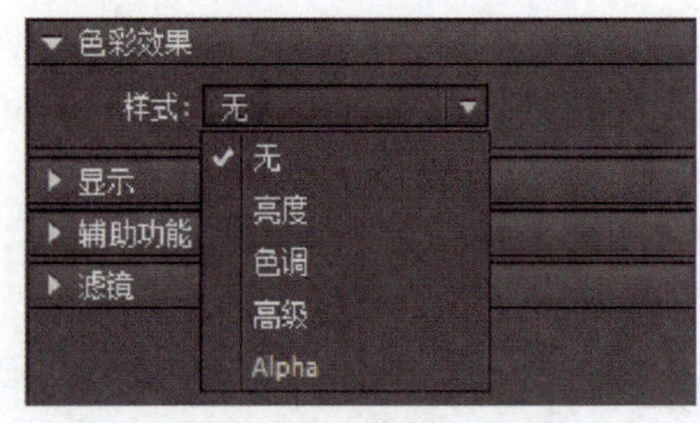

图 4—20

在“样式”下拉列表中包含了五个选项，各个选项的含义介绍如下：

(1) 无：选择该选项，不设置颜色效果。

(2) 亮度：设置实例的明暗对比度，亮度数量从黑（−100%）到白（100%）。

（3）色调：用于设置实例的颜色。单击“着色”色块，然后从“颜色”面板中选择一种颜色，即可改变实例的色调。

（4）高级：用于设置实例的透明度和红、绿、蓝的值。

（5）Alpha：用于设置实例的透明度，Alpha数值从透明（0%）到不透明（100%）。

若要进行渐变颜色更改，可应用补间动画进行色彩渐变。在实例开始关键帧和结束关键帧设置不同的色彩效果，然后创建传统补间动画，让实例的颜色随着时间逐渐变化。

4.3.4 改变实例的类型

在制作Flash动画时，实例的类型是可以相互转换的，可以通过转换实例的类型来重新定义它在Flash应用程序中的行为。

在“属性”面板中，图形、按钮和影片剪辑3种类型可以进行相互转换，如图4—21所示。当改变实例的类型后，“属性”面板中的参数也会发生相应的改变。

4.3.5 查看实例信息

在处理多个元件实例时，可以使用“属性”面板和“信息”面板来对实例的相关信息进行识别。

在“属性”面板中，用户可以查看所有实例类型的色彩效果设置、位置和大小等，如图4—22所示。

在“信息”面板中，用户可以查看实例的大小和位置、实例注册点的位置和变形点的位置以及实例的红、绿、蓝色值和Alpha（A）值，如图4—23所示。

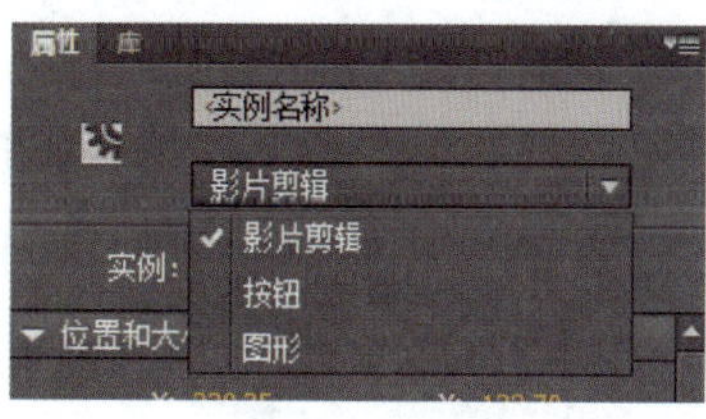

图4—21

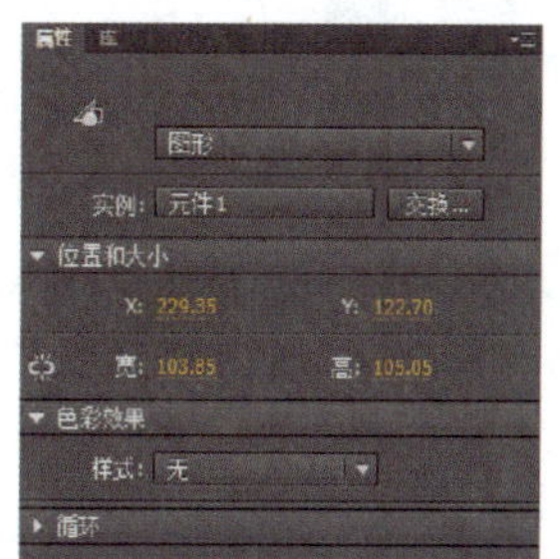

图4—22

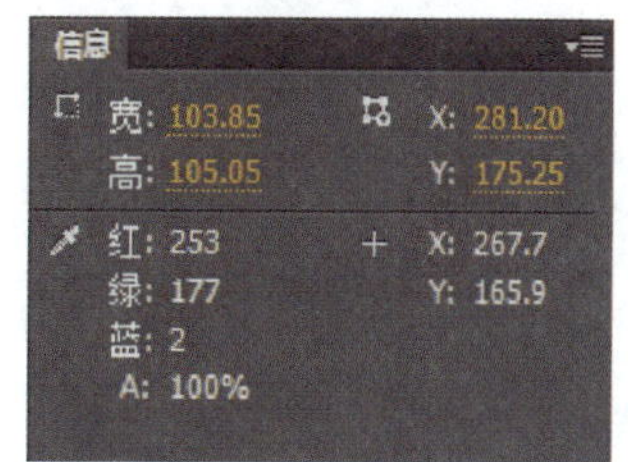

图4—23

4.4 蝴蝶飞

4.4.1 案例描述

效果图

本案例制作的是蝴蝶拍打翅膀的效果图，运用3D旋转工具对翅膀元件制作拍打的动作，把动态视觉调整到最佳位置。

4.4.2 制作步骤

1. 打开“素材\第四章\4.4 蝴蝶飞\蝴蝶.fla”文档，如图4—24所示。

图4—24

2. 选中舞台中的蝴蝶并双击，进入影片剪辑编辑状态，新建两个图层，分别为“图层2”和“图层3”，如图4—25所示。

3. 选中蝴蝶左边翅膀，按Ctrl+X组合键剪切所选内容，选择图层2，按Ctrl+

Shift+V 组合键，便可粘贴到当前位置，如图 4—26 所示。第一帧由空白关键帧转换成关键帧。

4. 用同样的方法将蝴蝶右边翅膀粘贴到图层 3，如图 4—27 所示。

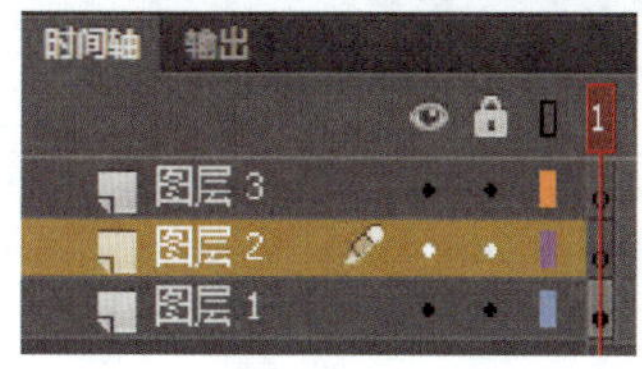

图 4—25

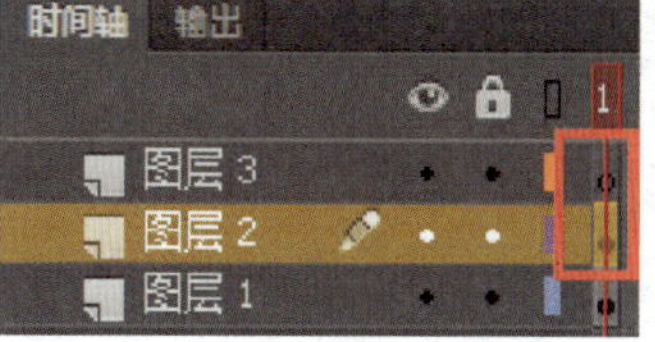

图 4—26

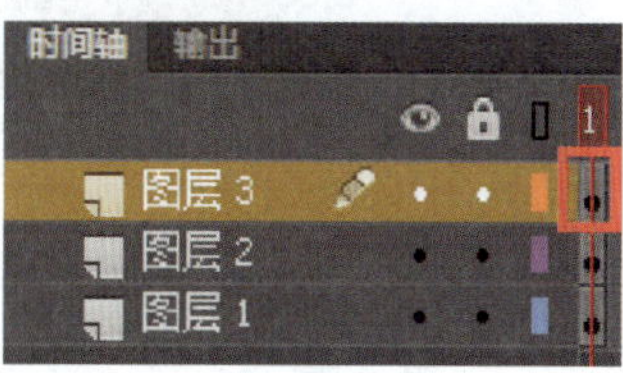

图 4—27

5. 选中图层 1 的蝴蝶身躯部分，按 F8 键将其转换为元件，命名为“身躯”，将“类型”设置为“影片剪辑”，如图 4—28 所示，单击“确定”按钮。

6. 用同样的方法将图层 2 和图层 3 的蝴蝶翅膀分别转换为元件，将类型设置为“影片剪辑”，并命名为“左翅膀”和“右翅膀”，如图 4—29 所示。

图 4—28

图 4—29

7. 选中图层 1 的第 30 帧，按 F5 键插入帧；选中中间任何一帧并右击，在弹出的快捷菜单中选择【创建补间动画】命令，如图 4—30 所示；然后再右击选择“3D 补间”命令，如图 4 31 所示。

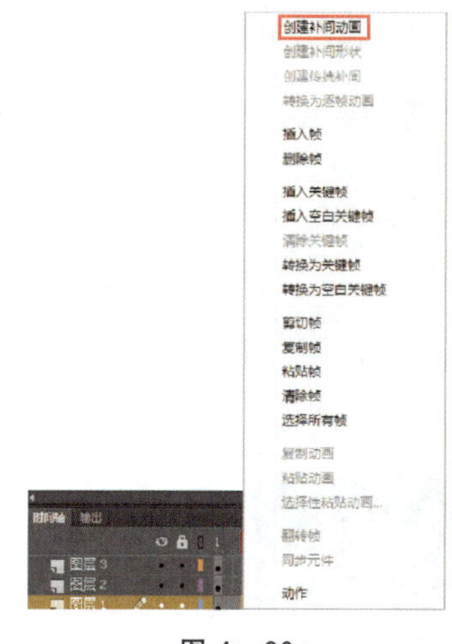

图 4—30

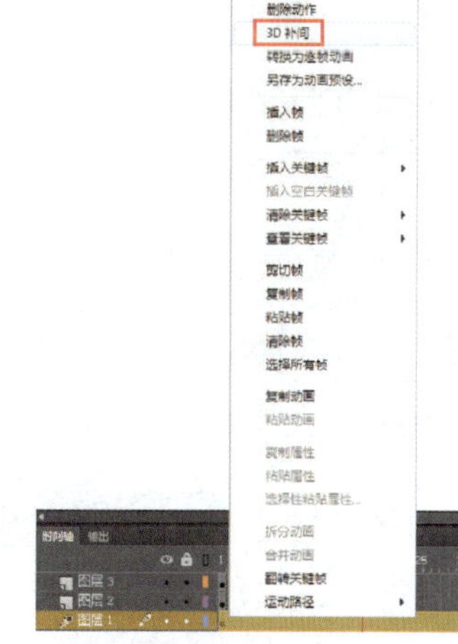

图 4—31

8. 用同样的方法创建图层 2 和图层 3 的 3D 补间，如图 4—32 所示。

图 4—32

9. 选择工具栏中的“3D 旋转工具”，然后单击选中蝴蝶右边的翅膀，如图 4—33 所示，把中心点移至左侧，如图 4—34 所示。

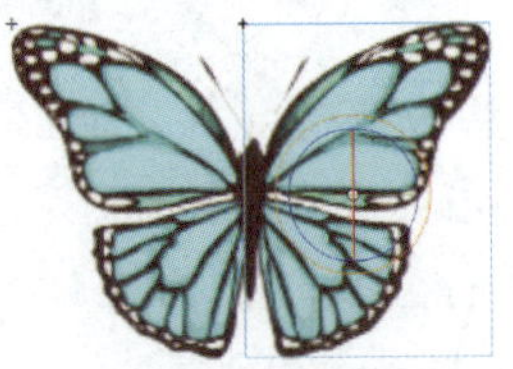

图 4—33

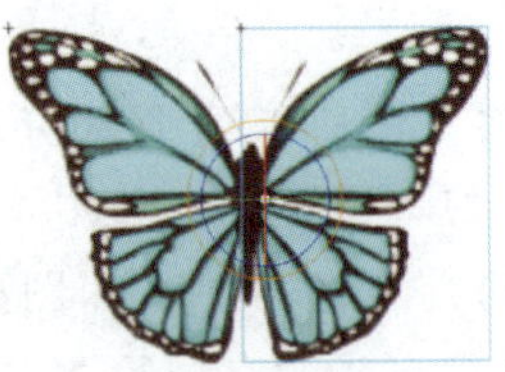

图 4—34

10. 把指针移至第 15 帧的位置，调整 Y 轴到合适的位置，如图 4—35 所示。

11. 再把指针移至第 30 帧的位置，调整 Y 轴回到原来的位置，如图 4—36 所示。

图 4—35

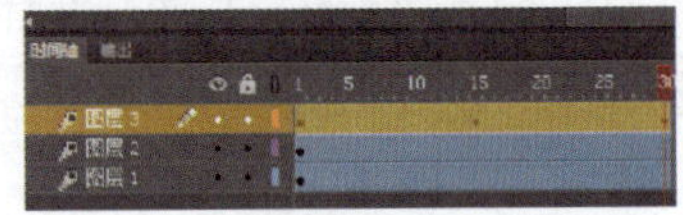

图 4—36

12. 把指针分别移至第 15 帧和第 30 帧的位置，选中蝴蝶左边的翅膀，用同样的方法制作蝴蝶拍打翅膀的动作，如图 4—37 所示。

图 4—37

13. 重新把指针移至第 15 帧的位置，选择蝴蝶身躯，按 Ctrl+Alt+S 组合键，弹出“缩放和旋转”对话框，设置缩放率为“95%”，如图 4—38 所示，单击“确定”按钮。

14. 把指针移至第 30 帧，选择蝴蝶身躯，按 Ctrl+Alt+S 组合键，弹出“缩放和旋转”对话框，设置缩放率为“105%”，如图 4—39 所示，单击“确定”按钮。

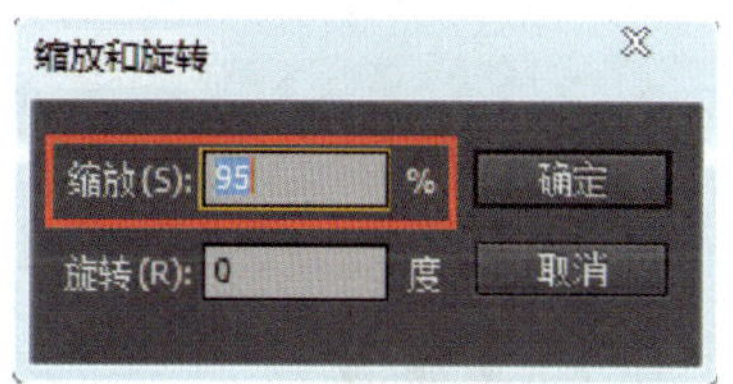

图 4—38

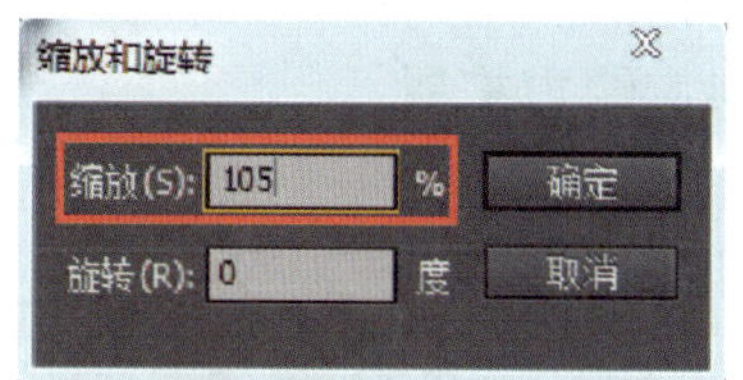

图 4—39

15. 双击空白处返回场景，新建图层 2，并把图层 2 拖至图层 1 下方，按 Ctrl+R 组合键将“素材\第四章\4.4 蝴蝶飞背景.jpg”素材文件导入舞台中，如图 4—40 所示，单击“打开”按钮。

16. 调整背景在舞台中的位置和大小，并把蝴蝶移到合适的位置，如图 4—41 所示。

图 4—40

图 4—41

17. 调整完成后，按 Ctrl+Enter 组合键测试动画效果，如图 4—42 所示。

图 4—42

4.4.3 案例小结——3D补间动画

运用3D旋转工具制作3D补间动画，其制作过程与传统补间动画有一些区别，制作的效果也更有透视感。制作3D补间动画必须要把实例转换成影片剪辑，而且是先创建补间，再插入关键帧，然后直接在时间轴上做动作，比传统补间动画的效果更突出。

4.4.4 能力扩展

扩展效果图1

扩展效果图2

综合前面所学的知识，运用3D旋转工具制作树叶360°旋转的动画。

4.5 综合案例 行驶的汽车

4.5.1 案例描述

效果图

本案例先使用绘制工具绘制汽车的各个元件，使用油漆桶工具填充颜色，再把所有的元件组合起来，并返回到场景，运用传统补间动画的制作原理制作补间动画，让汽车动起来。

4.5.2 制作步骤

1. 导入“素材＼第四章＼4.5 综合案例行驶的汽车＼背景.jpg”文件到舞台中，调整好位置，如图 4—43 所示。

2. 按 Ctrl+F8 组合键打开“创建新元件”对话框，将名称设置为“车轮动”，将类型设置为“影片剪辑”，单击“确定”按钮创建新元件，如图 4—44 所示。

图 4—43

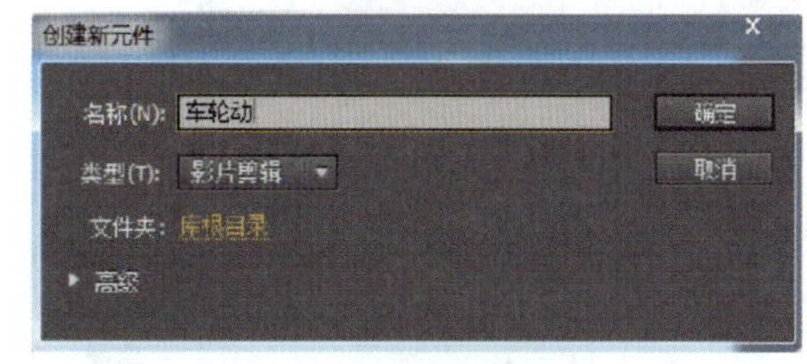

图 4—44

3. 用“椭圆工具”绘制圆形，再用“直线工具”绘制形状，如图 4—45 所示，用“油漆桶工具”填充颜色，效果如图 4—46 所示。

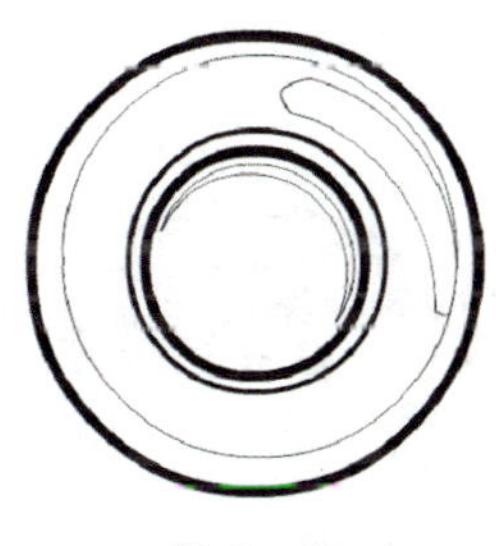

图 4—45

图 4—46

4. 选中车轮，按 F8 键，弹出“转换为元件”窗口，将名称设置为“车轮”，将类型设置为“图形”，单击“确定”按钮，如图 4—47 所示。

5. 在第 15 帧按 F6 键插入关键帧，选中中间任何一帧右击，在弹出的快捷菜单中选择【创建传统补间】命令，如图 4—48 所示。

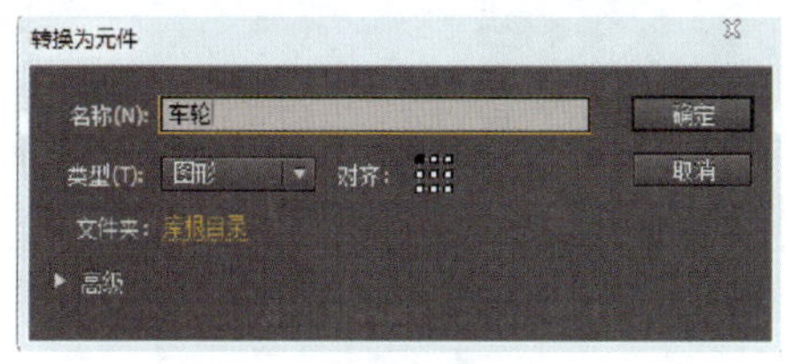

图 4—47

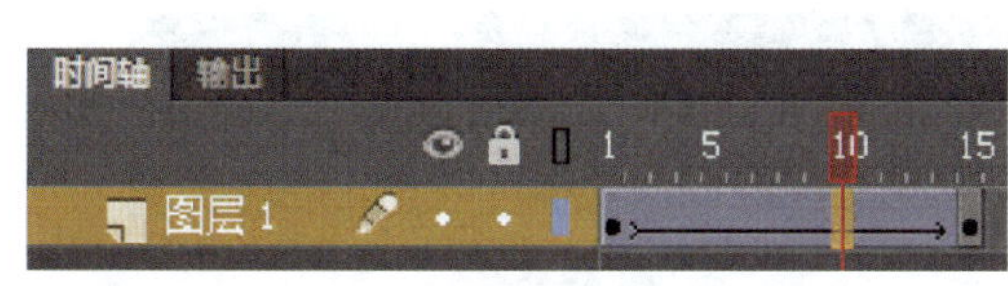

图 4—48

6. 单击选择补间，在“属性”面板中将补间的旋转设置为“顺时针”，旋转次数为“1 圈”，如图 4—49 所示。

7. 返回场景 1，按 Ctrl＋F8 组合键打开“创建新元件”对话框，将名称设置为“汽车”，将类型设置为“影片剪辑”，单击“确定”按钮创建新元件，如图 4—50 所示。

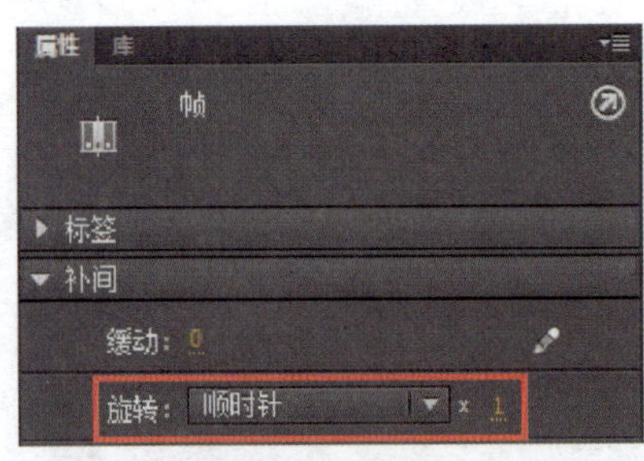

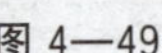

图 4—49

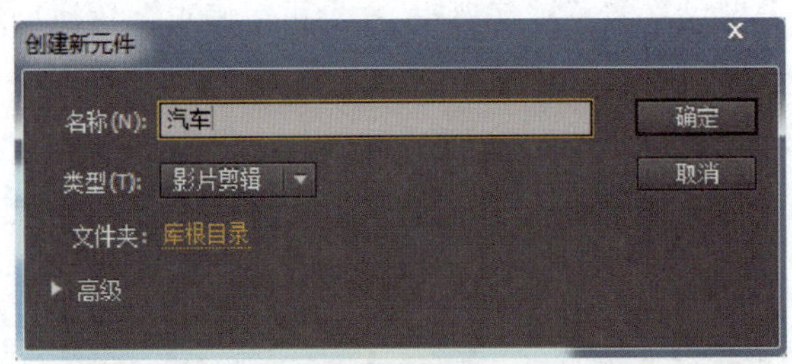

图 4—50

8. 用“钢笔工具”和“直线工具”绘制汽车轮廓线，如图 4—51 所示。

9. 用“油漆桶工具”填充颜色，效果如图 4—52 所示。

10. 新建图层 2，将图层 2 置于图层 1 下方，然后在“库”面板中将“车轮动”元件拖入舞台中，并调整好位置，如图 4—53 所示。

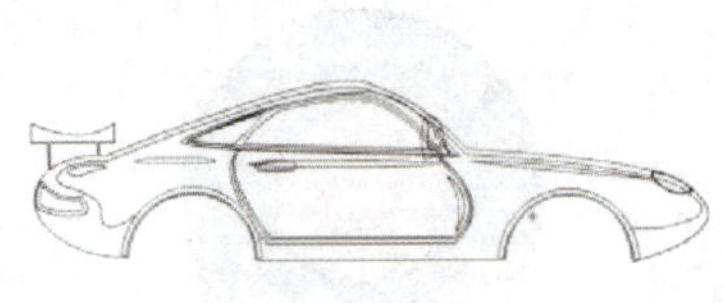

图 4—51

图 4—52

11. 返回场景 1，新建图层 2，在“库”面板中将“汽车”元件拖入舞台的左边，并调整好位置和大小，如图 4—54 所示。

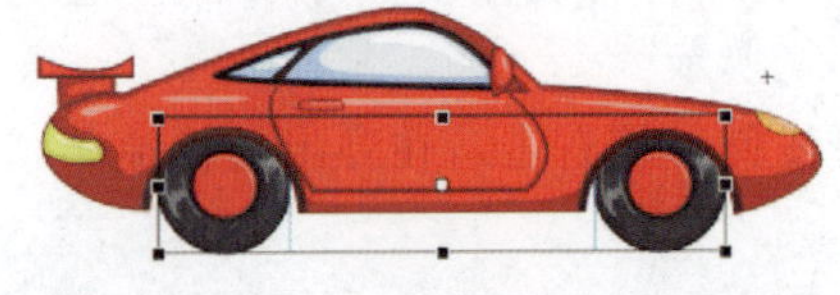

图 4—53

图 4—54

12. 选择图层 1 的第 100 帧，按 F5 键延长时间；单击图层 2 的第 100 帧，按 F6 键插入关键帧；把汽车移到舞台的右边，单击选中中间任何一帧并右击，在弹出的快捷菜单中选择【创建传统补间】命令，如图 4—55 所示。

13. 按 Ctrl＋Enter 组合键测试影片，效果如图 4—56 所示。

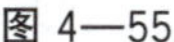

图 4—55

图 4—56

本章小结

元件是制作 Flash 动画的重要元素，本章从元件与实例的基本概念开始，讲解设置元件的相关操作及特殊属性设置等功能，使用元件可以使编辑动画变得更加简单。元件库可以理解为一个仓库，可以存放动画中的素材，将元件从库面板拖入舞台中，就生成一个实例，合理地利用元件、库和实例可以提高制作动画的效率。

第五章　Flash CC 文本特效设计

学习目标

- 掌握文本工具的使用。
- 能编辑文本。
- 能制作各种文字效果。

内容提要

本章主要介绍如何使用和设置文本工具，包括在舞台中输入文本，并在属性面板中对文本的类型、位置、大小和字体等进行设置；对文本进行编辑和添加等，制作出不同的文字效果；对字体元件的创建和使用。

5.1　立体文字

5.1.1　案例描述

效果图

本案例制作立体文字效果，主要复制文字，将位于下层的文字分离为形状，使用变形工具的倾斜、缩放和扭曲工具使其调整到合适形状，再用填充工具的渐变透明来制作投影渐变透明的效果，最后制作成立体文字。

5.1.2　制作步骤

1. 在菜单栏中选择【文件】→【新建】命令（图5—1），弹出"新建文档"对话框，在"新建文档"对话框中选择"ActionScript3.0"，将分辨率设置为"550×400像素"，单击"确定"按钮，如图5—2所示。

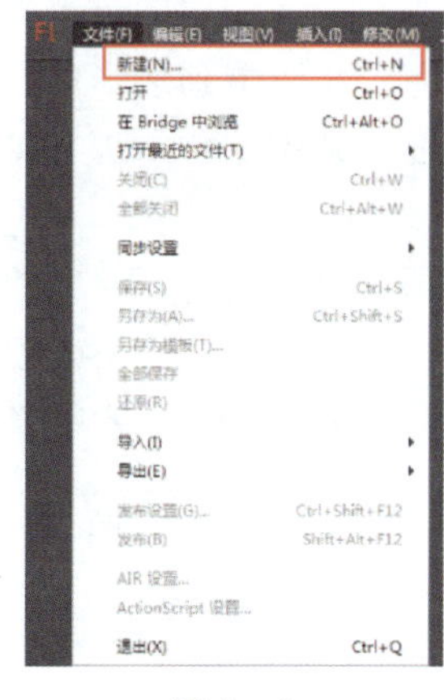

图5—1

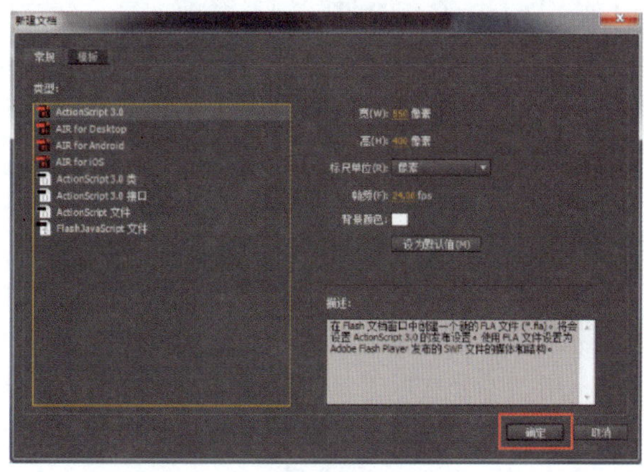

图5—2

2. 在工具箱中选择“文本工具”，在“属性”面板中将系列设置为“微软雅黑”，将大小设置为“96 磅”，将颜色设置为“#FF0000”，然后在舞台中输入文字“开”，如图 5—3 所示。

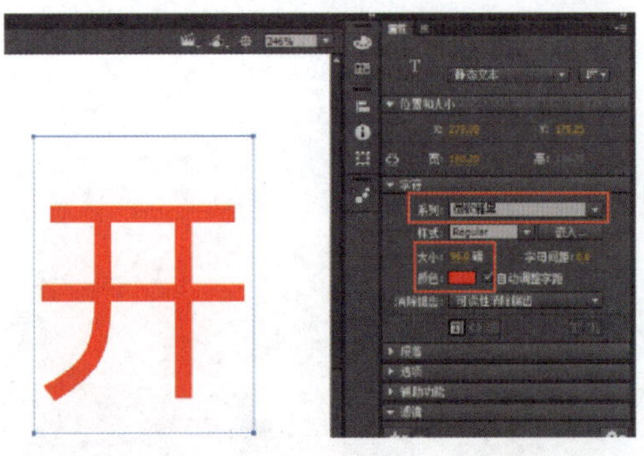

图 5—3

3. 使用“选择工具”选择输入文字，在“对齐”窗口选择“水平中齐”和“垂直居中分布”，如图 5—4 和图 5—5 所示。

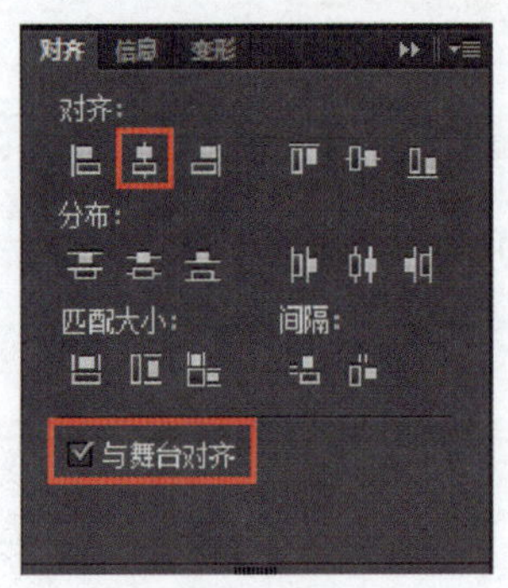

图 5—4

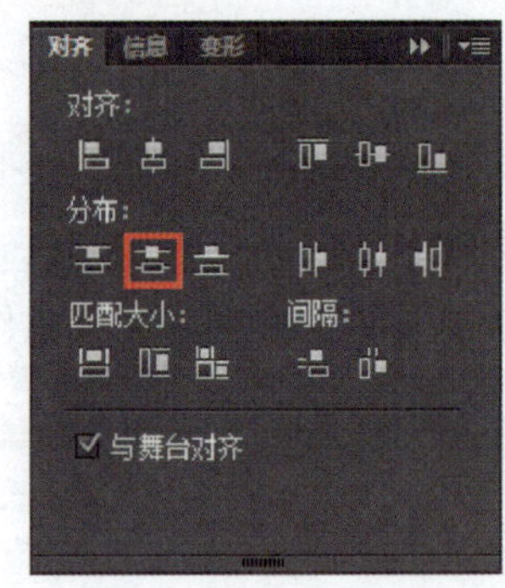

图 5—5

4. 按 Ctrl+C 组合键复制选择的文字，在“时间轴”面板中单击“新建图层”按钮，新建图层 2，然后按 Ctrl+ Shift+V 组合键粘贴所选择文字，并调整到适当的位置；在“字符”选项组中将颜色设置为“#650000”，将图层 2 拖拽到图层 1 下方，如图 5—6 所示。

5. 锁定图层 1，使用“选择工具”选择图层 2 中的文字“开”，然后按 Ctrl+B 组合键分离文字，如图 5—7 所示。

6. 将场景中的文字放大，在工具箱中选择“添加锚点工具”，在如图 5—8 和图 5—9 所示位置添加锚点。

7. 用“部分选取工具”调整锚点的位置，如图 5—10 所示。

8. 用同样的方法继续调整分离后的文字，效果如图 5—11 所示。

图 5—6

图 5—7

图 5—8

图 5—9

图 5—10

图 5—11

9. 选中图层 2 中的文字，按 Ctrl+X 组合键剪切所选的文字，切换到图层 1，按 Ctrl+Shift+V 组合键粘贴所选文字到当前位置，全选图层 1 中的文字，按 F8 键，弹出“转换为元件”对话框，输入名称为“开”，将类型设置为“图形”，单击“确定”按钮，如图 5—12 所示，建立图形元件。

10. 用同样的方法制作“张”“大”和“吉”的元件，如图 5—13 所示。

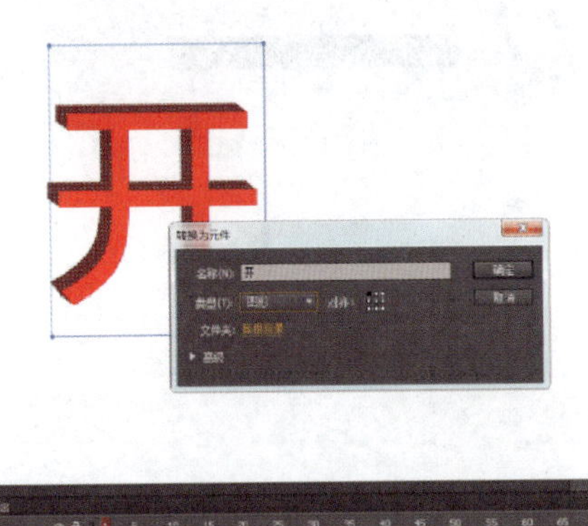

图 5—12

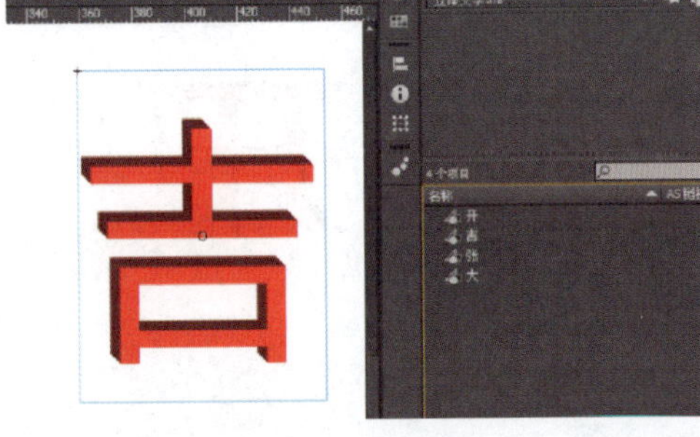

图 5—13

11. 在工具箱中选择“文本工具”，在“属性”面板中将系列设置为“微软雅黑”，将大小设置为“96 磅”，将颜色设置为“＃000000”，然后在舞台中输入文字“开”，如图 5—14 所示。

12. 把“库”中的立体“开”字拖入场景，选择黑色“开”字，按 Ctrl＋B 组合键把“开”字打散，如图 5—15 所示。

13. 把黑色“开”字移至立体“开”字下面，选择“任意变形工具”，在工具箱最下面选择“扭曲工具”进行变形，如图 5—16 所示。

图 5—14　　图 5—15　　图 5—16

14. 选择“颜色”，将颜色类型设置为“线性渐变”，对投影部分进行颜色填充，颜色均为“＃000000”，如图 5—17 所示；把远处颜色的透明度调为“21％”，如图 5—18 所示；选中所有文字按 Ctrl＋G 组合键进行组合，效果如图 5—19 所示。

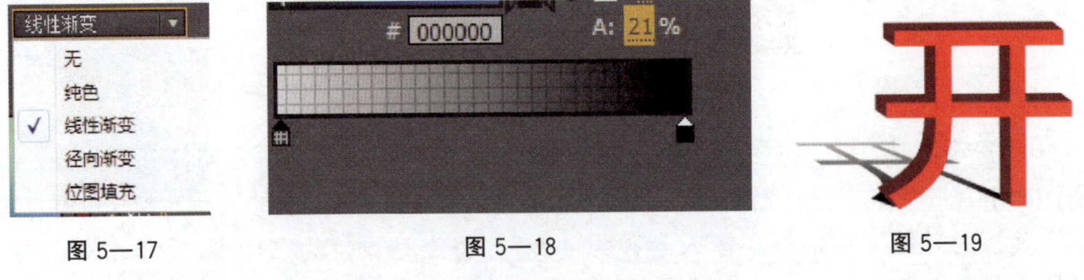

图 5—17　　图 5—18　　图 5—19

15. 用同样的方法制作“张”“大”和“吉”的投影。按 Ctrl＋R 组合键，弹出“导入”对话框，导入“素材＼第五章＼5.1 立体文字＼背景 .jpg”文件，如图 5—20

所示，即可将选择的素材文件导入到舞台中，最终效果如图 5—21 所示。

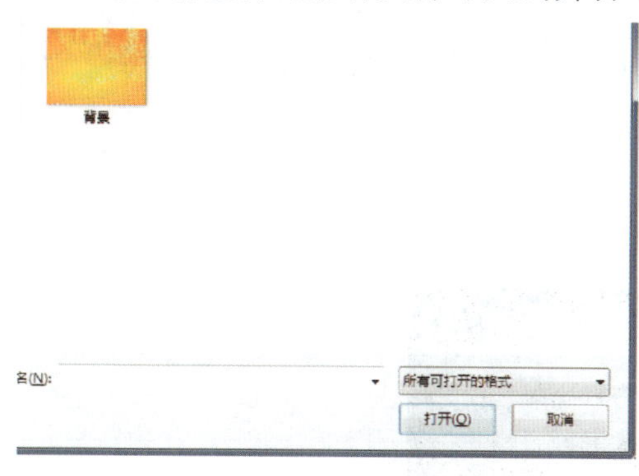

图 5—20

图 5—21

5.1.3 案例小结——文字立体效果

部分选择工具除了可以像选择工具那样选取并移动对象外，还可以对图形进行变形等处理。当某一对象被部分选择工具选中后，它的图像轮廓线上会出现很多控制点（锚点），表示该对象已被选中。

使用部分选择工具时，单击要编辑的锚点，这时该锚点的两侧会出现调节手柄，拖动手柄的一端，可以实现对曲线形状的编辑操作；按住 Alt 键拖动手柄，可以只拖动一边的手柄，而另一边的手柄则保持不动。

5.1.4 能力扩展

扩展效果图

综合运用前面所学的知识，使用部分选择工具，运用渐变透明效果，制作如上图所示的文字立体效果。

5.2 渐出文字

5.2.1 案例描述

效果图

本案例将制作渐出文字动画的效果，主要是将输入的文字转换为元件，然后通过设置元件样式的透明度和制作传统补间动画来表现渐出文字。

5.2.2 制作步骤

1. 在菜单栏中选择【文件】→【新建】命令，弹出“新建文档”对话框，在“新建文档”对话框中选择“ActionScript3.0”，将分辨率设置为“550×400 像素”，单击“确定”按钮，建立新文档。

2. 按 Ctrl+R 组合键，弹出“导入”对话框，导入“素材\第五章\5.2 渐出文字\背景.jpg”文件，如图 5—22 所示，即可将选择的素材文件导入到舞台中；按 Ctrl+K 组合键打开“对齐”面板，在该面板中勾选“与舞台对齐”复选框，单击“水平中齐”和“垂直中齐”按钮，如图 5—23 所示，效果如图 5—24 所示。

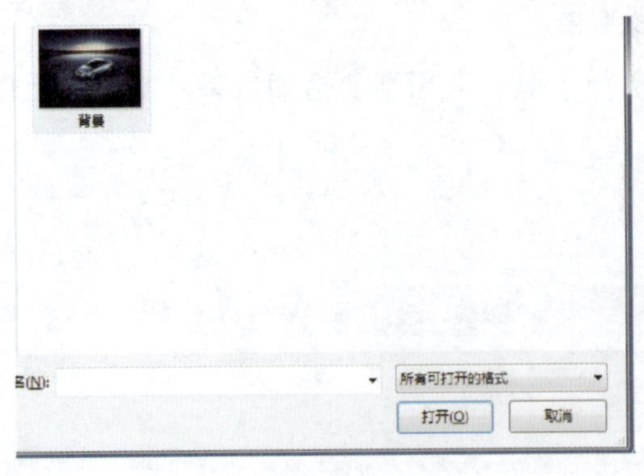

图 5—22

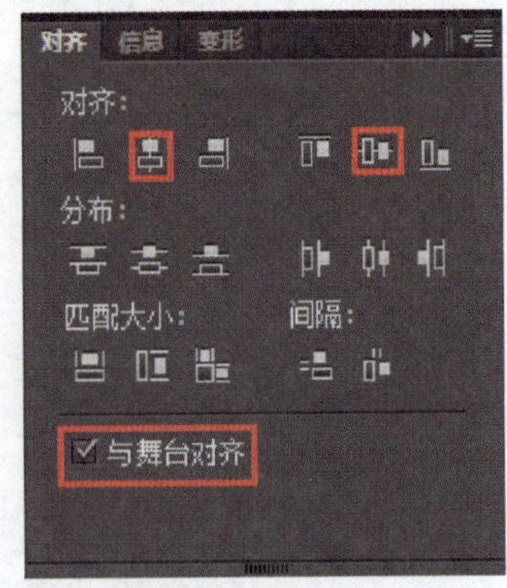

图 5—23

图 5—24

3. 确认舞台中的素材文件处于选中状态，按 F8 键弹出“转换为元件”对话框，输入名称为“图片”，将类型设置为“图形”，单击“确定”按钮，如图 5—25 所示，即可将素材图片转换为元件。

4. 在“属性”面板中将样式设置为“Alpha”，并将 Alpha 值设置为“0%”，如图 5—26 所示。

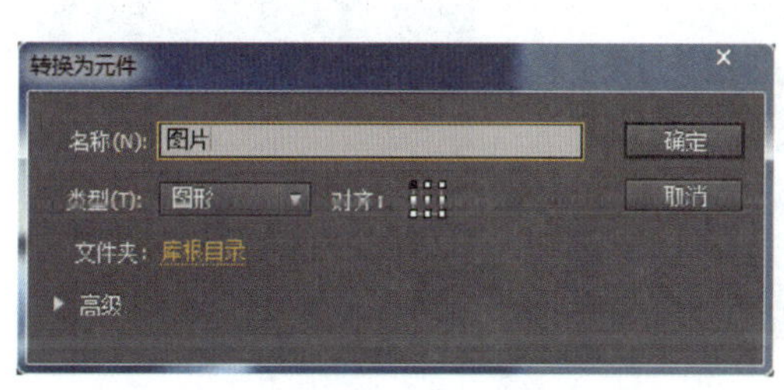

图 5—25

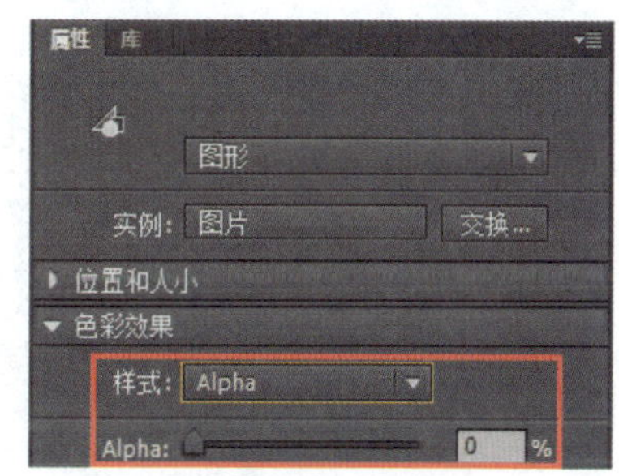

图 5—26

5. 在“时间轴”面板中选择图层 1 的第 30 帧，按 F6 键插入关键帧，如图 5—27 所示；然后在“属性”面板中，将“图片”图形元件的样式设置为“无”，如图 5—28 所示。

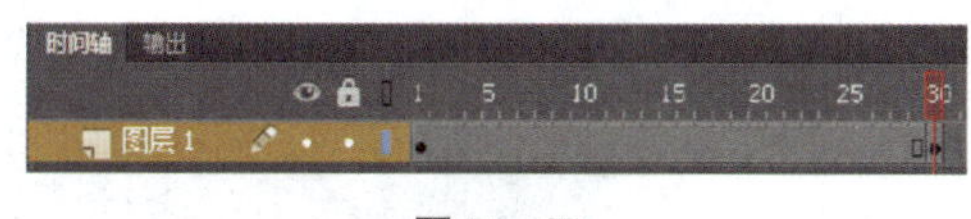

图 5—27

图 5—28

6. 选中图层 1 的第 15 帧并右击，在弹出的快捷菜单中选择【创建传统补间】命令，即可创建传统补间动画，如图 5—29 和图 5—30 所示。

7. 按 Ctrl+F8 组合键，弹出“创建新元件”对话框，输入名称为“文字 1”，将类型设置为“图形”，单击“确定”按钮，如图 5—31 所示。

8. 在工具箱中选择“文本工具”，在舞台中输入文字“品味超凡”，并选中输入的文字，在“属性”面板中将“字符”选项组的系列设置为“黑体”，将大小设置为“18

磅”，将颜色设置为“白色”，如图 5—32 所示。

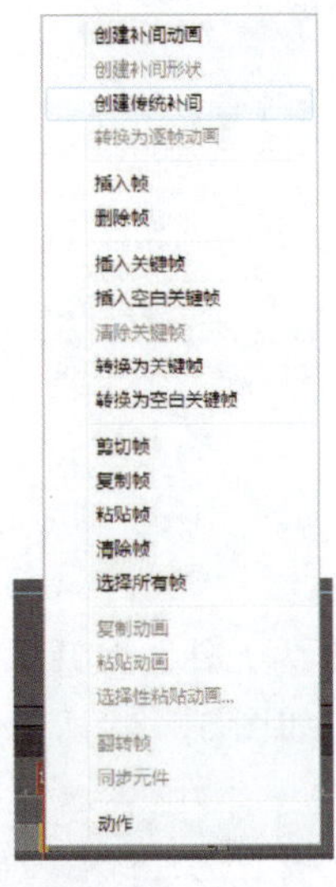

图 5—29

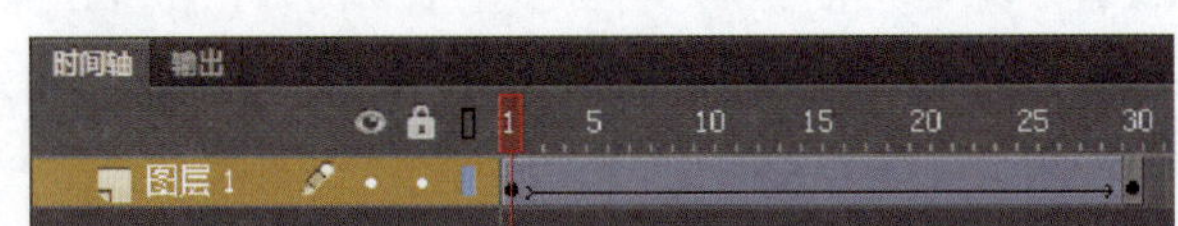

图 5—30

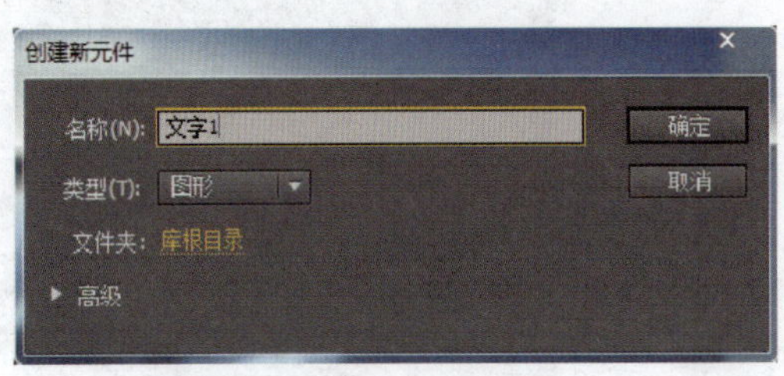

图 5—31

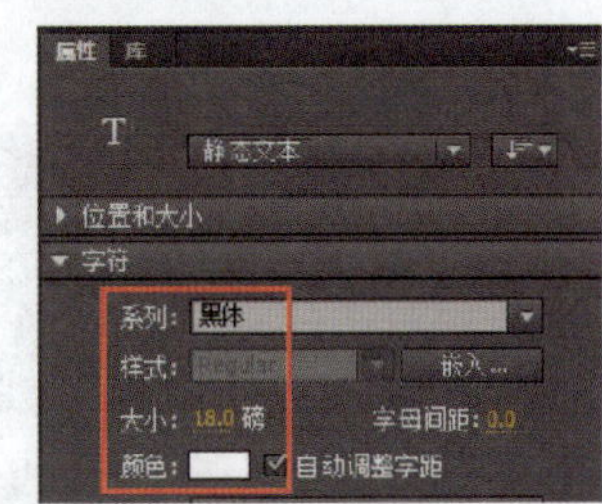

图 5—32

9. 返回场景 1，单击“新建图层”按钮，新建图层 2，选择图层 2 的第 31 帧，在“库”面板中将“文字 1”图形元件拖拽到舞台中，如图 5—33 所示；在“属性”面板中将“位置和大小”的 X、Y 分别设置为“100”“94”，将样式设置为“Alpha”，将 Alpha 值设置为“20%”，如图 5—34 所示。

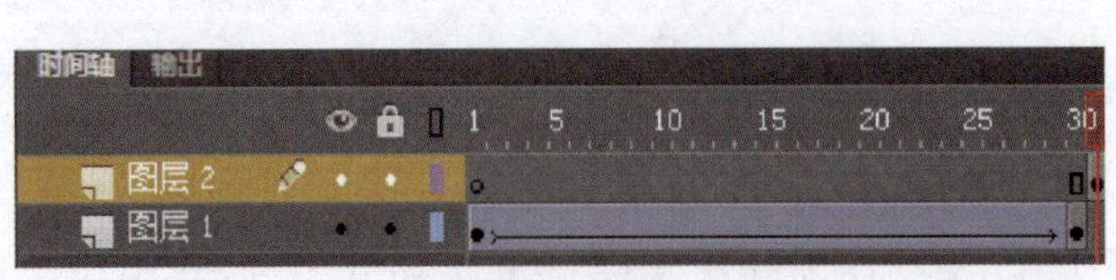

图 5—33

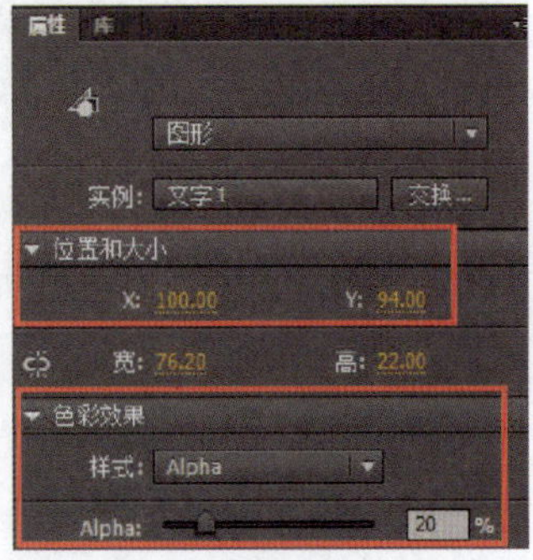

图 5—34

10. 选择图层 2 的第 50 帧，按 F6 键插入关键帧，如图 5—35 所示；在“属性”面板中将“位置和大小”的 X、Y 分别设置为“215”“94”，将样式设置为“无”，如图 5—36 所示；选择图层 1 的第 60 帧，按 F5 键插入帧，效果如图 5—37 所示。

图 5—35

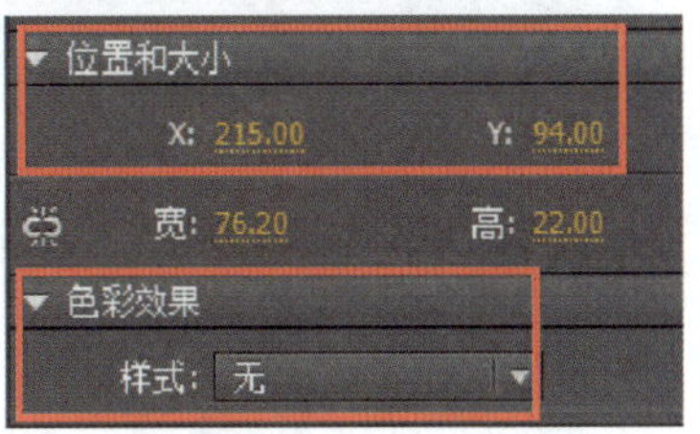

图 5—36

图 5—37

11. 选中图层 2 的第 40 帧并右击，在弹出的快捷菜单中选择【创建传统补间】命令，即可创建传统补间动画，如图 5—38 所示。

12. 按 Ctrl+F8 组合键，弹出“创建新元件”对话框，输入名称为“文字 2”，将类型设置为“图形”，单击“确定”按钮，如图 5—39 所示。

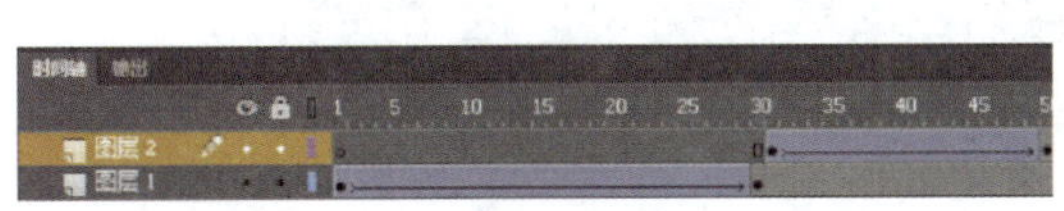

图 5—38

图 5—39

13. 在工具箱中选择“文本工具”，在舞台中输入文字，并选中输入的文字，在“属性”面板中将“字符”选项组的系列设置为“黑体”，将大小设置为“20 磅”，将颜色设置为“白色”，如图 5—40 所示。

14. 返回场景 1，单击“新建图层”按钮，新建图层 3，选择图层 3 的第 41 帧，在“库”面板中将“文字 2”图形元件拖拽到舞台中，然后在“属性”面板中将“位置和大小”的 X、Y 分别设置为“－30”“117”，将样式设置为“Alpha”，将 Alpha 值设置为“20%”，如图 5—41 所示。

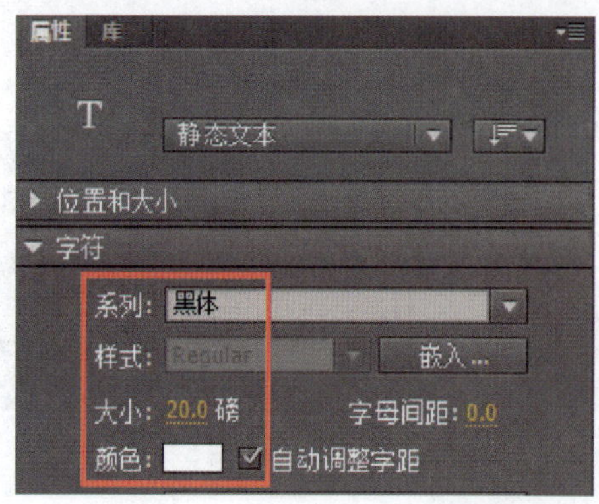

图 5—40

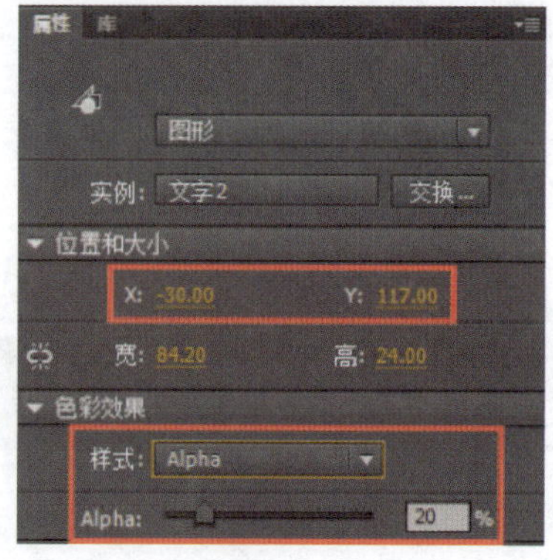

图 5—41

15. 选择图层 3 的第 60 帧，按 F6 键插入关键帧，在“属性”面板中将“位置和大小”的 X、Y 分别设置为“134”“117”，将样式设置为“无”，如图 5—42 所示。

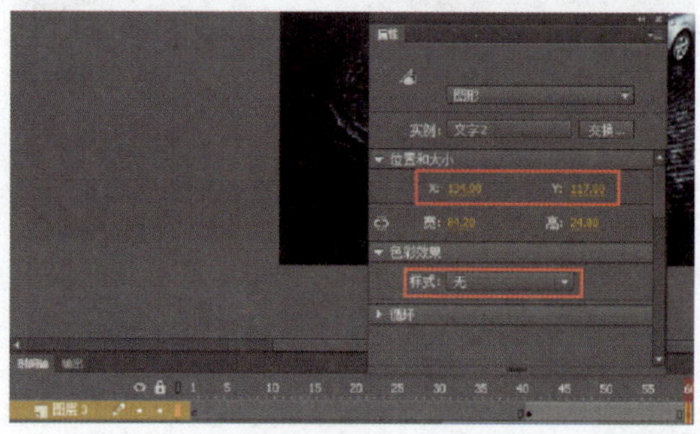

图 5—42

16. 选中图层 3 的第 50 帧并右击，在弹出的快捷菜单中选择【创建传统补间】命令，即可创建传统补间动画，如图 5—43 所示。

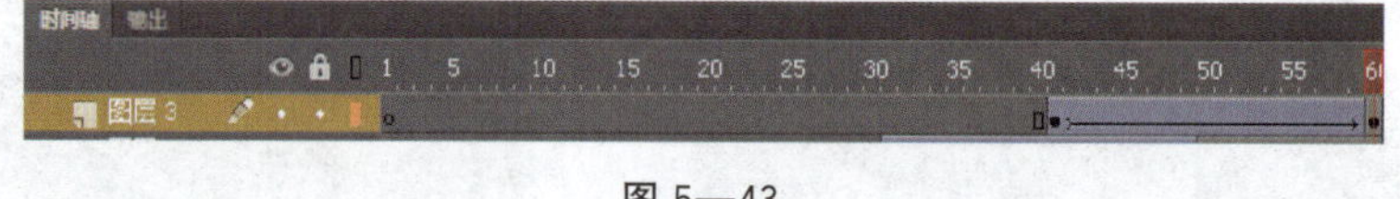

图 5—43

17. 完成这些动画制作后，按 Ctrl+Enter 组合键测试影片，效果如图 5—44 所示。

5.2.3 案例小结——传统补间动画的应用

在一个关键帧中设置一个文字元件的大小、颜色、透明度等属性，然后在另一个关键帧中改变这些属性，在两帧之间创建传统补间动画。传统补间动画的元素可以是影片剪辑、按钮、图形元件、文字、位图等，但不能是形状。

图 5—44

5.2.4 能力扩展

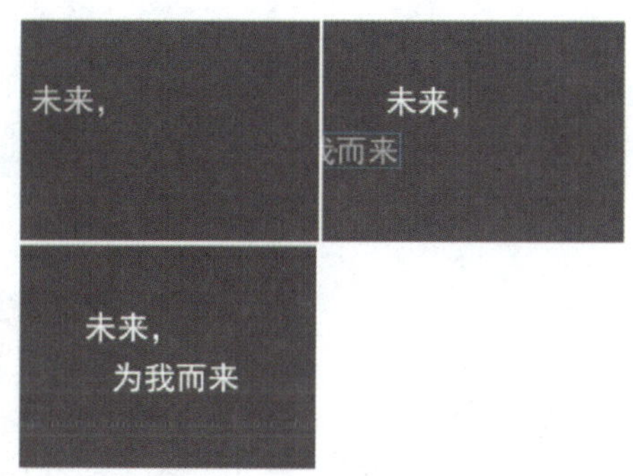

扩展效果图

综合运用前面所学的知识，将输入的文字转换为元件，然后通过设置元件样式和制作传统补间动画来表现渐出文字，制作如上图所示的文字渐变效果。

5.3 绘制放大文字动画

5.3.1 案例描述

效果图

本案例制作的是文字放大镜效果，通过运用遮罩层制作出遮罩与被遮罩的效果，把放大镜的被遮罩部分放大，放大镜以外的文字保持不变，达到放大镜效果，再运用传统补间动画制作放大镜移动效果。

5.3.2 制作步骤

1. 导入“素材\第五章\5.3 绘制放大文字动画\放大镜.png”文件到库，在舞台中输入“flashcc”，在“属性”面板中将“字符”选项组的系列设置为“黑体”，如图5—45所示；在“对齐”窗口选择“水平居中分布”和“垂直居中分布”，如图5—46所示；将颜色设置为“#990000”，效果如图5—47所示。

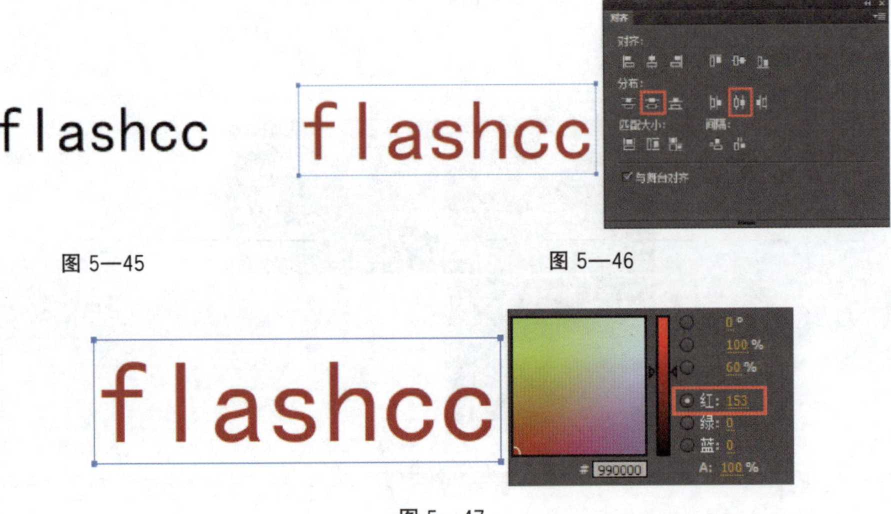

图5—45 图5—46

图5—47

2. 新建一个图层，把图层1的第1帧复制粘贴到图层2的第1帧，如图5—48所示。

3. 在图层2上新建两个图层，分别为图层3和图层4；在图层1上新建一个图层5，如图5—49所示。把库中的放大镜元件拖到图层4的第1帧，舞台位置如图5—50所示。

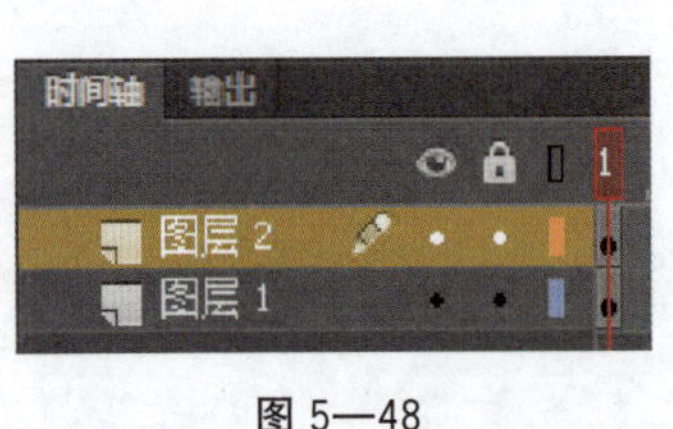

图5—48

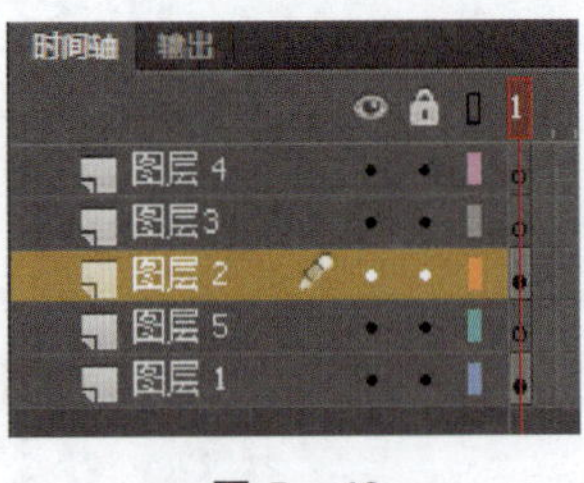

图5—49

图5—50

4. 单击图层3，选择“椭圆工具”，在舞台中按住Shift键拖动鼠标，绘制一个与放大镜大小相等的正圆，如图5—51所示。

5. 单击图层 5，选择“矩形工具”，在舞台中绘制一个矩形把“flashcc”遮住，沿放大镜外轮廓将矩形挖掉一部分并把图层 3 隐藏，如图 5—52 和图 5—53 所示。

图 5—51

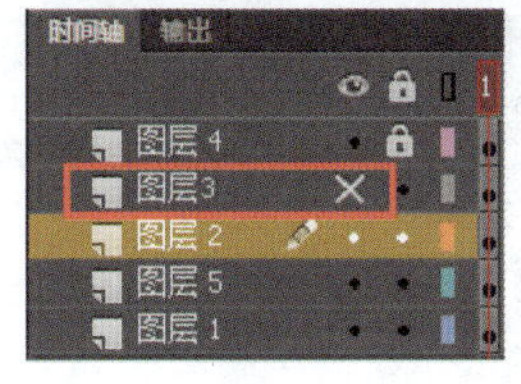

图 5—52

图 5—53

6. 选中图层 4 的放大镜并右击，选择【转换为元件】命令或按 F8 键将其转换为元件，输入名称为“放大镜”，将类型设置为“图形”，如图 5—54 所示，单击“确定”按钮。

7. 选中图层 3 的正圆，用同样的方法将其转换为元件，如图 5—55 所示。

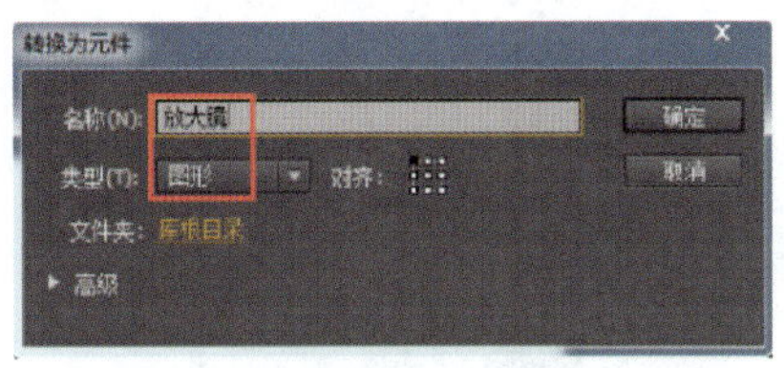

图 5—54

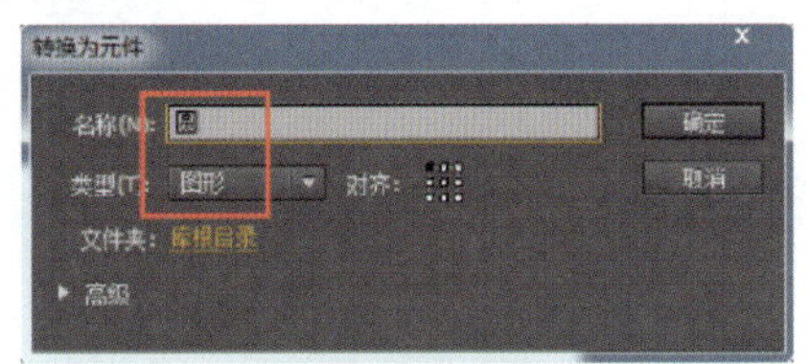

图 5—55

8. 选中图层 5 的矩形，用同样的方法将其转换为元件，如图 5—56 所示。

9. 隐藏除图层 2 之外的所有图层，如图 5—57 所示；选中图层 2 的“flashcc”并右击，选择【分离】命令或按 Ctrl+B 组合键进行分离，如图 5—58 和图 5—59 所示。

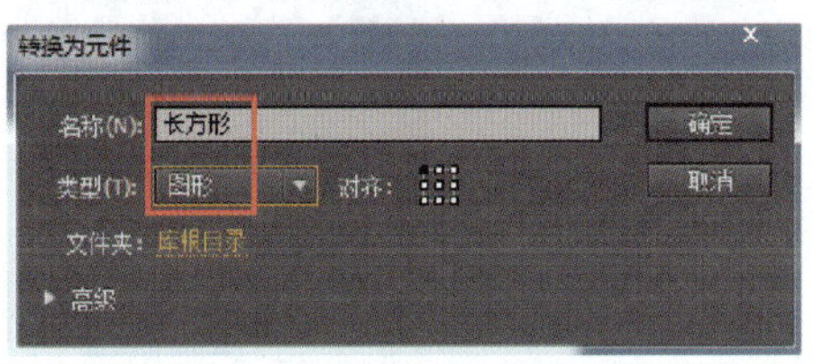

图 5—56

图 5—57

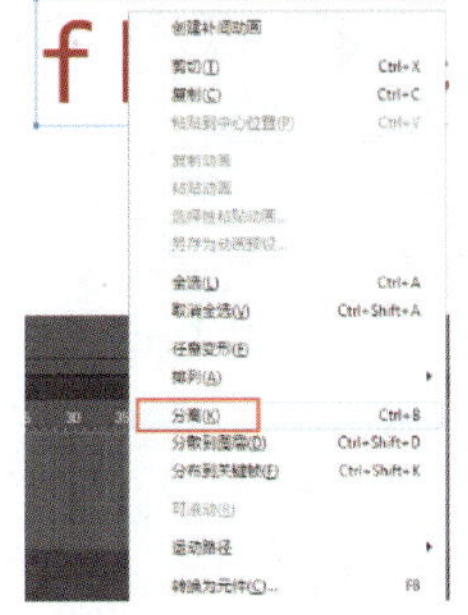

图 5—58

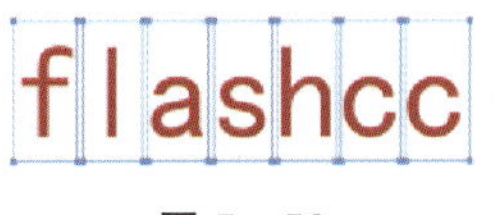

图 5—59

10. 选中图层 2 中“flashcc”，按 Ctrl＋Alt＋S 组合键进行缩放，设置缩放率为“120%”，单击“确定”按钮，如图 5—60 和图 5—61 所示。

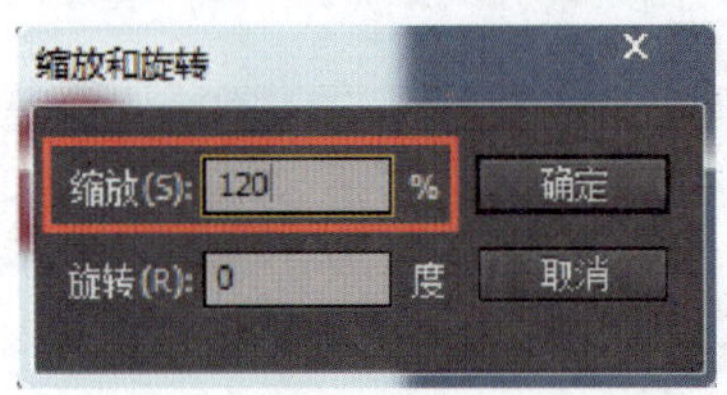

图 5—60

图 5—61

11. 锁定图层 1，选择图层 2 的“轮廓显示工具”调整大小，与图层 1 的“flashcc”重叠，如图 5—62 所示。

12. 选中图层 3 并右击，在弹出的快捷菜单中选择【遮罩层】命令，如图 5—63 所示；选择图层 5，单击鼠标右键选择“遮罩层”，如图 5—64 所示，效果如图 5—65 所示。

图 5—62

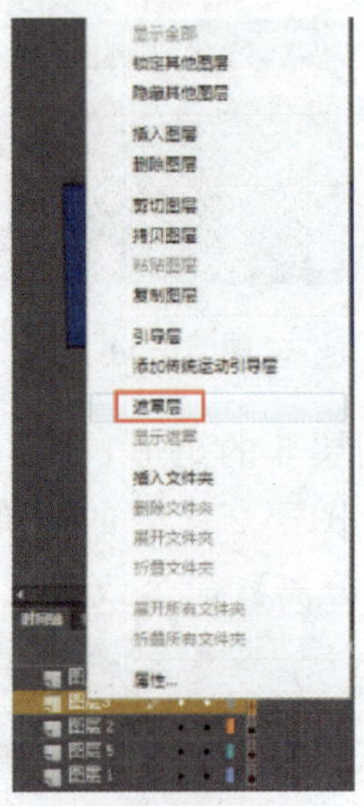

图 5—63

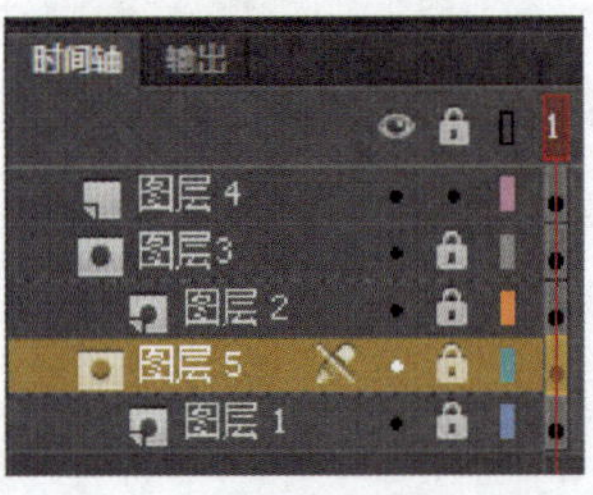

图 5—64

图 5—65

13. 选中每个图层的第 100 帧并右击，在弹出的快捷菜单中选择【插入帧】命令或按 F5 键插入帧，如图 5—66 和图 5—67 所示。

14. 分别选中图层 3、图层 4、图层 5 的第 100 帧并右击，在弹出的快捷菜单中选择【插入关键帧】命令，或按 F6 键插入关键帧，如图 5—68 和图 5—69 所示。

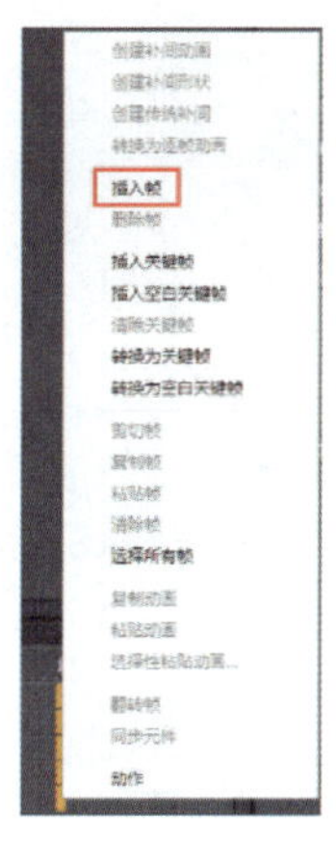
图 5—66

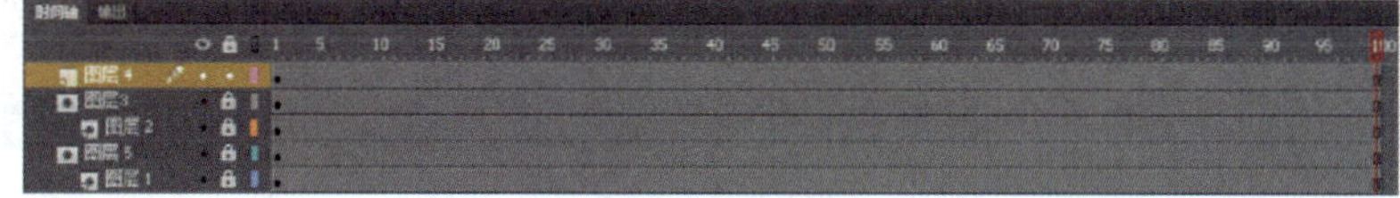
图 5—67

图 5—68

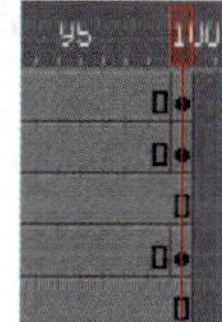
图 5—69

15. 解除锁定，在第 100 帧处选择图层 3 的“圆”、图层 4 的“放大镜”和图层 5 的“长方形”图形，同时移动到一个位置上，再重新把图层锁定，效果如图 5—70 所示。

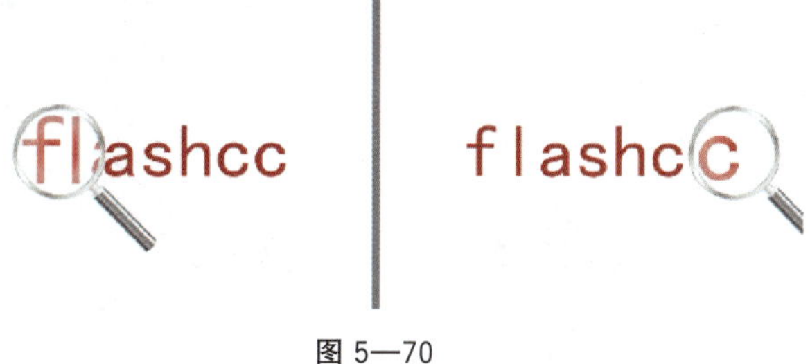

图 5—70

16. 选中图层 3、图层 4 和图层 5 的任意中间帧并右击，在弹出的快捷菜单中选择【创建传统补间】命令，创建传统补间动画，如图 5—71 和图 5—72 所示。

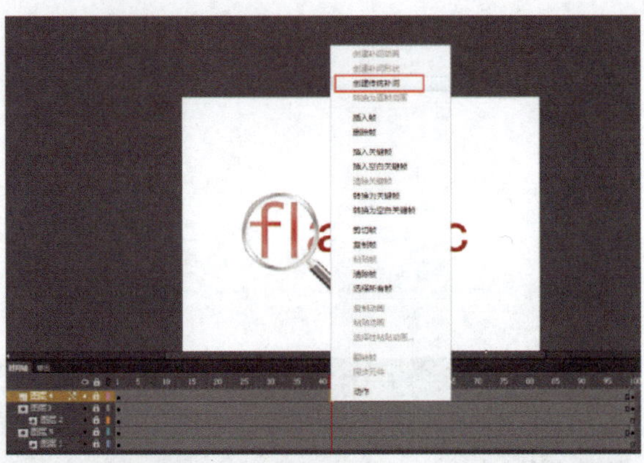

图 5—71

图 5—72

17. 按 Ctrl＋Enter 组合键测试影片。

5.3.3 案例小结——遮罩层和传统补间的运用

本节的难点是两个遮罩层的遮罩位置刚好相反，一个遮罩层制作放大镜的放大效果，另一个遮罩层把放大效果之外的文字正常显示出来，两个遮罩合并起来播放，正好显示文字的放大镜效果，只要了解这两点，制作起来思路便清晰了。

5.3.4 能力扩展

扩展效果图

综合运用前面所学的知识，使用遮罩层、传统补间动画，制作如上图所示的放大镜效果图。

5.4 综合案例(一) 制作闪光文字动画

5.4.1 案例描述

效果图

本案例主要通过为文字元件添加样式、创建关键帧来改变文字颜色，并给文字添加滤镜发光效果，运用传统补间动画达到文字闪光动画的效果。

5.4.2 制作步骤

1. 新建空白文档，将舞台大小设置为“600×370像素”，按Ctrl+R组合键，导入“素材\第五章\5.4综合案例（一）制作闪光文字动画\夜景.jpg”文件到舞台中，如图5—73所示。

2. 按Ctrl+F8组合键打开“创建新元件”对话框，将名称设置为“矩形”，将类型设置为“图形”，单击“确定”按钮，如图5—74所示。

图5—73

图5—74

3. 使用“矩形工具”绘制矩形，选中绘制的矩形，在“属性”面板中将笔触颜色设置为“无”，将填充颜色设置为“白色”，如图 5—75 所示。为了方便观察效果，可以把背景颜色设置为暗一点的颜色。

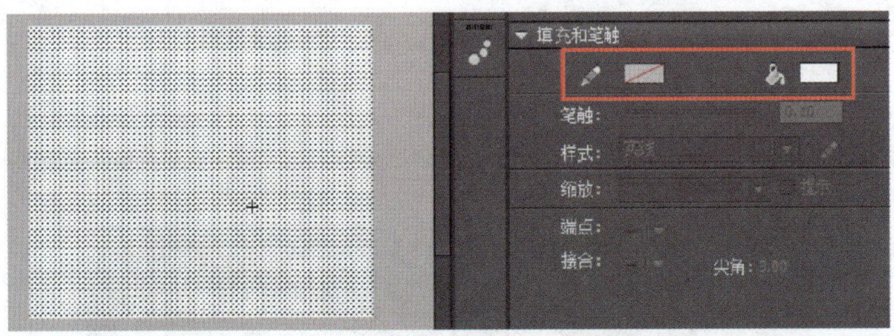

图 5—75

4. 返回场景 1，再次打开“创建新元件”对话框，将名称设置为“闪光动画”，将类型设置为“影片剪辑”，单击“确定”按钮；然后在“库”面板中将“矩形”元件拖入舞台中，选择时间轴的第 15 帧，按 F6 键插入关键帧；选中“矩形”元件，在“属性”面板中将“色彩效果”的“样式”设置为“色调”，颜色为“黄色”，如图 5—76 所示。

5. 选中第 1 帧至第 15 帧的任意一帧并右击，在弹出的快捷菜单中选择【创建传统补间】命令，即可创建传统补间动画；选择第 30 帧，插入关键帧，选中“矩形”元件，将“样式”设置为“色调”，将着色设置为“红色”，如图 5—77 所示。

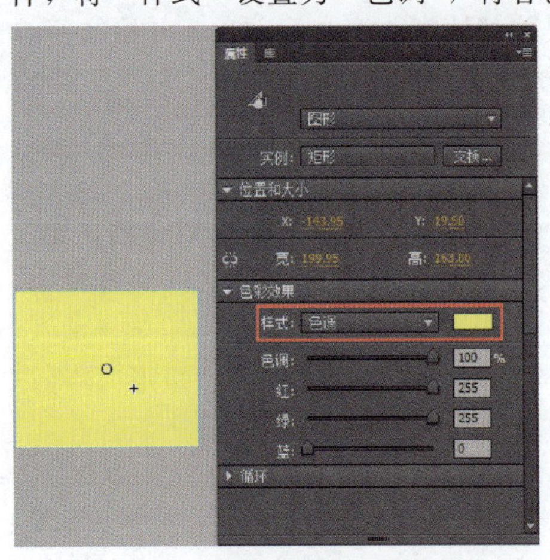

图 5—76

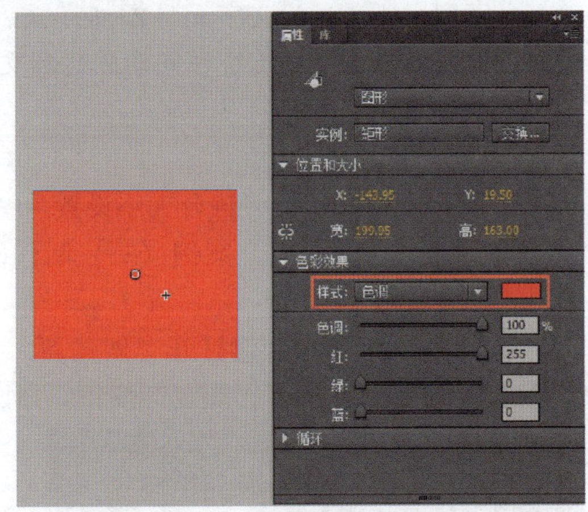

图 5—77

6. 选中第 15 帧至第 30 帧的任意一帧并右击，在弹出的快捷菜单中选择【创建传统补间】命令，即可创建传统补间动画；选择第 45 帧，插入关键帧，选中“矩形”元件，将“样式”设置为“色调”，将着色设置为“绿色”，如图 5—78 所示。

7. 在第 30 帧至第 45 帧之间创建传统补间动画；使用同样的方法，选择第 60、75、90 帧，插入关键帧，选中“矩形”，分别将着色设置为“洋红”“青”“白”，并使用同样的方法创建传统补间动画，如图 5—79 所示。

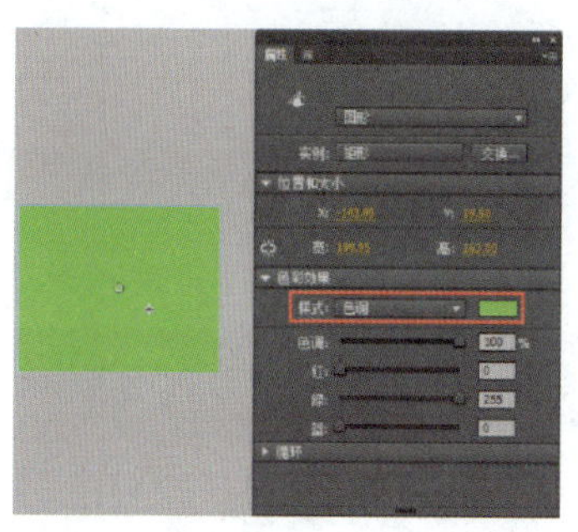

图 5—78

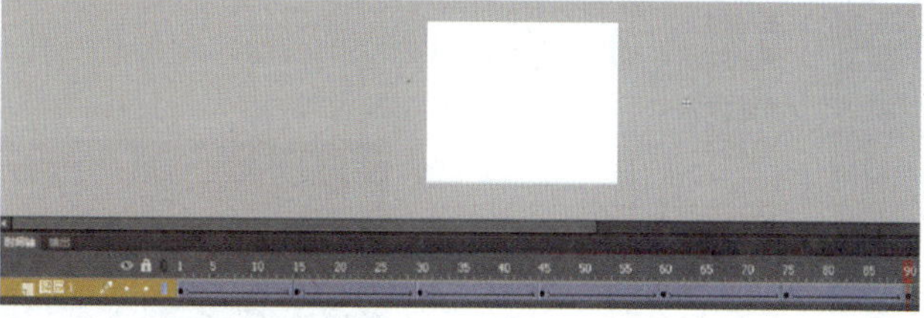

图 5—79

8. 返回场景 1，再次新建元件，将名称设置为“遮罩”，将类型设置为“影片剪辑”；打开“库”面板，将“闪光动画”元件拖拽到舞台中，并调整其位置和大小，如图 5—80 所示。

图 5—80

9. 新建图层 2，使用“文本工具”输入文字，选中输入的文字，在“属性”面板中将“字符”选项组的系列设置为“標楷體”，大小设置为“43 磅”，颜色可以随意设置，如图 5—81 所示。

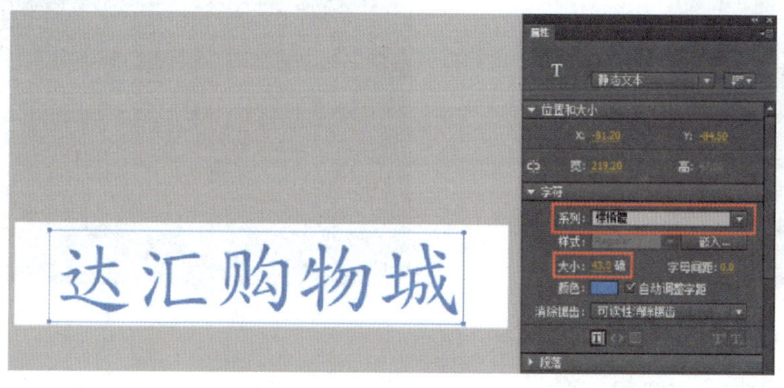

图 5—81

10. 选中图层 2 并右击，在弹出的快捷菜单中选择【遮罩层】命令，添加遮罩层，如图 5—82 所示。

11. 返回场景 1，新建图层，打开“库”面板，将“遮罩”元件拖拽到舞台中，使用“3D 旋转工具”和“3D 平移工具”调整其位置、形状和大小，如图 5—83 所示。

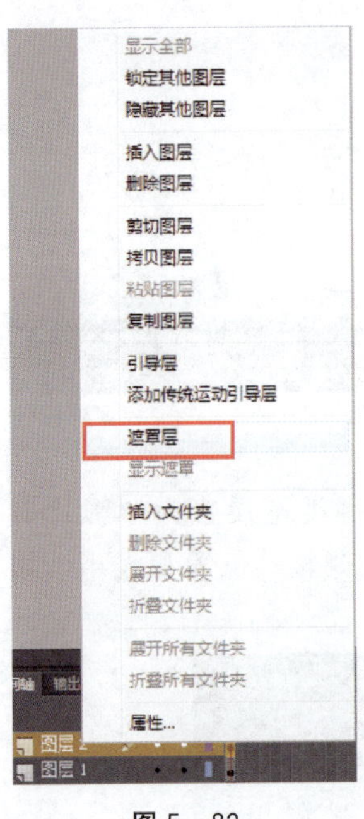

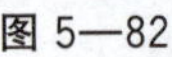

图 5—82

图 5—83

12. 选择“遮罩”元件，在“属性”面板中添加滤镜发光效果，将“模糊 X”和“模糊 Y”均设置为“21 像素”，颜色设置为“黄色”，品质设置为“高”，如图 5—84 和图 5—85 所示。

图 5—84

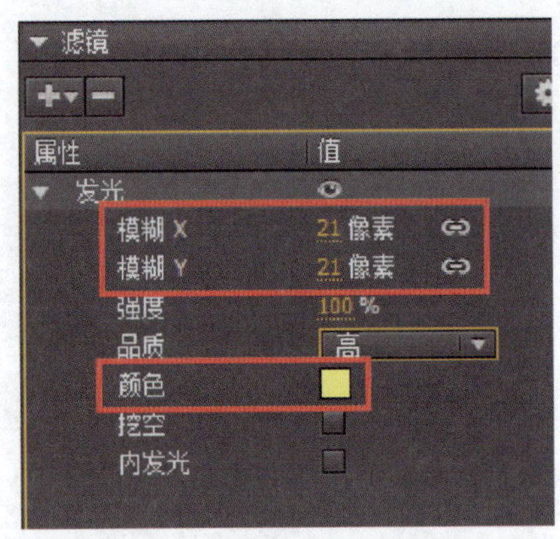

图 5—85

13. 按 Ctrl+Enter 组合键测试影片。如测试影片时没有显示遮罩效果，可以选中遮罩层的文字，按 Ctrl+B 组合键分离文字，再进行一次影片测试。

5.5 综合案例(二) 制作风吹文字动画

5.5.1 案例描述

效果图

本案例主要制作风吹文字的效果，通过对创建的文本进行打散，并转换为元件，为其添加关键帧来实现风吹效果。

5.5.2 制作步骤

1. 在菜单栏中选择【文件】→【新建】命令，弹出“新建文档”对话框，在“新建文档”对话框中选择“ActionScript3.0”，将分辨率设置为“575×340像素”，单击“确定”按钮，建立新文档。

2. 按Ctrl+R组合键，弹出“导入”对话框，将“素材\第五章\5.5综合案例(二) 制作风吹文字动画\草原.jpg”素材文件导入舞台中，并使素材与舞台大小相同，如图5—86所示。

图5—86

3. 按 Ctrl＋F8 组合键打开“创建新元件”对话框，将名称设置为“风吹文字动画”，将类型设置为“影片剪辑”，单击“确定”按钮，如图 5—87 所示。

4. 选择“文本工具”输入文字，选中输入的文字，在“属性”面板中将“字符”选项组的系列设置为“標楷體”，大小设置为“50”，颜色设置为“蓝色”，如图 5—88 所示。

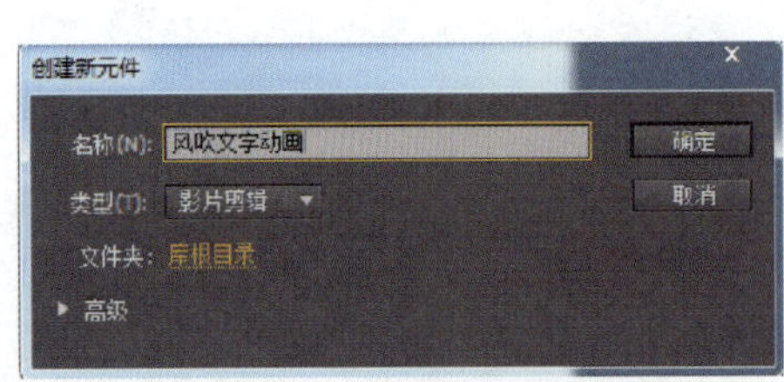

春风十里

图 5—87

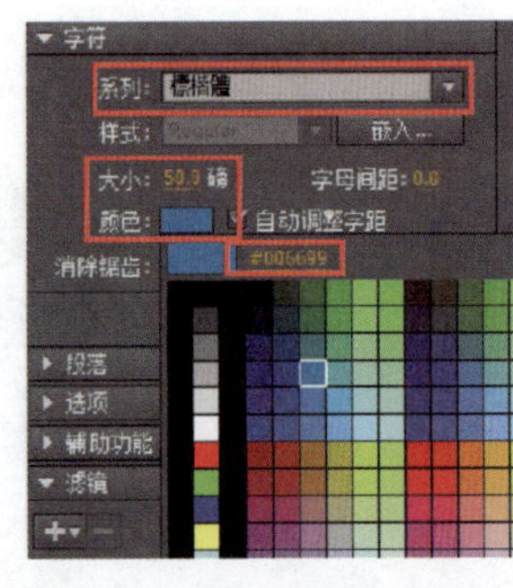

图 5—88

5. 设置完成后，使用“选择工具”选中输入的文字，按 Ctrl＋B 组合键分离文字，效果如图 5—89 所示。

6. 选择第一个文字，按 F8 键，弹出“转换为元件”对话框，将名称设置为“字 1”，将类型设置为“影片剪辑”，如图 5—90 所示。

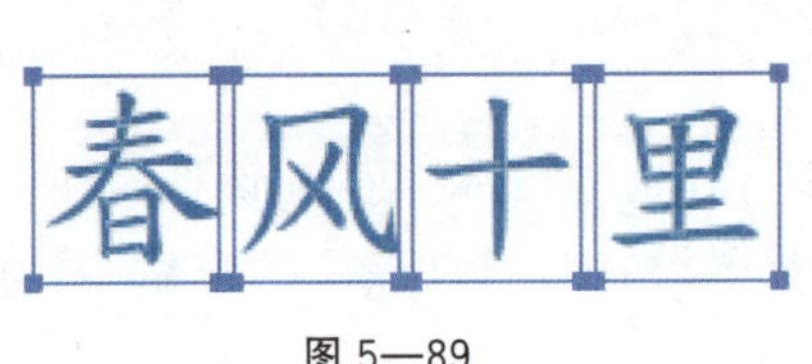

图 5—89

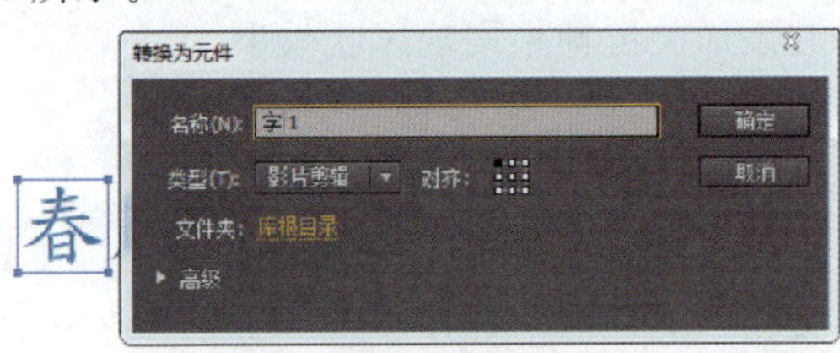

图 5—90

7. 用同样的方法将其他文字转换为元件，分别命名为“字 2”“字 3”“字 4”，如图 5—91 所示。

8. 新建 4 个图层，把每个文字分别剪切并粘贴到一个图层里，如图 5—92 所示。

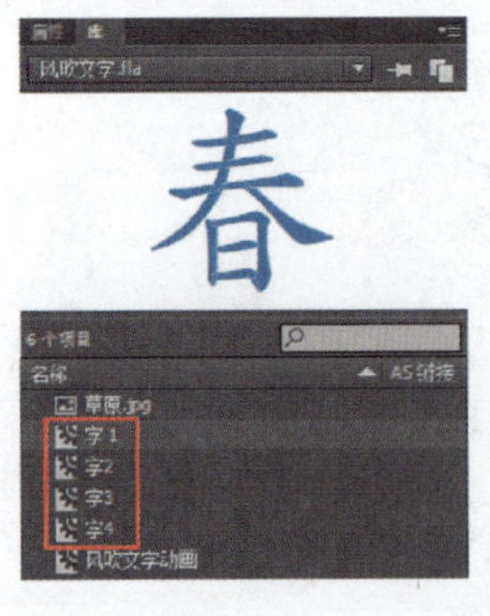

图 5—91

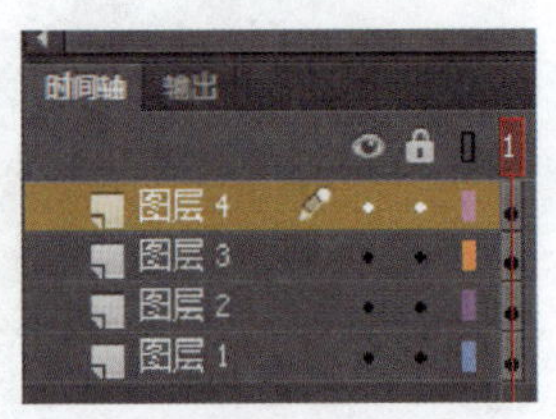

图 5—92

9. 选择“字 1”所在图层，分别在第 10 帧和第 15 帧插入关键帧，在第 15 帧的位置选中舞台中的“字 1”，用“任意变形工具”调整文字的位置、大小及形状，如图 5—93 所示。

10. 然后使用同样的方法，分别在第 20、25、30、35、40、45、50 帧的位置插入关键帧，并在不同关键帧处调整文字的位置、大小及形状，并在关键帧与关键帧之间创建传统补间动画，使图层上的文字呈现出被风从左往右吹开的效果，如图 5—94 所示。

图 5—93

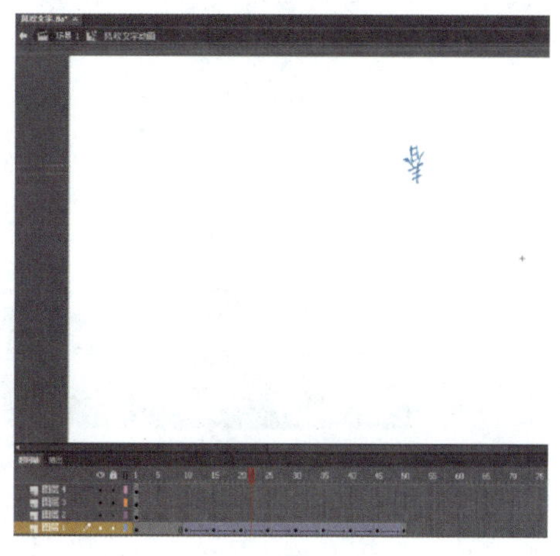

图 5—94

11. 选择“字 2”所在图层，分别在第 15 帧和第 20 帧插入关键帧，并在舞台中调整“字 2”的位置、大小及形状；使用同样的方法每隔 5 帧插入关键帧，调整其位置、大小及形状，并插入传统补间制作动画效果，如图 5—95 所示。

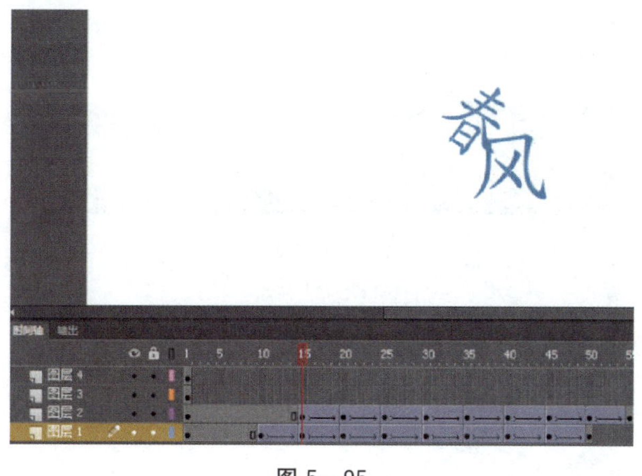

图 5—95

12. 使用同样的方法在“字 3”“字 4”所在图层依次插入关键帧，并调整位置及制作动画，效果如图 5—96 所示。

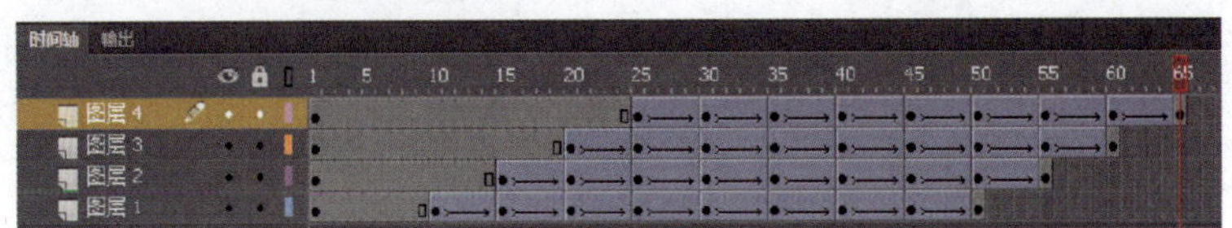
图 5—96

13. 制作完成后，返回场景，新建图层，从“库”面板将“风吹文字动画”元件拖入舞台中，使用“任意变形工具”调整其位置和大小，如图 5—97 所示。

图 5—97

14. 调整完成后，按 Ctrl＋Enter 组合键测试动画效果，如图 5—98 所示。

图 5—98

本 章 小 结

在动画制作中，文字动画是必不可少的一部分，本章通过对文字的创建、设置以及添加关键帧等，来完成一系列不同的动画效果，从而掌握各种文字动画的制作方法，并将其运用到其他实例的动画效果中。

第六章　Flash CC 基本动画制作

学习目标

- 掌握逐帧动画的基本操作。
- 掌握形状补间动画的基本操作。
- 掌握传统补间动画的基本操作。
- 掌握引导动画的基本操作。

内容提要

前面章节学习了 Flash CC 的时间轴、元件、层和舞台等基本概念，在这些概念的基础上，本章将深入讲述 Flash CC 编辑工具的工作原理和使用技巧。本章采用动画案例详细分析逐帧动画、形状补间动画、传统补间动画和引导动画等基本动画制作技巧，其中包含矢量图绘画、动画合成、编辑技巧和使用方法。

6.1　马奔跑逐帧动画

6.1.1　案例描述

效果图

本案例是绘制马在草原奔跑的动画。使用逐帧动画的视觉暂留原理，绘制马奔跑的连续运动图形放置在关键帧，快速地播放连续的、具有细微差别的图像，使原来静止的马图形奔跑起来。制作过程中主要使用文件导入、钢笔工具、矩形工具以及“插入空白关键帧”“绘图纸外观”、填充“渐变颜色”等功能。

6.1.2　制作步骤

1. 在菜单栏中选择【文件】→【新建】命令，弹出“新建文档”对话框，在“新建文档”对话框中选择“ActionScript3.0”，将分辨率设置为“550×400 像素”，单击“确定”按钮，建立新文档。

2. 绘制马的运动帧。新建“元件 1”，将类型设置为“图形”，如图 6—1 所示。使用“钢笔工具”绘制马奔跑的第 1 帧动作，如图 6—2 所示。接下来马奔跑的每 1 帧动作都用同样的方法制作，如图 6—3 所示。

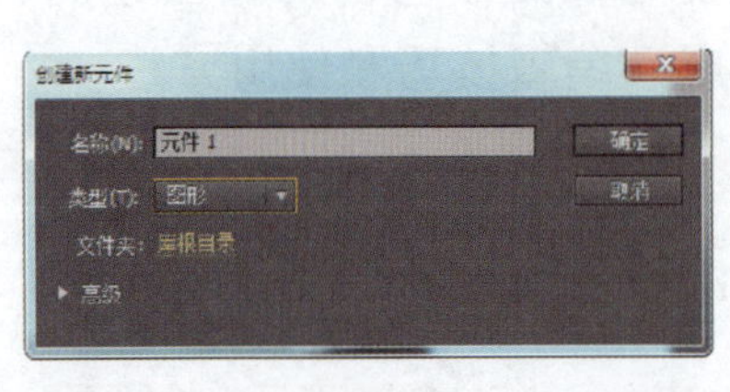

图 6—1

图 6—2

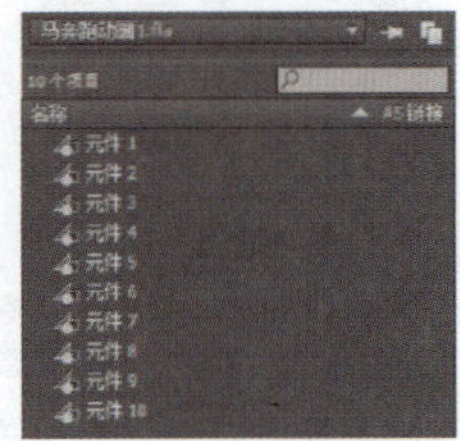

图 6—3

3. 把“元件 1”拖到场景 1 的舞台中，如图 6—4 所示。右击第 2 帧，在弹出的快捷菜单中选择【插入空白关键帧】命令，如图 6—5 所示，然后在库中把“元件 2”拖到舞台。为了帮助定位和编辑，在“时间轴”窗口单击“绘图纸外观”按钮，可以看到在“绘图纸起始点”和“绘图纸终止点”标记之间的帧被重叠，然后根据上一帧调整第 2 帧的马图形位置，如图 6—6 所示，下一帧重复动作。依次把剩下的元件拖到舞台中，调整马图形位置。

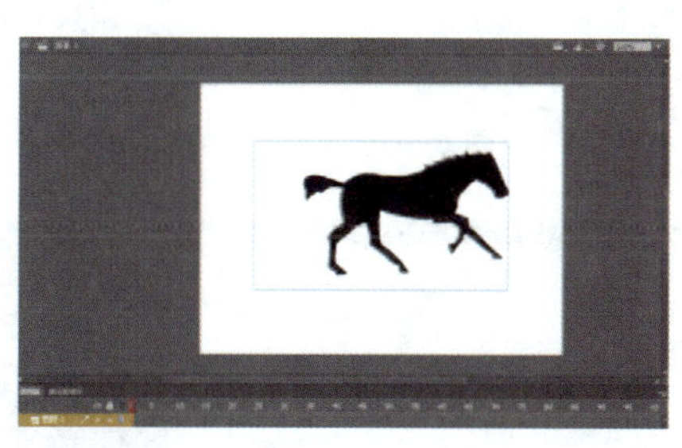

图 6—4

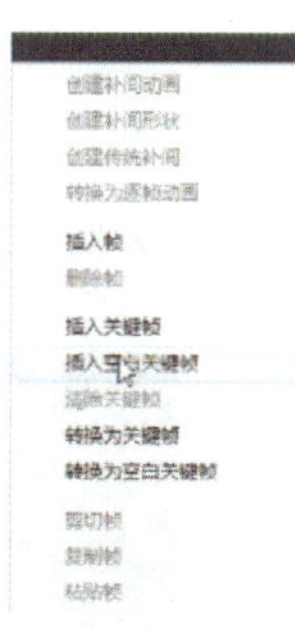

图 6—5

图 6—6

4. 按 Enter 键播放动画，或按 Ctrl+Enter 组合键测试效果。

5. 制作草原。创建新元件，命名为“草原”。选择“矩形工具”，在“属性”面板中把笔触颜色去除，设置填充颜色为“蓝色”，如图 6—7 所示，绘制天空，如图 6—8 所示。

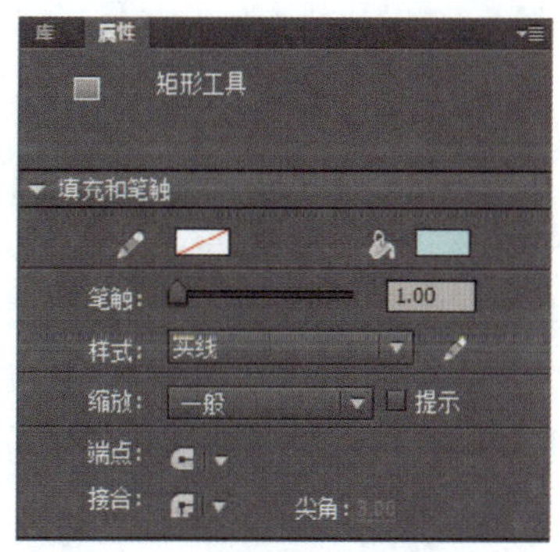

图 6—7

图 6—8

6. 新建图层 2，使用“钢笔工具”绘制一座山。选中山，打开“颜色”面板，把“纯色”改成“线性渐变”，修改渐变颜色，如图 6—9 所示。使用“渐变变形工具”修改渐变方向，如图 6—10 所示。

7. 新建图层 3，使用“钢笔工具”绘制绿色的草，如图 6—11 所示。

8. 返回场景 1，新建图层，命名为“草原”，把库中的“草原”元件拖到场景 1 的舞台中，如图 6—12 所示。

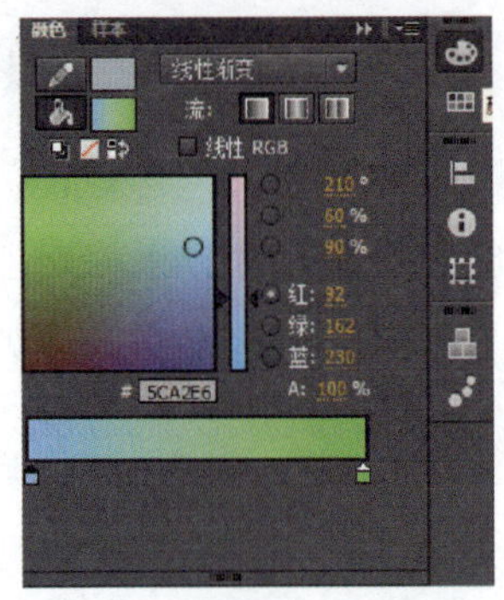

图 6—9

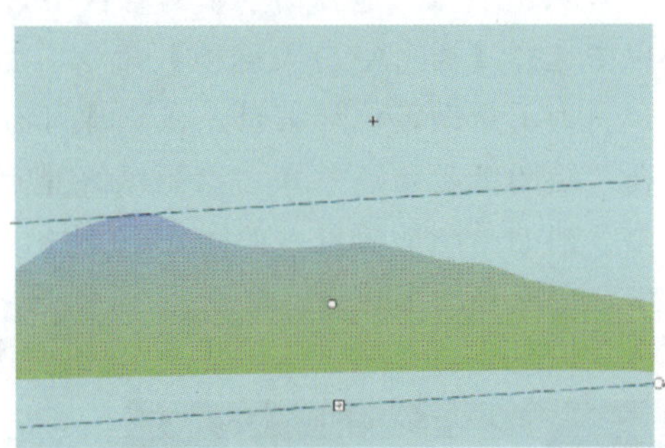

图 6—10

图 6—11

图 6—12

9. 按 Ctrl+Enter 组合键测试效果。

10. 选择【文件】→【导出】→【导出影片】命令，如图 6—13 所示，弹出“导出影片”对话框，命名为“马奔跑动画”，保存类型选择“SWF 影片”，如图 6—14 所示。

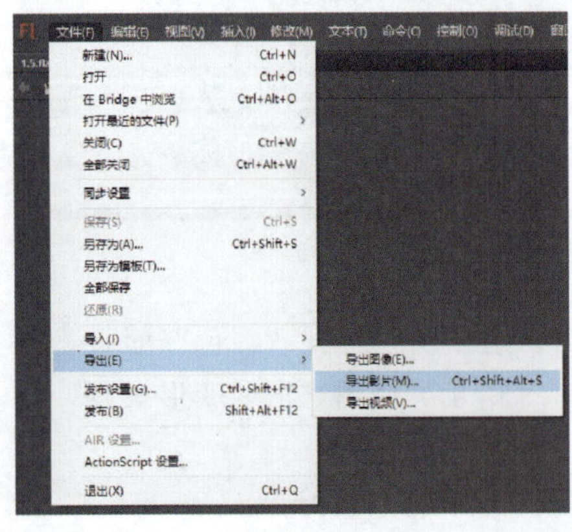

图 6—13

图 6—14

6.1.3 案例小结——空白关键帧、绘图纸外观的运用

插入空白关键帧不能将前面的图形延长到这一帧来，相当于一张空白的纸，可以重新在上面作图或在舞台中插入图形。使用绘图纸外观功能可以看到在“绘图纸起始点”和“绘图纸终止点”标记之间的帧被重叠，然后根据上一帧调整下一帧图形位置。

6.1.4 能力扩展

扩展效果图

综合运用前面所学的知识，制作如上图所示的小鸟飞行逐帧动画。

6.2 蜡烛形状补间动画

6.2.1 案例描述

效果图

本案例使用形状补间制作蜡烛燃烧效果。在 Flash 的时间轴面板上，在一个关键帧绘制一个形状，然后在另一个关键帧更改该形状或绘制另一个形状，Flash 根据两者之间帧的值或形状来创建形状补间动画。

6.2.2 制作步骤

1. 在菜单栏中选择【文件】→【新建】命令，弹出“新建文档”对话框，在“新建文档”对话框中选择“ActionScript3.0”，将分辨率设置为“550×400 像素”，单击“确定”按钮，建立新文档。

2. 选择【文件】→【导入】→【导入到舞台】命令，导入“素材\第六章\6.2 蜡烛形状补间动画\场景.jpg”文件；使用“任意变形工具”调整图片大小，如图 6—15 所示。

3. 新建图层，命名为“蜡杆”，使用“矩形工具”绘制一个矩形蜡杆，如图 6—16 所示。

图 6—15

图 6—16

4. 修改蜡烛的颜色。选择蜡烛，在“属性”面板中把笔触颜色去除，如图 6—17 所示。打开“颜色”面板，把“纯色”改成“线性渐变”，修改渐变颜色，如图 6—18 所示。

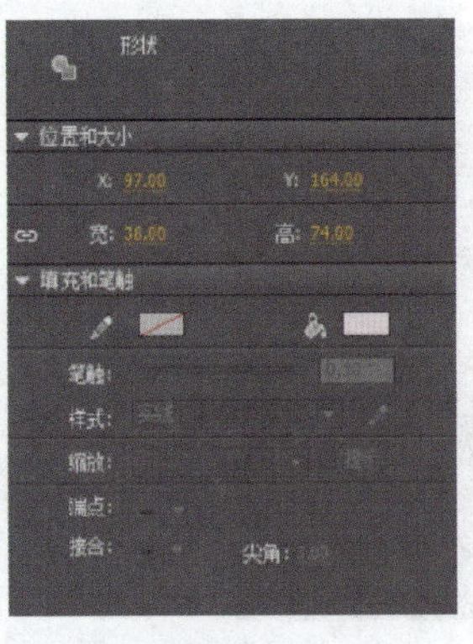

图 6—17

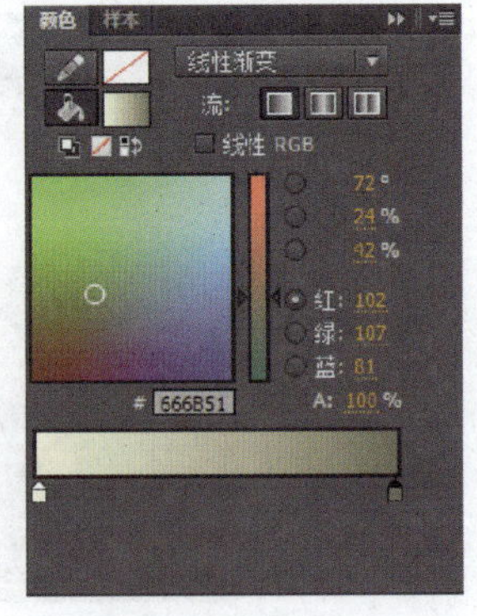

图 6—18

5. 使用“任意变形工具”调整蜡杆形状，如图 6—19 所示。

6. 制作蜡杆阴影。选中蜡杆，按 F8 键将其转换为元件。再次选中蜡杆，打开“属性”面板，在滤镜中添加投影，调整投影参数，角度为“90°”，距离为“1 像素”，颜色为“深灰色”，如图 6—20 所示。

图 6—19

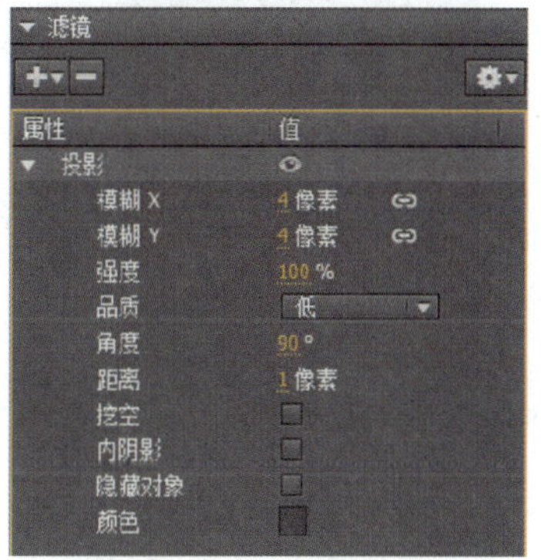

图 6—20

7. 制作蜡烛光晕。新建图层，命名为“光晕”。选择“椭圆工具”，打开“颜色”面板，把“纯色”改成“径向渐变”，渐变颜色为“从黄色到浅黄色”，浅黄色透明度改为 0，如图 6—21 所示。然后绘制圆形光晕，如图 6—22 所示。

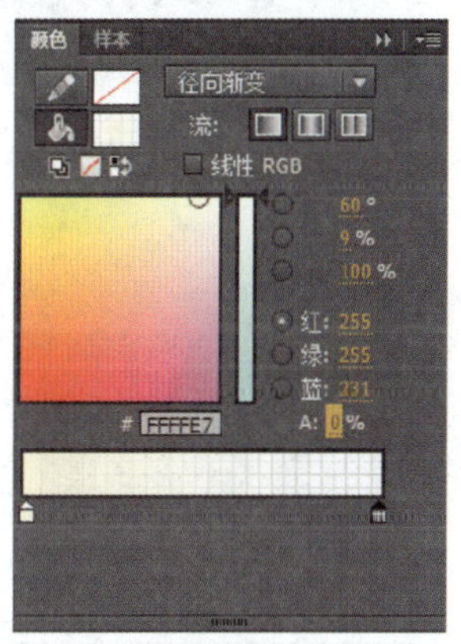

图 6—21

图 6—22

8. 制作蜡烛火焰。新建图层，命名为“火焰”。选择“椭圆工具”，打开“颜色”面板，把“纯色”改成“线性渐变”，渐变颜色为“从红色到黄色”，把颜色的透明度降低，如图 6—23 所示，然后绘制椭圆形火焰。选择“渐变变形工具”修改颜色渐变方向，如图 6—24 所示。

9. 使用“选择工具”调整火焰的形状，如图 6—25 所示。新建图层，命名为“蜡烛芯”，使用“矩形工具”绘制蜡烛芯，如图 6—26 所示。

10. 制作火焰燃烧效果。选择“火焰”图层，分别在第 1、10、20、30、40、50、60 帧插入关键帧，修改火焰形状，如图 6—27 所示。然后在第 1 帧到第 10 帧之间任选 1 帧并右击，在弹出的快捷菜单中选择【创建补间形状】命令，如图 6—28 所示。以此类推，分别添加“创建补间形状”，如图 6—29 所示。

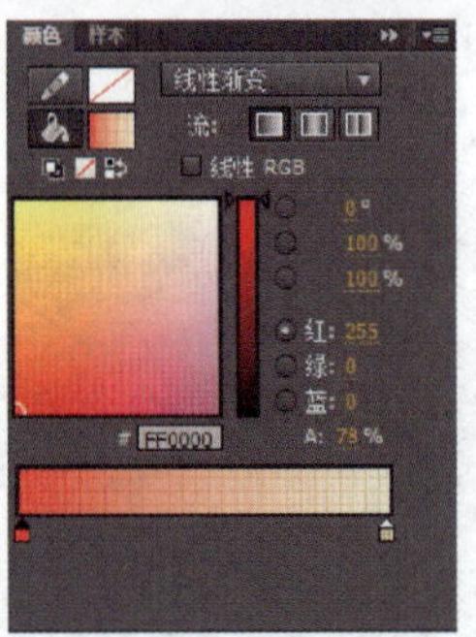

图 6—23

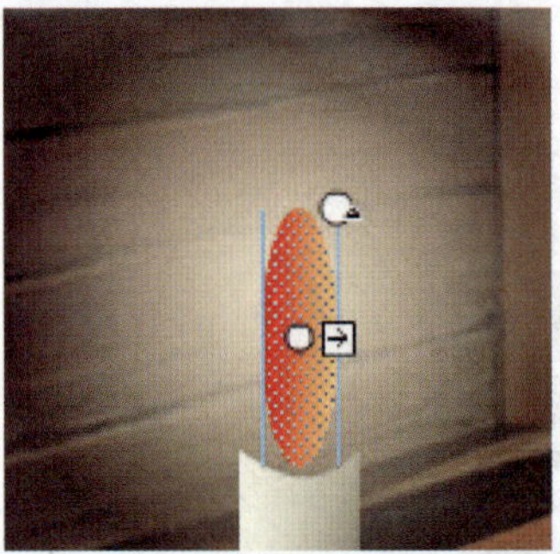

图 6—24

图 6—25

图 6—26

图 6—27

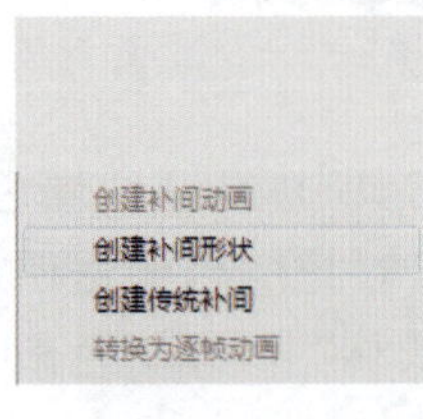

图 6—28

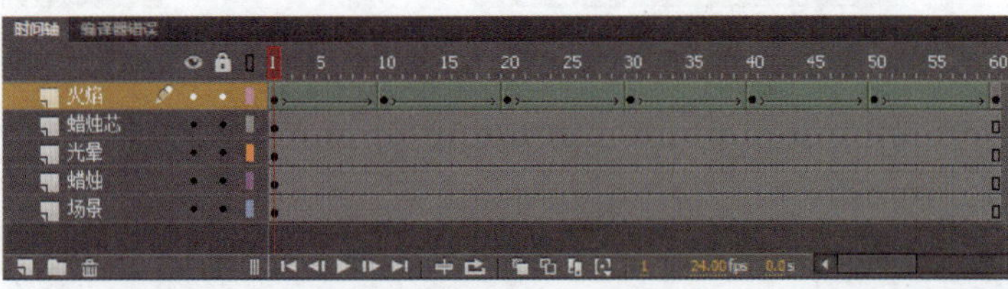

图 6—29

11. 制作光晕变化。蜡烛燃烧时火焰的大小发生变化，光晕也随之变化。“光晕”图层的关键帧根据“火焰”图层的关键帧进行添加，调整“光晕”的中心点位置，在关键帧之间添加“创建补间形状”，如图 6—30 所示。

12. 按 Ctrl+Enter 组合键测试效果。

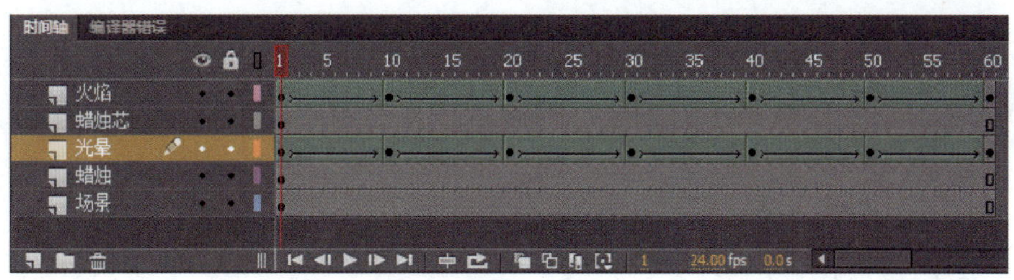

图 6—30

13. 选择【文件】→【导出】→【导出影片】命令，导出影片。

6.2.3　案例小结——形状补间动画的运用

形状补间动画可以实现两个图形之间颜色、形状、大小和位置的相互变化，其变形的灵活性介于逐帧动画和动作补间动画之间，使用的元素多为用鼠标或压感笔绘制出的形状，如果使用图形元件、按钮和文字，则必须先“打散”再变形。

6.2.4　能力扩展

扩展效果图

综合运用前面所学的知识，制作如上图所示的生日蛋糕蜡烛燃烧补间动画。

6.3 制作白云飘飘

6.3.1 案例描述

效果图

本案例是制作白云飘动的动画。使用传统补间动画，使白云图形的位置信息发生改变，快速地播放连续的图像，使原来静止的白云图形飘动起来。制作过程中主要使用文件导入、钢笔工具和“插入空白关键帧”、创建补间动画、填充“渐变颜色”等功能。

6.3.2 制作步骤

1. 在菜单栏中选择【文件】→【新建】命令，弹出“新建文档”对话框，在“新建文档”对话框中选择“ActionScript3.0”，将分辨率设置为“550×400像素”，单击“确定”按钮，建立新文档。

2. 绘制天空背景。使用“矩形工具”，绘制矩形。选中矩形，打开“颜色”面板，把“纯色”改成“线性渐变”，修改渐变颜色，如图6—31所示。使用“渐变变形工具”修改渐变方向，如图6—32所示。

3. 制作白云。使用“钢笔工具”绘制一朵白云，如图6—33所示，参照上一步制作出渐变效果。选中白云，将其转换为元件，如图6—34所示。用同样的方法制作另外两朵形状稍有不同的“白云2”“白云3”元件。

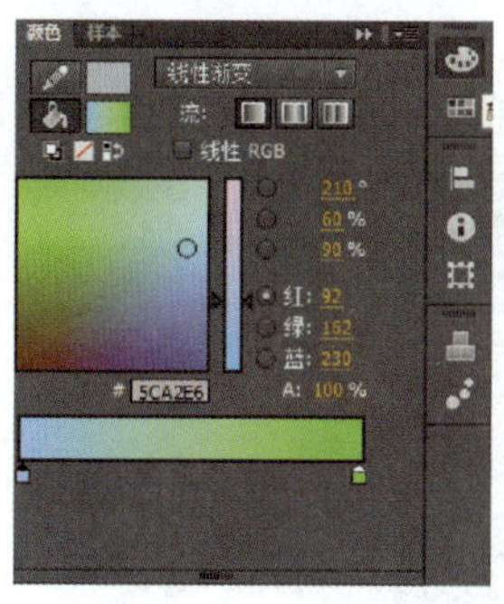

图 6—31

图 6—32

图 6—33

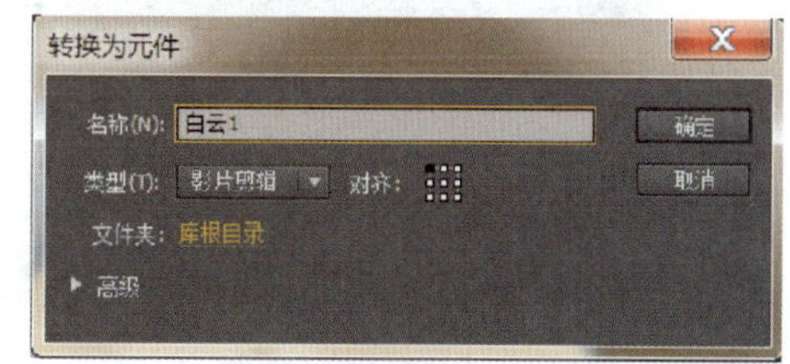

图 6—34

4. 新建图层 2、3、4，将“白云 1”“白云 2”“白云 3”元件分别拖拽至场景中图层 2、3、4，选择其中一朵白云，在“属性”面板中将模式改为“影片剪辑”，单击“滤镜”下的“+”添加滤镜，选择“投影”，调整属性如图 6—35 所示。用同样的方法制作另外两朵白云，效果如图 6—36 所示。

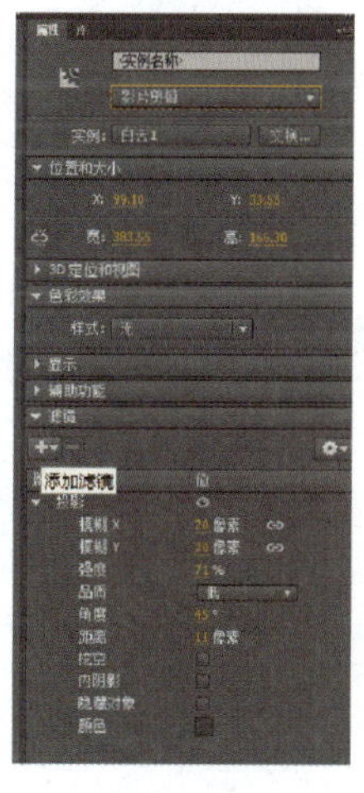

图 6—35

图 6—36

5. 选择图层 2、3、4 的第 15 帧，按 F6 键插入关键帧。选择图层 1 的第 15 帧，按 F5 键插入帧，如图 6—37 所示。将时间轴拖拽至第 15 帧位置，选择全部白云往右移动。分别在图层 2、3、4 的 1～15 帧中间点击右键，在弹出的快捷菜单中选择【创建传统补间】，如图 6—38 所示。

6. 选择【文件】→【导出】→【导出影片】命令，导出影片。

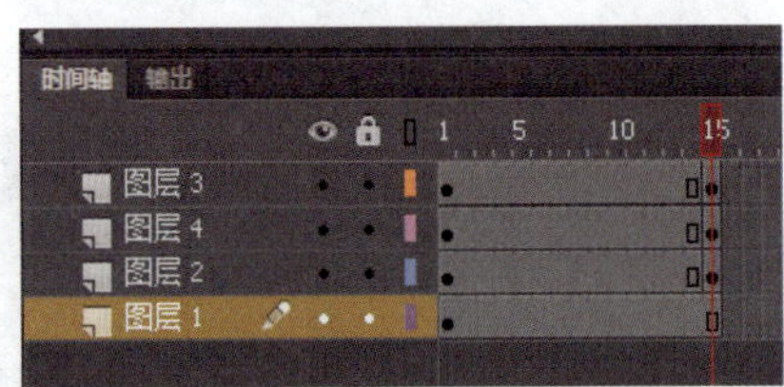

图 6—37

图 6—38

6.3.3 案例小结——空白关键帧的运用

插入空白关键帧的另外一种方法是：选中某一帧后，在该帧上面右击，单击“插入空白关键帧”命令即可，插入空白关键帧不能将前面的图形延长到这一帧来，相当于一张空白的纸，可以重新在上面作图或在舞台上插入图形。

6.3.4 能力扩展

扩展效果图

综合运用前面所学的知识，制作如上图所示的车往前移动的补间动画。

6.4　制作杨柳依依

6.4.1　案例描述

效果图

本案例制作柳条在微风中缓缓摆动的效果。细柳条配上绿绿的小嫩叶，仿佛给人带来一丝阳光，既美丽又温暖，非常适合在一个安静、小清新的场景中使用。制作过程中主要使用绘制工具和任意变形工具调整柳条的角度、方向和大小等。

6.4.2　制作步骤

1. 新建元件，使用“笔刷工具”绘制出柳枝，如图6—39所示。

2. 返回场景1，从库中添加“柳枝”元件到图层1，如图6—40和图6—41所示。

图6—39

图6—40

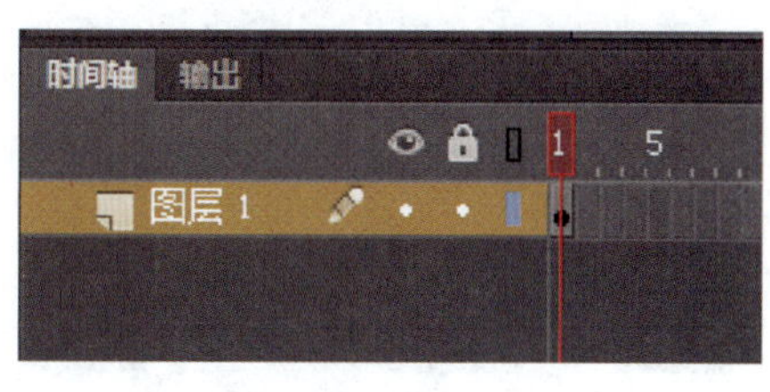

图6—41

3. 使用“任意变形工具”或按Q键把“中心点”移动到顶部，如图6—42和图6—43所示。

4. 在时间轴的第20帧处按F6键插入关键帧，如图6—44所示。

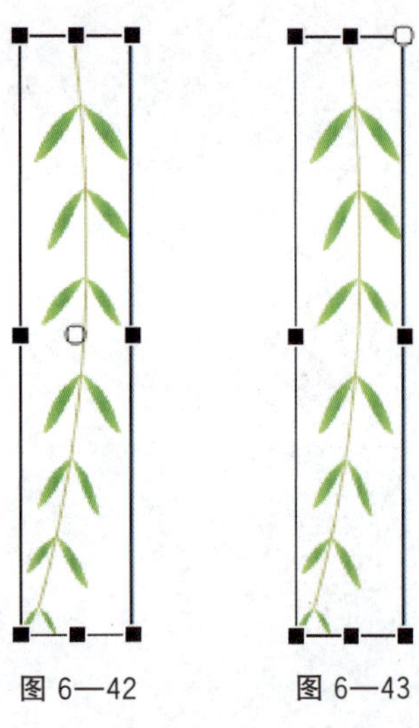

图 6—42　　图 6—43

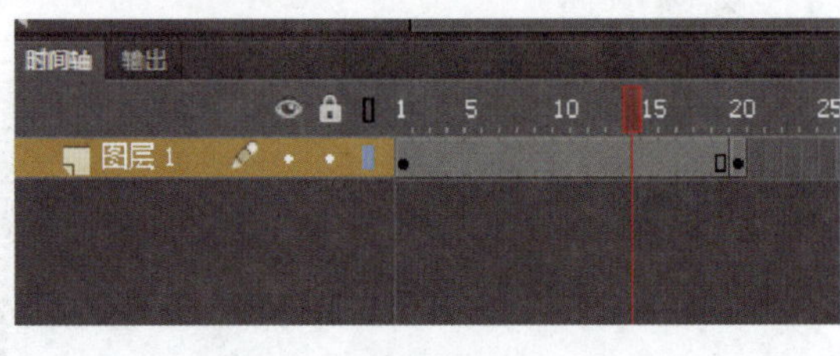

图 6—44

5. 在第 1 帧和第 20 帧（根据所需效果而定）间创建传统补间，如图 6—45 所示。

6. 选择第 1 帧，使用“任意变形工具”对柳条进行旋转（此操作决定柳条摇摆的方向和角度），如图 6—46 所示。

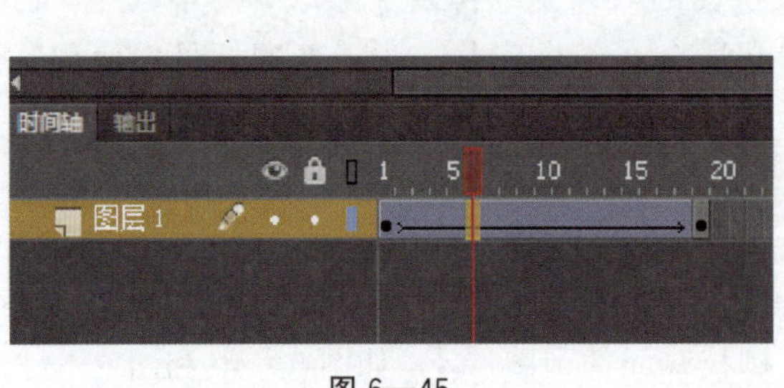

图 6—45

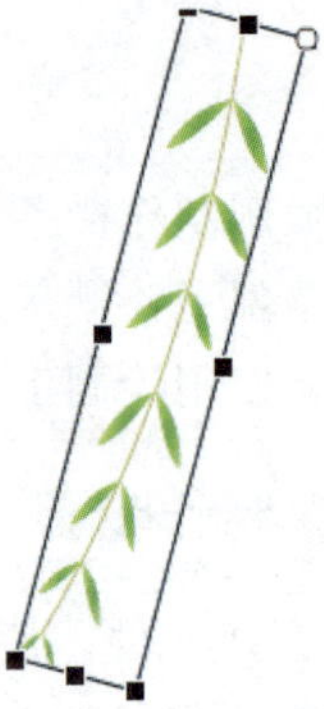

图 6—46

7. 选中第 1 帧并右击，在弹出的快捷菜单中选择【复制帧】命令，如图 6—47 所示，在第 40 帧（根据所需效果而定）执行【粘贴帧】命令，如图 6—48 所示。

图 6—47　　图 6—48

8. 在第 20 帧和第 40 帧间创建传统补间，如图 6—49 所示。

9. 根据以上操作，制作出不同大小及角度的柳条，并加上一些背景，形成“杨柳依依”的效果，如图 6—50 和图 6—51 所示。

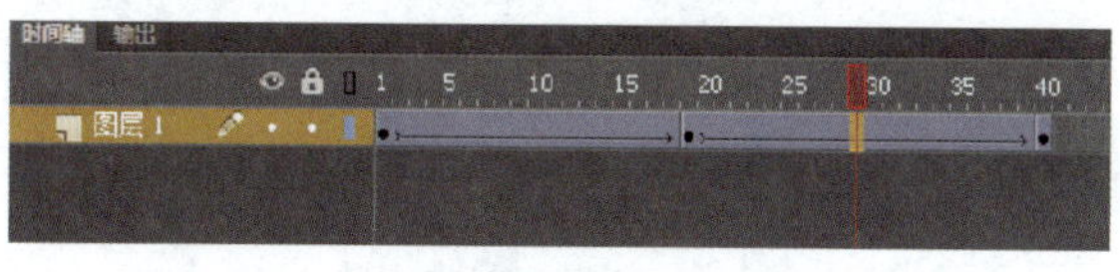

图 6—49

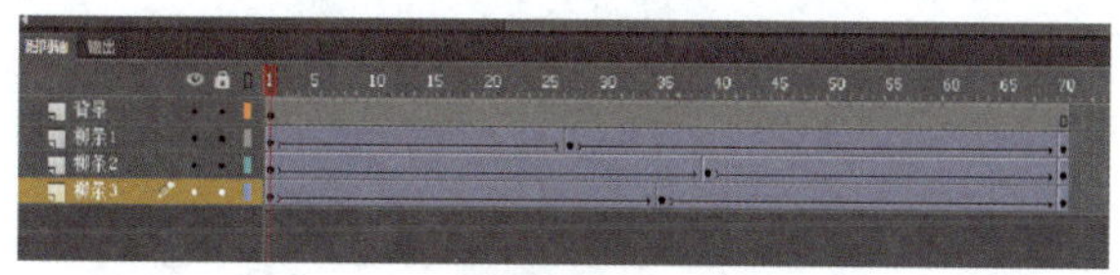

图 6—50

图 6—51

10. 按 Ctrl+Enter 组合键测试效果。

6.4.3 案例小结——线条工具、任意变形工具、传统补间动画的介绍

线条工具：选择“线条工具”或按 N 键，在工具栏最下方会出现两个工具（需要单击进行选择），它们分别是“对象绘制工具”和“贴紧至对象工具”。对象绘制工具的作用是当绘制的对象叠加在一起时，彼此不会自动合并在一起，有利于进行分开处理。贴紧至对象工具的作用是在用线条绘制对象时，当线条靠近其他对象或辅助线时，会自动吸附在其他对象或辅助线上；使用线条工具时，只要选择“线条工具”，按住鼠标在舞台上拖动，鼠标拖动的方向和长度即是绘制出线条的方向和长度，并且按住 Shift 键，可以绘制垂直或水平线条；选择“线条工具”，在“属性”面板中可以调整绘制出来的对象的位置和高宽，也可以按 V 键进行手动调整，如当选择工具靠近线条时会出现一个弧形的图标，拖动鼠标即可弯曲线条，还可以在“属性”面板中调整笔触大小、线条样式等。

任意变形工具：用于对象的缩放、旋转、倾斜等变形；使用“任意变形工具”，在对象周围会出现控制点，对象中间出现一个圆心，表示将以此为中心进行变形，可以改变圆心的位置；将光标放在控制点上进行拖动，即可将对象进行缩放，按住 Shift 键则可等比缩放；将光标放在控制点周围外侧，出现带箭头的弧线图标，按住鼠标向四周拖动，即可对对象进行旋转；将光标放在控制点之间的直线外侧，出现相反方向的上下两条倾斜形状的图标，按住鼠标拖动即可倾斜变形。

传统补间动画：制作传统补间动画，需要有两个或以上的在同一图层中的关键帧，动画的元素必须是元件或组合对象，且只能存在一个元件或组合对象；在关键帧之间的任意一帧，右击选择【创建传统补间】命令即可；旋转、缩放、直线运动等动画都可以用传统补间动画来完成。

6.4.4 能力扩展

扩展效果图

综合运用前面所学的知识，制作如上图所示的笔从左边移动到右边的动画。提示：单击补间中的任意一帧可以展开缓动和旋转等属性。

6.5 综合案例(一) 制作鱼游动画

6.5.1 案例描述

效果图

本案例制作一个夜晚的池塘，池塘里有荷花和游动鱼的动画。制作鱼游效果，需要了解鱼的运动规律，使用关键帧制作鱼的游动动作。制作过程中主要使用新建元件、传统补间、引导层、椭圆工具、刷子工具、添加“投影”等功能。

6.5.2 制作步骤

1. 在菜单栏中选择【文件】→【新建】命令，弹出“新建文档”对话框，在“新建文档”对话框中选择“ActionScript3.0”，将分辨率设置为“607×400 像素”，单击“确定”按钮，建立新文档。

2. 新建元件，命名为“水”，用“矩形工具”绘制背景，设置颜色为“#000B1A”，如图 6—52 所示。再新建图层 2，绘制水底的石头，如图 6—53 所示。

图 6—52

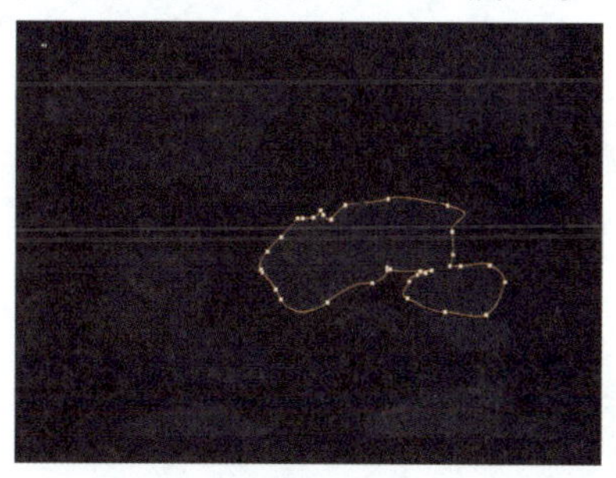

图 6—53

3. 新建元件并命名为“荷叶 1”，用“椭圆工具”绘制圆形荷叶，设置颜色为“#13331C”，使用“部分选取工具”修改荷叶形状，如图 6—54 所示。在元件中新建图层 2，使用“刷子工具”绘制荷叶的纹路，设置颜色为“#48864E”，如图 6—55 所示。在元件中新建图层 3，使用“刷子工具”在荷叶上绘制不规则的点，如图 6—56 所示。

图 6—54

图 6—55

图 6—56

4. 用同样的方法绘制“荷叶 2”“荷叶 3”“荷叶 4”，如图 6—57、图 6—58、图 6—59 所示。

图 6—57

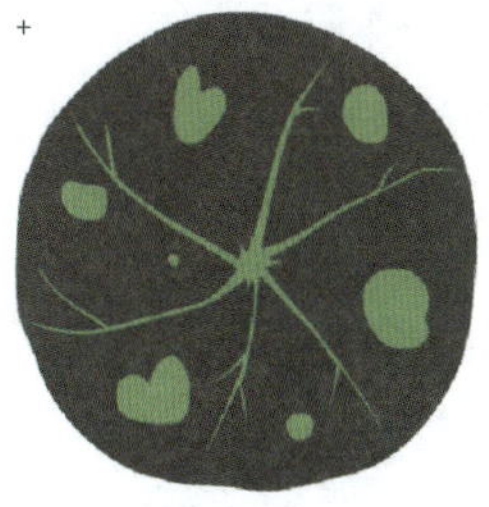

图 6—58

图 6—59

5. 制作鱼游动画

（1）在库中新建元件，命名为“红鱼”，绘制一个椭圆形的鱼身，填充渐变颜色，修改渐变方向，如图 6—60 所示。修改鱼身形状，如图 6—61 所示。

（2）新建图层，命名为“鱼尾”，绘制一个矩形，修改成鱼尾形状，填充渐变颜色，如图 6—62 所示。

（3）新建图层，命名为“鱼翼 1”，绘制一个矩形，使用“部分选取工具”选中矩形，删除一个点，使用“选择工具”修改鱼翼形状；填充渐变颜色，修改渐变方向，如图 6—63 所示。

（4）新建图层，命名为“鱼翼 2”，复制“鱼翼 1”图层的关键帧粘贴到“鱼翼 2”图层。选择“鱼翼 2”图形，选择【修改】→【变形】→【垂直翻转】命令，移到鱼身另一边，如图 6—64 所示。

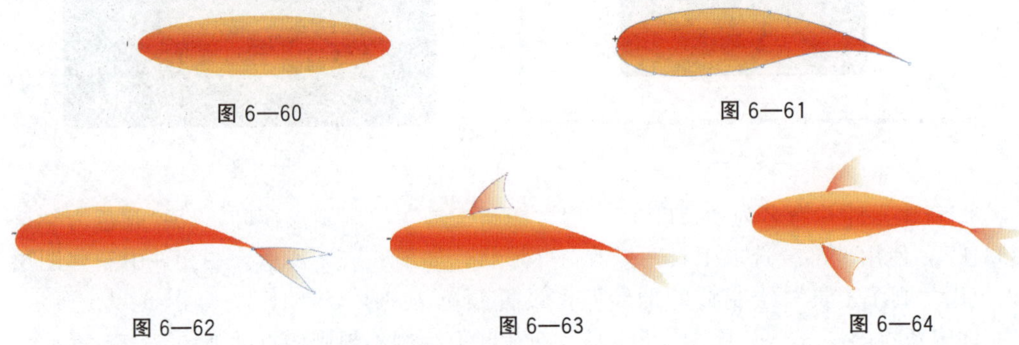

图 6—60　图 6—61

图 6—62　图 6—63　图 6—64

（5）新建图层，命名为“鱼眼”，绘制两只鱼眼，如图 6—65 所示。

（6）新建图层，命名为“圆点”，绘制两个椭圆白色图形，丰富鱼头的效果，如图 6—66 所示。

（7）新建图层，命名为“鱼鳍”，在鱼背上绘制鱼鳍，如图 6—67 所示。

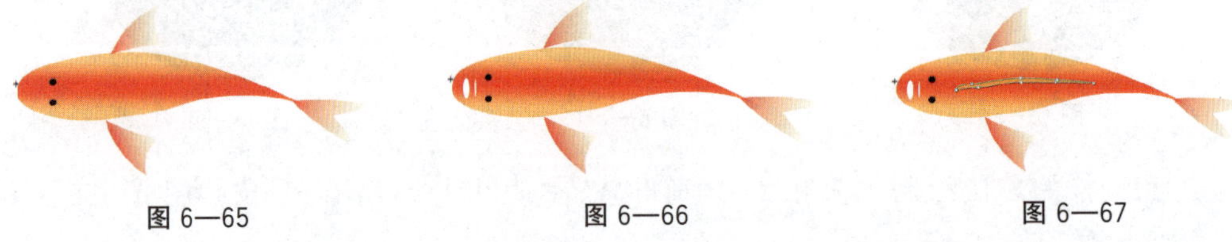

图 6—65　图 6—66　图 6—67

（8）在第 1 帧调整鱼的动作，如图 6—68 所示。选中全部图层的第 4 帧，插入关键帧，调整鱼的动作使鱼尾向另一边摆，如图 6—69 所示。选中全部图层的第 1 帧并右击，

图 6—68　图 6—69

在弹出的快捷菜单中选择【复制帧】命令，选中全部图层的第 7 帧并右击，在弹出的快捷菜单中选择“粘贴帧”命令，如图 6—70 所示。

图 6—70

6. 用同样的方法制作“黄鱼”元件，如图 6—71 和图 6—72 所示。

图 6—71　　图 6—72

7. 新建元件，命名为“荷花”，使用“椭圆工具”绘制花瓣，使用“部分选取工具”修改花瓣形状，如图 6—73 所示。再新建图层，绘制花瓣，每一片花瓣放在一个图层，这样方便修改，荷花效果如图 6—74 所示。

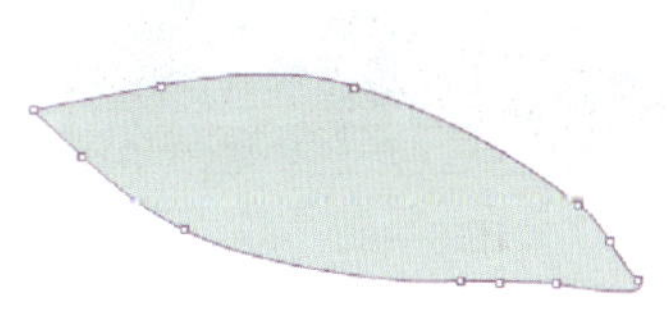

图 6—73

图 6—74

8. 新建元件，命名为“茎”，使用“刷子工具”绘制荷叶的茎，填充渐变颜色，并降低一边的透明度（因为有一边在水底，颜色会比较模糊），如图 6—75 和图 6—76 所示。

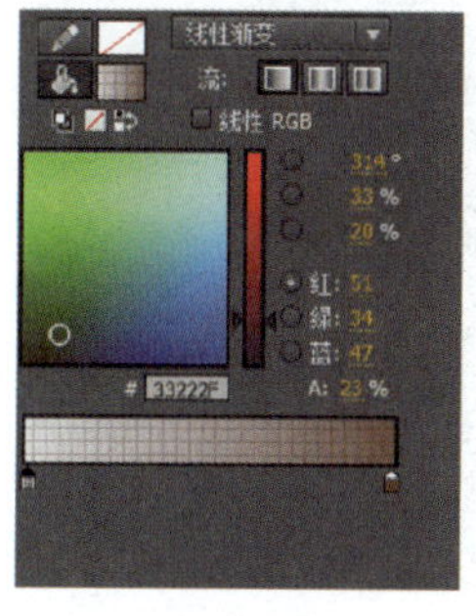

图 6—75

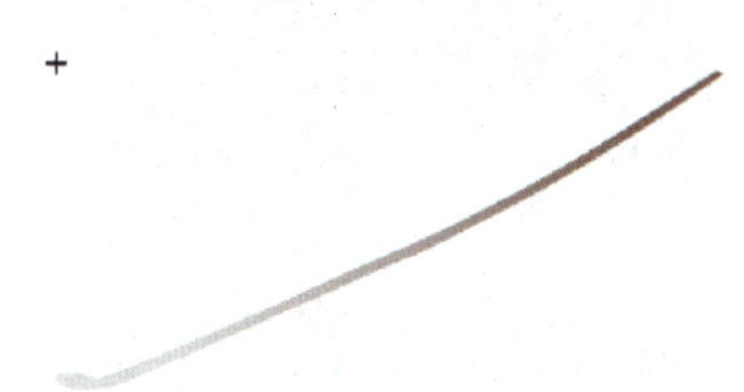

图 6—76

9. 在场景 1 中新建图层，命名为“水”，把“水”元件拖入舞台，调整其位置，如图 6—77 所示。在第 60 帧的位置按 F5 键插入帧。

10. 新建图层，命名为“荷叶”，把“荷叶 1”“荷叶 2”“荷叶 3”“荷叶 4”元件拖入舞台，调整其位置，再复制“荷叶 2”“荷叶 3”并调整其大小、位置和旋转角度，如图 6—78 所示。选中一片荷叶，打开“属性”面板，在“滤镜”下添加投影，并设置投影参数，如图 6—79 所示。用同样的方法给每一片荷叶添加投影，如图 6—80 所示。

图 6—77

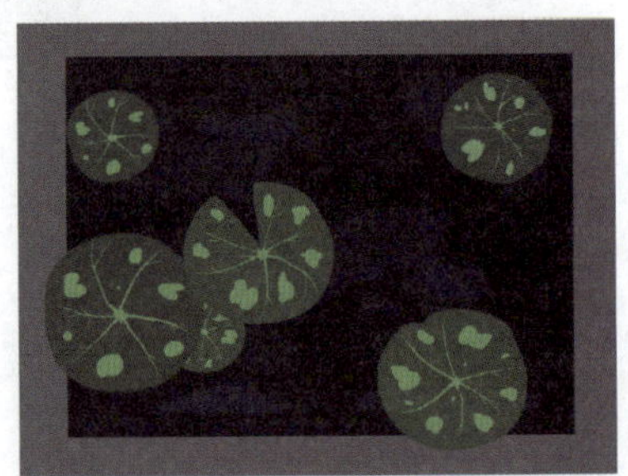

图 6—78

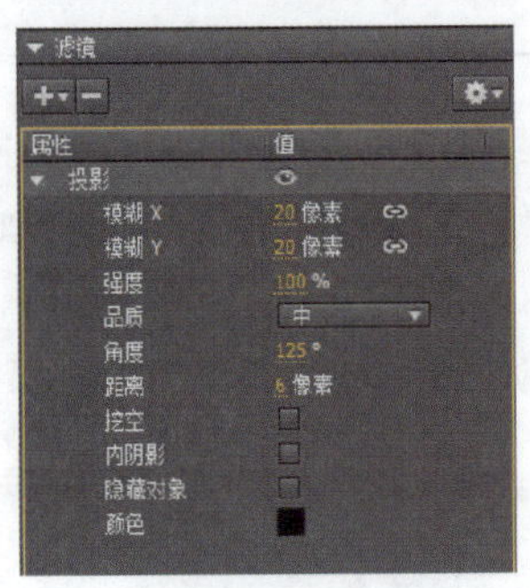

图 6—79

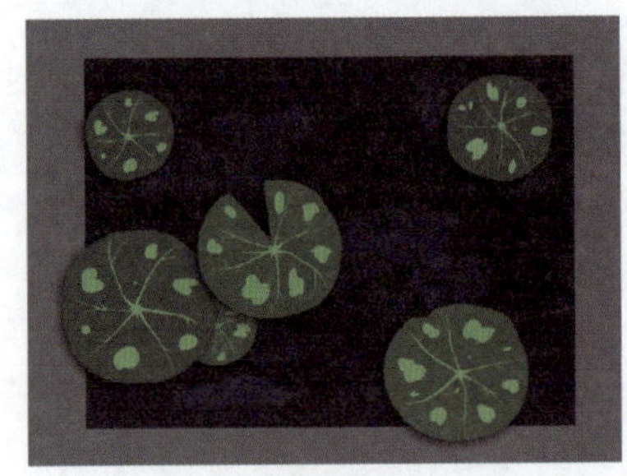

图 6—80

11. 新建图层，命名为“荷花”，把“荷花”元件拖入舞台，打开“属性”面板，在“滤镜”下添加投影，如图 6—81 所示。

12. 新建图层，命名为“茎”，把“茎”图层置于“荷叶”图层的下方并将“茎”元件拖入舞台，如图 6—82 所示。

图 6—81

图 6—82

13. 新建图层，命名为“红鱼”，把“红鱼”元件拖入舞台，如图 6—83 所示。在第 50 帧插入关键帧，然后把鱼移到另外的位置，如图 6—84 所示。

图 6—83

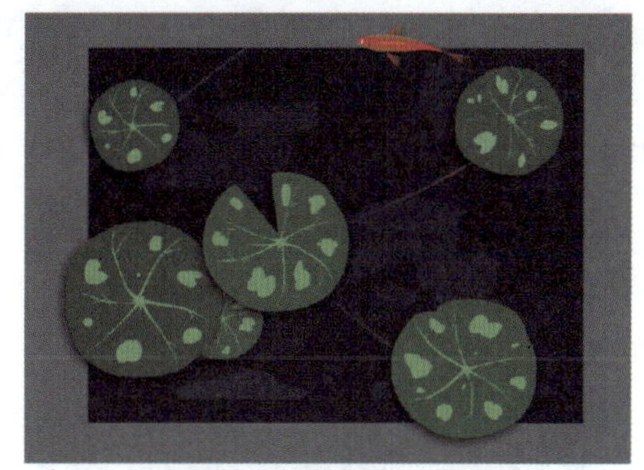

图 6—84

14. 在时间轴上选中“红鱼”图层并右击，在弹出的快捷菜单中选择【添加传统运动引导层】命令，如图 6—85 所示。然后用“钢笔工具”绘制鱼游动的路线，如图 6—86 所示。

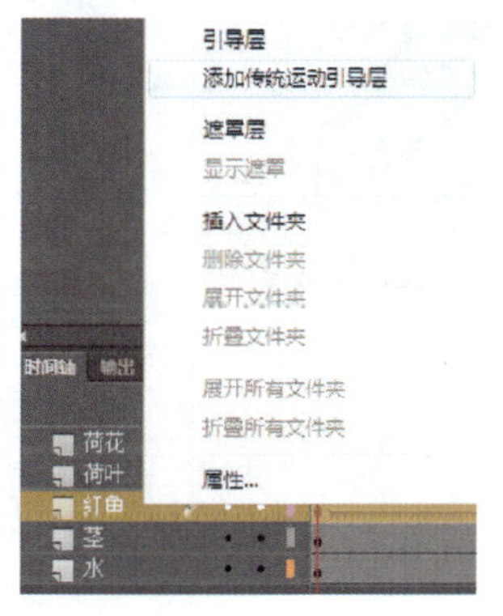

图 6—85

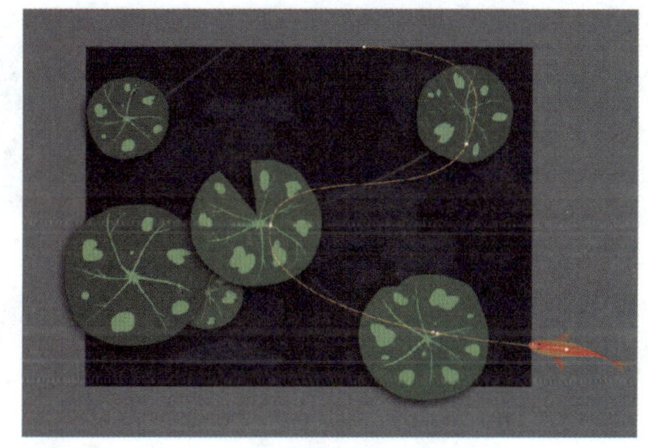

图 6—86

15. 在时间轴上选择“红鱼”图层，在第 1 帧到第 50 帧之间任选 1 帧并右击，在弹出的快捷菜单中选择【创建传统补间】命令，如图 6—87 所示。打开“属性”面板，在补间下方找到“调整到路径”并勾选上，如图 6—88 所示。

图 6—87

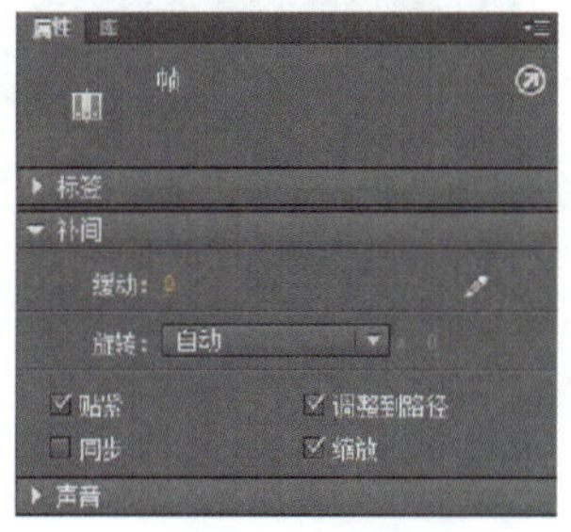

图 6—88

16. 新建图层，命名为“黄鱼”，用同样的方法制作黄鱼游动动画。

17. 制作涟漪。新建图层，命名为“涟漪 1”，并将其置于“荷叶”图层下方。在鱼经过的位置插入关键帧，并用“钢笔工具”绘制浅蓝色的弧线，如图 6—89 所示。涟漪出现 4 帧后，插入空白关键帧，涟漪消失；过一段时间后，插入关键帧，涟漪再出现然后消失，如图 6—90 所示。用同样的方法制作其他涟漪，如图 6—91 所示。

图 6—89

图 6—90

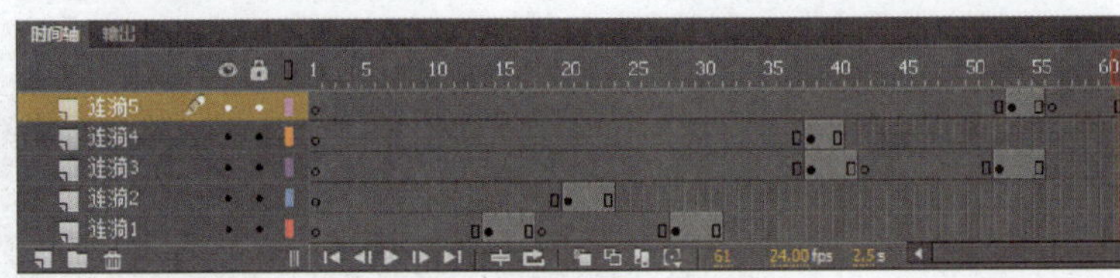

图 6—91

18. 制作鱼游动画的声音。新建图层，命名为“声音 1”。找到声音素材，将其导入到库中，并拖入声音图层。用同样的方法制作“声音 2”，如图 6—92 所示，注意声画同步。

图 6—92

19. 按 Ctrl+Enter 组合键测试效果。

20. 选择【文件】→【导出】→【导出影片】命令，导出影片。

6.6　综合案例(二)　制作眉开眼笑

6.6.1　案例描述

效果图

本案例制作在气泡和气球漂浮场景中，一个小桃子眉开眼笑的效果。制作过程中主要使用运动引导层、绘制工具和颜色填充工具。

6.6.2　制作步骤

1. 新建一个大小为“280×400像素”的文档；新建名为“背景”的“影片剪辑”元件，如图6—93所示；选择“矩形工具”，使用快捷键“R”在“颜色”面板中选择“线性渐变”，并调整其颜色，如图6—94所示。

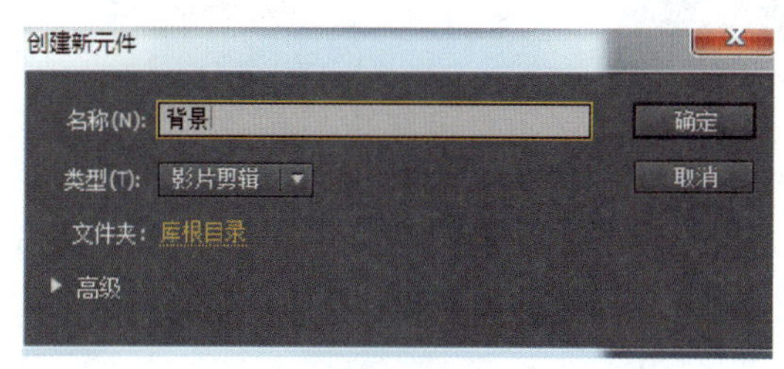

图6—93

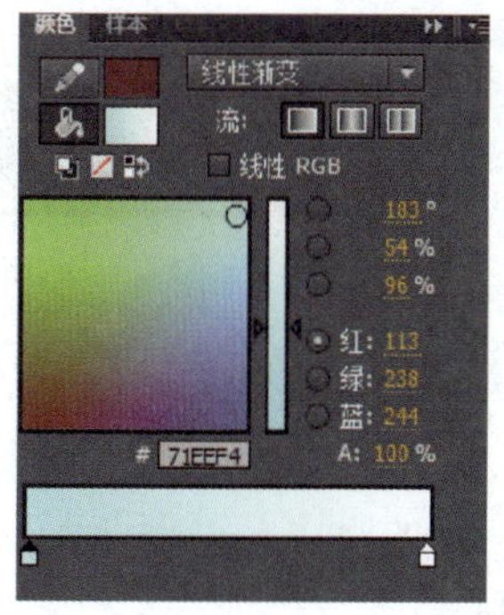

图6—94

2. 使用“矩形工具”绘制一个矩形并调整其大小；使用“渐变变形工具”调整渐变的角度，如图 6—95 所示。

3. 新建图层，命名为“云朵”，使用“椭圆工具”绘制云朵，并在第 200 帧插入关键帧，将云朵向右移动，在第 1 帧和第 200 帧之间创建传统补间动画，制作出云朵向右飘动的效果，如图 6—96 所示。

4. 新建图层，命名为“彩虹”，使用“线条工具”绘制出彩虹，并填充相应的颜色，如图 6—97 所示。

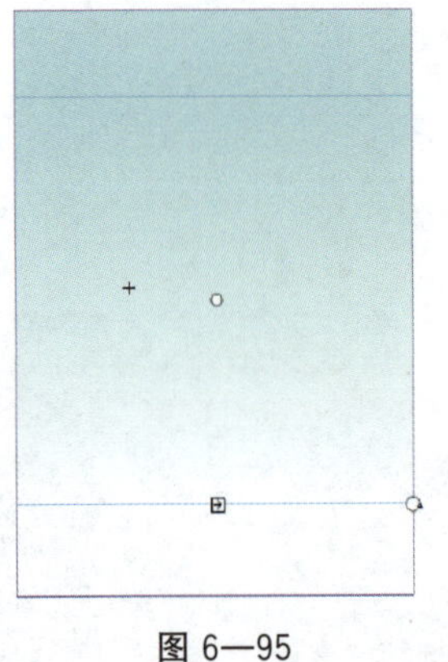

图 6—95

图 6—96

图 6—97

5. 返回场景，选择图层 1，改名为“背景”，把“背景”元件导入到舞台；新建图层，命名为“桃子”，如图 6—98 所示。将“素材＼第六章＼6.6 综合案例（二）制作眉开眼笑＼桃子.jpg”文件导入到舞台中，并移动到合适的位置，如图 6—99 所示。

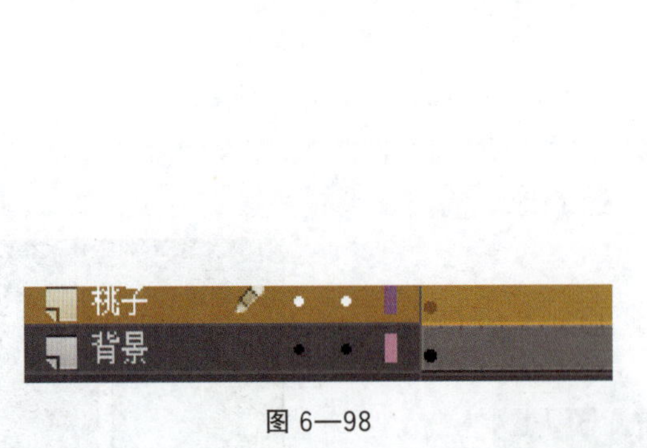

图 6—98

图 6—99

6. 新建名为“眼睛”的图形元件，绘制眼睛外轮廓，如图 6—100 所示；新建名为“眼白 1”的图形元件，绘制眼白；新建名为“眼白 2”的图形元件，绘制比“眼白 1”小一倍的眼白，以便于后续的眼睛动画制作，眼睛效果如图 6—101 所示；新建名为“闭眼”的图形元件，绘制闭眼图形，如图 6—102 所示。

图 6—100　　图 6—101　　图 6—102

7. 新建名为“眼睛动画”的影片剪辑元件，把“眼睛”元件拖入舞台；新建图层2，拖入“眼白 1”元件到舞台，并在第 3 帧插入空白关键帧，把“眼白 2”元件拖入；选择图层 2，在第 1 帧时复制“眼白 1”，分别在第 5、9、13、17、21 帧处粘贴，在第 2 帧复制“眼白 2”，分别在第 3、7、11、15、19、23 帧处粘贴；选择图层 1，在第 25 帧拖入“闭眼”元件，并在第 28 帧插入帧；制作一个眨眼动画，如图 6—103 所示。

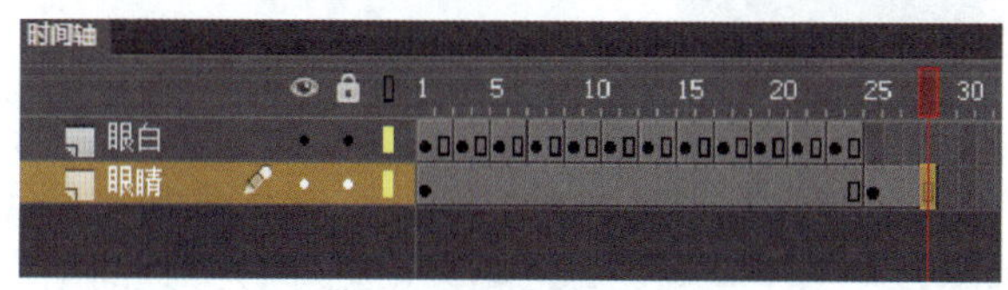

图 6—103

8. 新建名为“嘴巴动画”的影片剪辑元件，绘制桃子嘴巴，并在第 25 帧插入关键帧，在第 1 帧和第 25 帧之间创建传统补间动画，在第 1 帧用“任意变形工具”将其缩小，制作一个张口的嘴巴动画，如图 6—104 和图 6—105 所示。

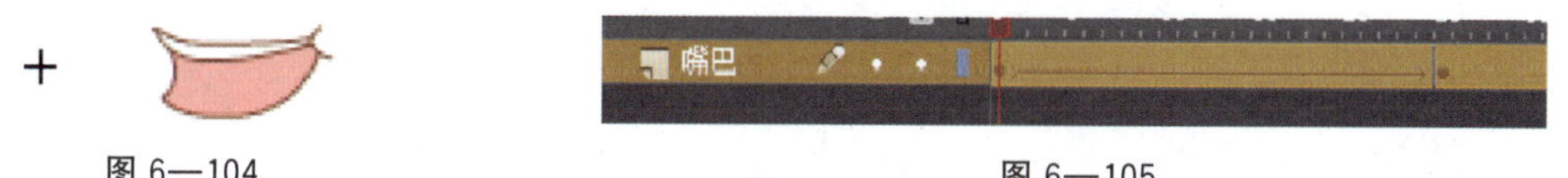

图 6—104　　图 6—105

9. 返回场景，新建两个图层，改名为“桃子嘴巴”和“桃子眼睛”，分别从库中拖入“眼睛动画”元件和“嘴巴动画”元件到两个图层，如图 6—106 和图 6—107 所示。

图 6—106　　图 6—107

10. 新建名为“气泡”的图形元件，用“椭圆工具”绘制气泡图形，并选择“径向渐变”填充颜色，如图 6—108 所示；新建图层 2，用“钢笔工具”为气泡绘制高光图形，填充白色，效果如图 6—109 所示。

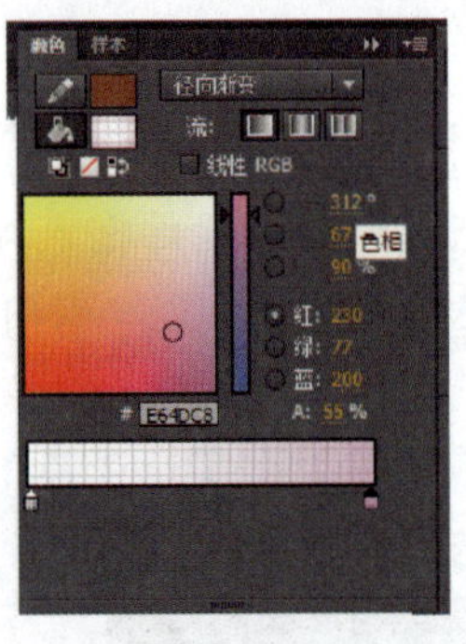

图 6—108

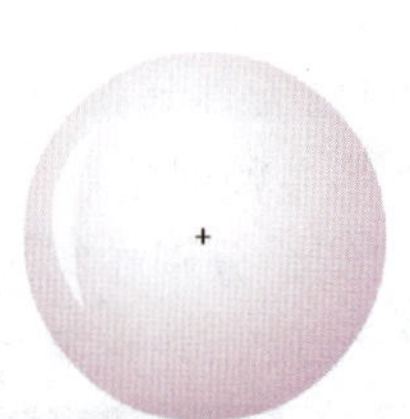

图 6—109

11. 新建名为“气泡动画 1”的影片剪辑元件，把“气泡”图形元件拖入舞台中，在第 100 帧插入关键帧，在第 1 帧和第 100 帧之间创建传统补间动画，在第 100 帧把气泡移动到适当的位置；选中“气泡”图层并右击，选择【添加传统运动引导层】命令，如图 6—110 所示；用“钢笔工具”在引导层绘制一条合适的运动路径，如图 6—111 所示；选择“气泡”图层，在第 1 帧移动气泡至运动路径的首端并吸附上去，在第 100 帧移动气泡至运动路径的尾端并吸附上去，完成气泡随路径运动的动画，如图 6—112 所示。

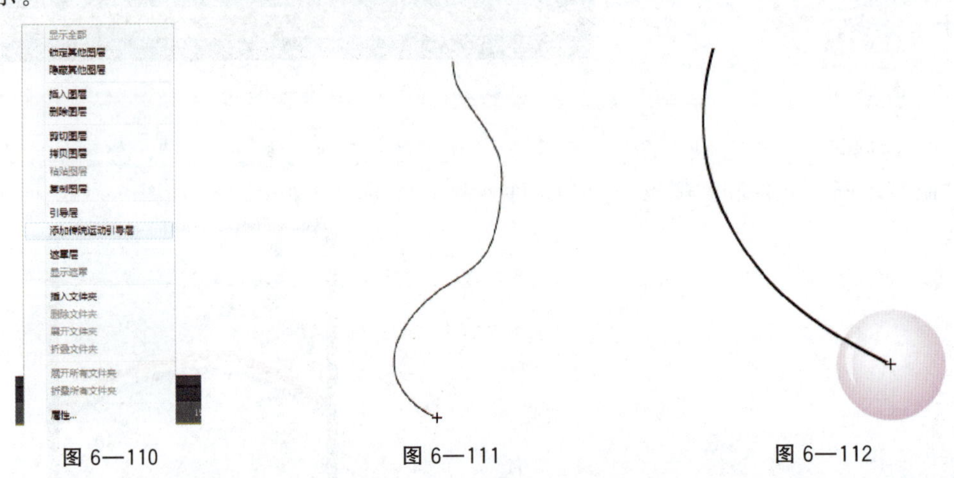

图 6—110　　图 6—111　　图 6—112

12. 用同样的方法制作出不同的运动路径和不同颜色的气泡。

13. 在场景中新建“气泡动画”图层，把上一步做好的“气泡动画”拖入舞台，并调整其到合适的位置，如图 6—113 所示。

14. 新建名为“气球”的图形元件，绘制气球，如图 6—114 所示；新建名为“气球动画”的影片剪辑元件，拖入“气球”图形元件，利用制作气泡动画的方法制作上升的气球动画，并拖入场景中，如图 6—115 所示。

图 6—113

图 6—114

图 6—115

15. 选择所有图层，在第 200 帧按 F5 键插入帧。
16. 按 Ctrl+Enter 组合键测试效果。

6.7　综合案例(三)　制作蝴蝶飞舞

6.7.1　案例描述

效果图

本案例制作一个简单的新年贺卡小动画，采用黑白风格结合不同的景物，产生不一样的视觉效果。制作过程中运用了逐帧动画、传统补间动画、补间形状动画、补间动画、引导路径动画、遮罩动画等功能。

6.7.2 制作步骤

1. 新建一个大小为“550×400 像素”的文档。新建名为“闹钟”的图形元件，用“钢笔工具”绘制出闹钟，如图 6—116 所示。

2. 返回场景，从库中添加“闹钟”元件到图层 1；新建矩形遮罩图层 2，将其置于图层 1 下方；使用“矩形工具”绘制一个矩形使之与舞台尺寸相匹配，使用不同的颜色，用“椭圆工具”在矩形上绘制一个与闹钟一样大小的圆形，选中圆形内的图形并删除，得到一个镂空圆形的矩形遮罩，把遮罩改为黑色，制作出舞台的对象只出现在闹钟内的效果。如图 6—117 所示，图中的云只出现在闹钟内，其余的被矩形遮罩遮住了。

3. 新建名为“云”的图形元件，使用“钢笔工具”绘制出一朵云，并在舞台中复制出更多的云，调整其排列顺序、大小和形状，如图 6—118 所示。

图 6—116

图 6—117

图 6—118

4. 返回场景，新建“云”图层，把“云”元件添加到图层中，使其一半在闹钟内，一半在闹钟外，如图 6—119 所示。在第 200 帧插入关键帧，并在第 200 帧选择“云”元件，使云水平向左移动，在第 1 帧创建传统补间动画。新建“云 2”图层，再次把“云”元件放置于舞台右边，重复以上操作并调整其大小，制作出云朵运动的动画，如图 6—120 所示。

5. 用同样的方法制作“太阳上升动画”和“摆针动画”，如图 6—121 所示。

图 6—119

图 6—120

图 6—121

6. 新建名为“生长”的图形元件，使用“线条工具”绘制出小草，如图 6—122 所示；在第 3 帧插入关键帧（图 6—123），改变其大小和形状，选择第 5 帧继续改变其大小和形状，同样进行下去，直到适合的大小和形状为止，从而形成一个小草逐帧生长的过程，如图 6—124 所示。

图 6—122

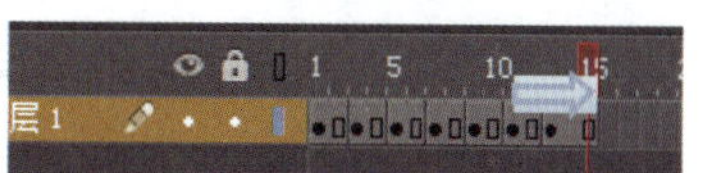

图 6—123

7. 返回场景，新建图层，在第 200 帧添加“生长”元件到图层中，调整其位置并复制多个图层，继续调整其位置、出现顺序和大小，如图 6—125 所示。

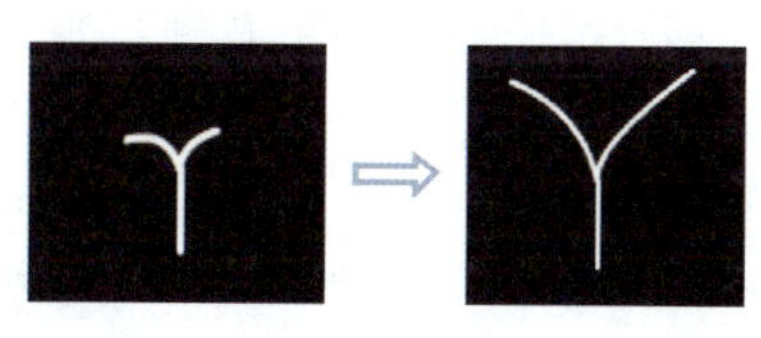

图 6—124

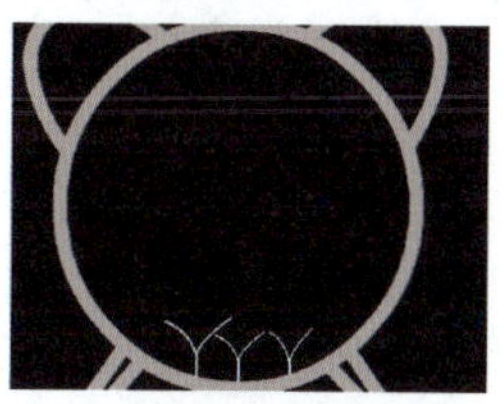

图 6—125

8. 新建名为“树”的影片剪辑元件，绘制一颗小树，如图 6—126 所示；在库中选择“树”元件，在“属性”栏中单击“高级”，选中“启动 9 切片缩放比例辅助线”复选框（图 6—127），返回舞台，得到一个井字形的切片辅助线，如图 6—128 所示；调整辅助线，使其只包括树干的位置，如图 6—129 所示。

图 6—126

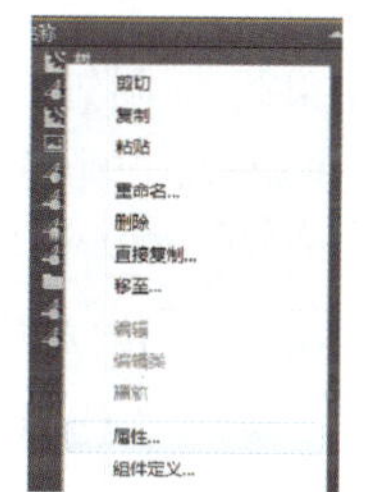

图 6—127

图 6—128

图 6—129

9. 返回场景，新建图层，在第 205 帧添加“树”元件，调整其位置，并创建补间动画，在第 215 帧添加“缩放”关键帧，如图 6—130 所示；用“任意变形工具”调整中心点至底部，对其进行向上拉伸，此时，树叶的形状不会发生改变，而树干则拉长，形成树的生长过程，如图 6—131 所示；复制一棵树并对其进行调整。

图 6—130　　图 6—131

10. 新建名为“蝴蝶”的影片剪辑元件，用绘制工具分别绘制出“蝴蝶身体”“蝴蝶左翅膀”“蝴蝶右翅膀”，并分别把它们转化为元件，如图 6—132 所示。

11. 选择“蝴蝶左翅膀”，使用“任意变形工具”把中心点移至右侧，如图 6—133 所示；在第 2 帧插入关键帧，并使用“任意变形工具”进行缩小和旋转，如图 6—134 所示。

12. 对“蝴蝶右翅膀”进行同样的操作，形成蝴蝶飞舞，如图 6—135 所示。

图 6—132

图 6—133

图 6—134

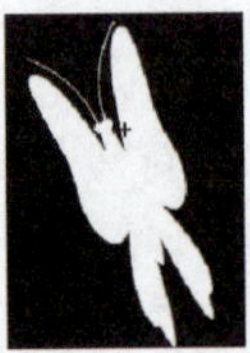

图 6—135

13. 返回场景，新建图层，在第 225 帧闹钟右侧外添加“蝴蝶”元件，在第 290 帧插入关键帧并创建传统补间动画，在第 290 帧把“蝴蝶”移动到闹钟左侧外，制作出蝴蝶从右到左移动的动画，然后选中图层并右击，在弹出的快捷菜单中选择【添加传统运动引导层】命令，如图 6—136 所示，并使用绘制工具绘制出运动路径，如图 6—137 所示；在第 225 帧选中“蝴蝶”，使用“任意变形工具”对其进行旋转，角度和运动路径一样，把中心点移动并吸附到运动路径上，在第 290 帧进行同样的操作，制作出蝴蝶随运动路径飞舞的动画效果，如图 6—138 所示。

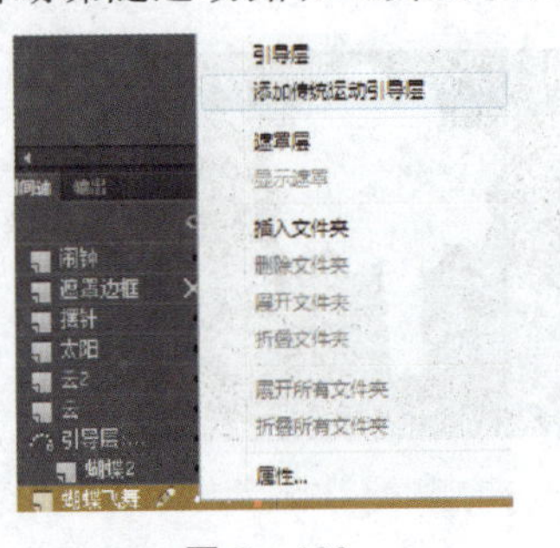

图 6—136

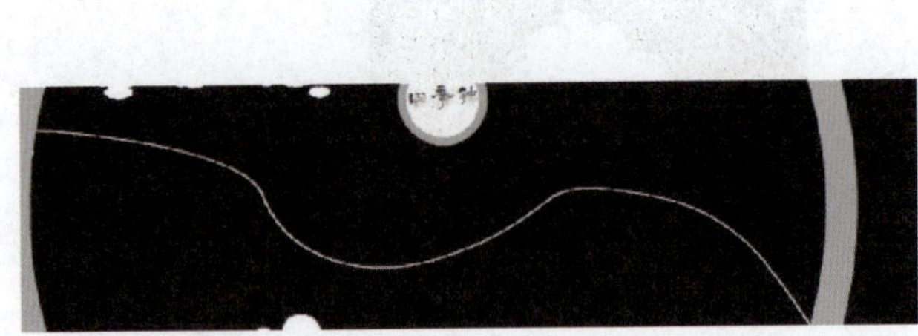

图 6—137

14. 用同样的方法制作出第二只蝴蝶，并使其运动终点停留在小草上，如图 6—

139 所示。

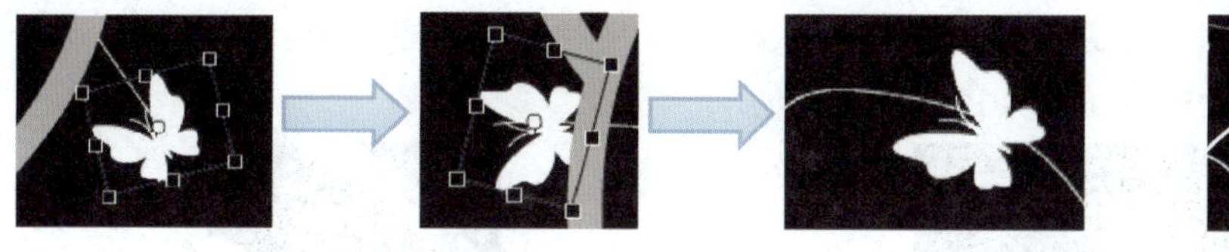

图 6—138

图 6—139

15. 新建名为“变形星星”的影片剪辑元件，选择“多角星形工具”，在舞台中央绘制一个灰色六角形，并在第 10 帧插入关键帧，如图 6—140 所示；再次选择“多角星形工具”，在“属性”栏中单击“工具设置”中的“选项”，如图 6—141 所示；在弹出的“工具设置”对话框中设置星形顶点大小为“0.8”，如图 6—142 所示，返回舞台，选择“对象绘制工具”，在第 30 帧的舞台中央绘制一个白色六角形，如图 6—143 所示；再次修改星形顶点大小为“0.3”，在白色六角形上绘制一个灰色六角形，如图 6—144 所示；在第 30 帧选择两个六角形，在菜单栏中选择【修改】→【合并对象】→【打孔】命令（图 6—145），形成一个镂空的六角形，如图 6—146 所示。

图 6—140

图 6—141

图 6—142

图 6—143

图 6—144

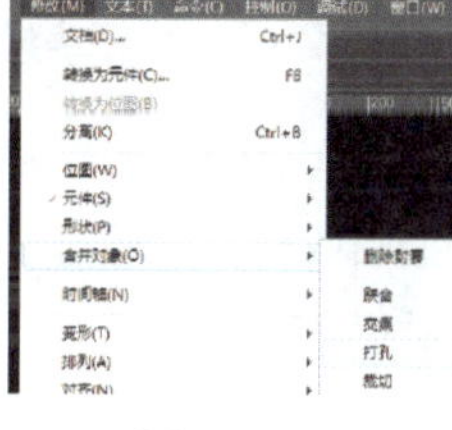

图 6—145

图 6—146

16. 在第 10 帧和第 30 帧之间创建补间形状，形成由一个六角形变形成另一个六角形的动画，其变化过程如图 6—147 所示。

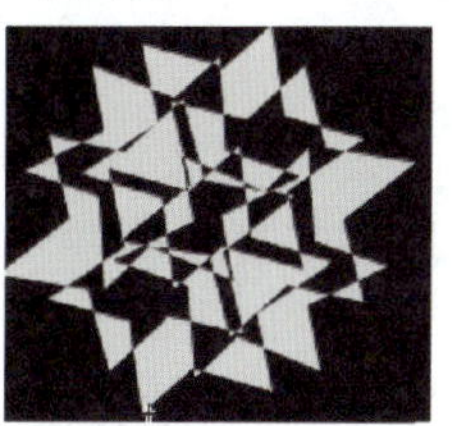

图 6—147

17. 返回场景，新建图层，在第 300 帧添加“变形星星”元件到闹钟上面（图 6—148），在第 335 帧插入关键帧，选择对象移至闹钟内，并创建传统补间动画，制作出多个从上而下的变形动画，如图 6—149 所示。

图 6—148

图 6—149

18. 新建名为“开花”的影片剪辑元件，用绘制工具绘制出一枝花，如图 6—150 所示；新建图层，使用“矩形工具”绘制出一个矩形，如图 6—151 所示；在第 30 帧插入关键帧，使用“任意变形工具”把矩形放大到覆盖住全部的花，如图 6—152 所示；选中矩形图层并右击，在弹出的快捷菜单中选择【遮罩层】命令，如图 6—153 所示，制作出一个由无到有的遮罩动画。

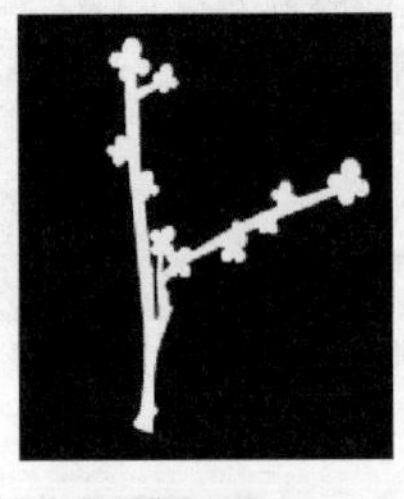

图 6—150

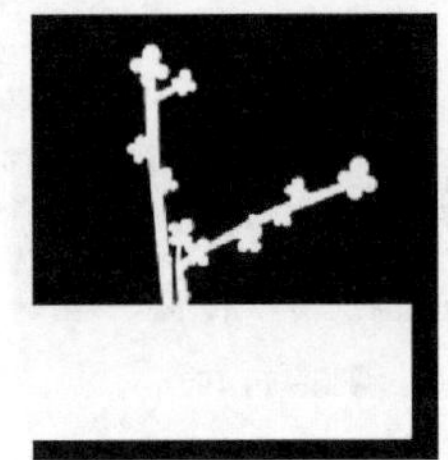

图 6—151

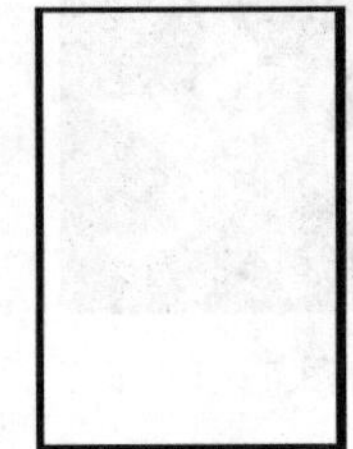

图 6—152

19. 返回场景，新建图层，在第 340 帧的闹钟左侧和右侧各添加一个“开花”元件，则有开花动画融入场景中，如图 6—154 所示。

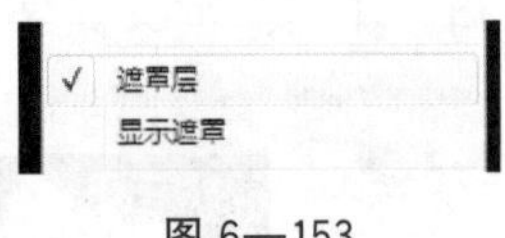

图 6—153

图 6—154

20. 新建名为“文字”的影片剪辑元件，选择“文本工具”，在舞台输入“新年快乐!”，执行两次【修改】→【分离】命令，如图 6—155 所示；选择对象，执行【修改】→【转换为元件】命令，如图 6—156 所示，把文字转换为名为“分离文字”的图形元件；在第 20 帧插入关键帧，使用“任意变形工具”并按住 Shift 键把文字等比例变大，在“属性”栏中选择“Alpha”样式，把透明度改为“20%”，并在时间轴创建传统补间动画；新建图层 2，在第 21 帧插入空白关键帧，在右击弹出的快捷菜单中选择【动作】命令，在动作面板中输入停止脚本“stop ();”，如图 6—157 所示。

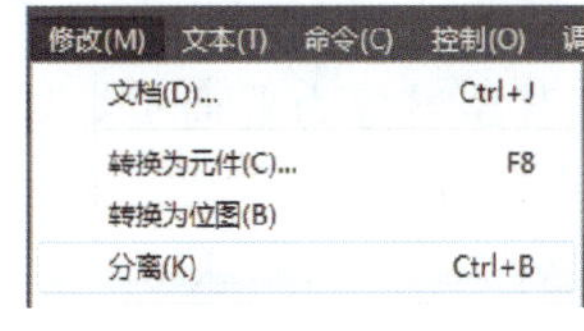

图 6—155

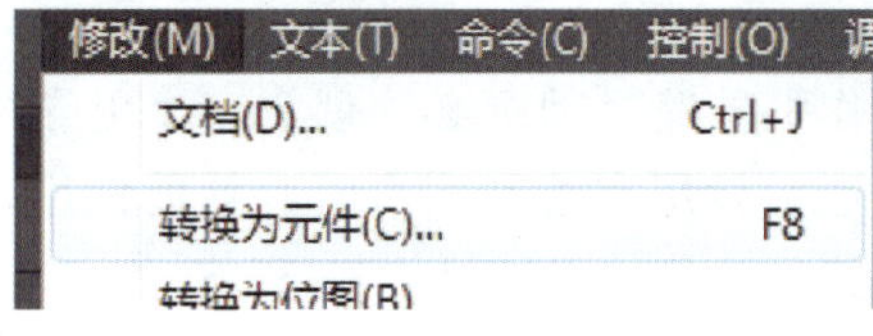

图 6—156

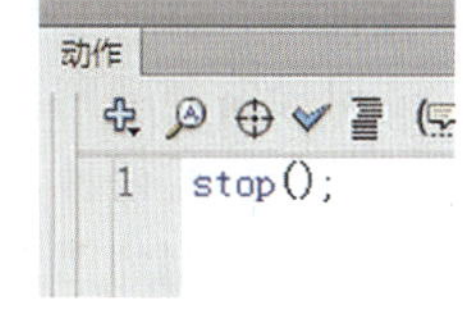

图 6—157

21. 返回场景，新建图层，在第 350 帧添加“分离文字”元件，再次新建图层，添加“文字动画”元件，并与“分离文字”相重叠；分别在第 360 帧和第 370 帧新建图层，添加“文字动画”元件并重叠，以此类推，制作出文字重影效果，如图 6—158 所示。

22. 执行【文件】→【导入】→【导入到库】命令，将“素材\第六章\6.7 综合案例（三）制作蝴蝶飞舞\音效.wav”文件导入到库；新建图层，把音效导入，为动画添加音效，如图 6—159 所示。

图 6—158

图 6 159

23. 按 Ctrl+Enter 组合键测试效果。

6.7.3 案例小结——逐帧动画、传统补间动画、补间形状动画、补间动画、引导路径动画、遮罩动画的注意事项

逐帧动画：逐帧动画与传统的动画制作方式相同，将连续的帧设置为关键帧，通过向每帧添加不同的图像来创建简单的动画；制作逐帧动画之前需要先将动画中的每一个动作分解成图像，再通过每一帧描绘出来，形成连续的播放效果。

传统补间动画：制作传统补间动画时，需要两个处于同一图层的关键帧，其中必须且只能存在一个元件或文本对象，因此，创建传统补间动画必须保证用于创建动画的元素是元件或组合对象。

补间形状动画：补间形状动画是一个对象的形状过渡到另一个对象的形状的动画，可以实现两个图形之间的形状、颜色、大小及位置的相互变化，如果使用图形元件、文字等对象进行动画制作，则需要将对象先分离才能创建补间形状动画。

补间动画：补间动画主要实现动画中的位置、大小、旋转、倾斜以及颜色的变化，可以对个别动画属性实行全面控制，因此，补间动画可以将补间直接应用于对象而不是关键帧。

引导路径动画：制作引导路径动画必须创建一个引导层，引导层分为普通引导层和运动引导层两种，普通引导层在绘制图形时起辅助作用，用于帮助对象定位，运动引导层中绘制的图形是路径，使被引导层按其路径进行运动。

遮罩动画：遮罩层中可以放置文字、形状、动画等对象，这些对象具有透明效果，透过遮罩层中的对象可以看到被遮罩层中的对象。

6.7.4 能力扩展

扩展效果图

利用本案例素材文档中提供的素材，发散思维，制作如上图所示的生日贺卡。

本章小结

本章主要讲述 Flash CC 编辑工具的工作原理和使用技巧。采用动画案例详细分析了逐帧动画、形状补间动画、传统补间动画和引导动画等基本动画制作技巧，其中包含矢量图绘画、动画合成、编辑技巧和使用方法。这些内容是利用 Flash 进行动画制作的基础，是必须熟练掌握的。

第七章　Flash CC 声音和视频

学习目标

■ 掌握如何在 Flash CC 中使用声音。

■ 掌握如何在 Flash CC 中编辑声音。

■ 掌握如何在 Flash CC 中导入视频。

内容提要

前面章节学习了 Flash CC 逐帧动画、补间动画等的基本概念，在这些概念的基础上，本章主要学习制作 Flash CC 的声音和视频。采用动画案例详细分析在 Flash CC 中使用声音、编辑声音、导入视频、修改视频属性等基本动画制作技巧。

7.1 制作小狮子

7.1.1 案例描述

效果图

本案例是制作狮子吼叫的动画视频，首先新建影片剪辑元件，然后在影片剪辑元件中制作狮子吼叫的动画并添加音效，最后回到主场景并将影片剪辑元件导入完成。制作过程中主要使用线条工具、创建新元件等功能。

7.1.2 制作步骤

1. 新建一个 Flash 空白文档，选择【修改】→【文档】命令，打开“文档设置”对话框，在对话框中将舞台大小设置为“700×500 像素”，如图 7—1 所示。

2. 选择【插入】→【新建元件】命令，打开“创建新元件”对话框，在“名称”文本框中输入“狮子”，在“类型”下拉列表中选择“影片剪辑”选项，如图 7—2 所示。

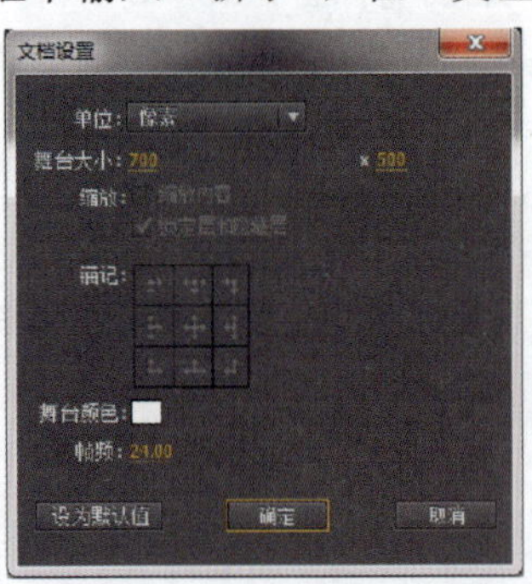

图 7—1

图 7—2

3. 完成后单击“确定”按钮进入影片剪辑元件“狮子”的编辑区中，导入“素材\第七章\7.1 制作小狮子\小狮子.png”文件，如图 7—3 所示。

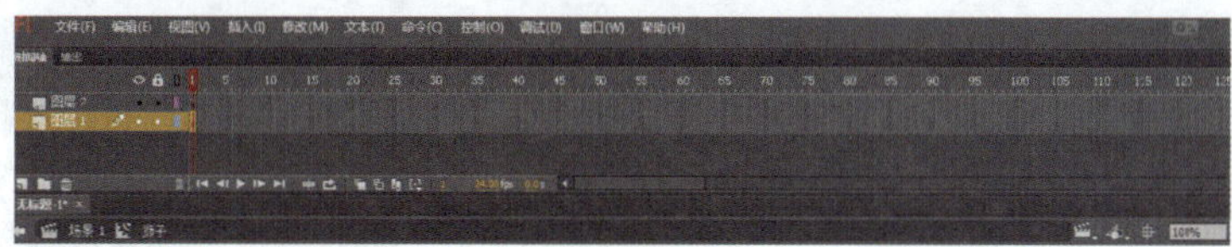

图 7—3

4. 新建图层 2，用“线条工具”在图层 2 的第 1 帧绘制小狮子的嘴巴，如图 7—4 所示。

图 7—4

5. 分别在图层 1、图层 2 的第 15 帧按 F5 键插入帧，如图 7—5 所示。

6. 在图层 2 的第 6 帧按 F7 键插入空白关键帧，然后绘制狮子嘴巴张开的形状 1，如图 7—6 所示。

7. 在图层 2 的第 11 帧按 F7 键插入空白关键帧，然后绘制狮子嘴巴张开的形状 2，如图 7—7 所示。

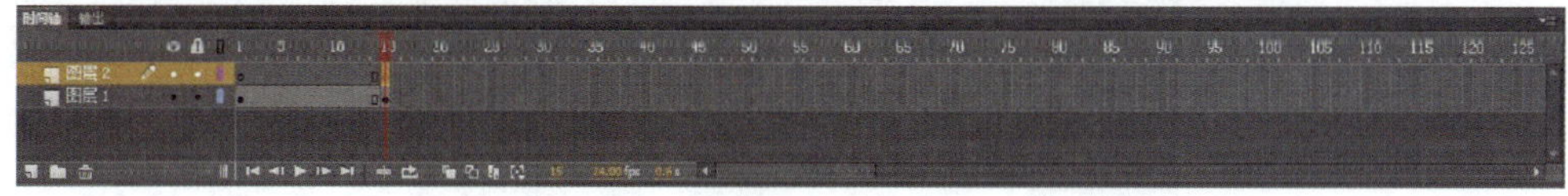

图 7—5

图 7—6

图 7—7

8. 选择【文件】→【导入】→【导入到库】命令，将“素材\第七章\7.1 制作小狮子\sound1.wav”导入到“库”面板中，如图 7—8 所示。

9. 新建图层 3，选择该图层的第 1 帧，在“属性”面板中的“名称”下拉列表中选择刚导入的声音文件，如图 7—9 所示。

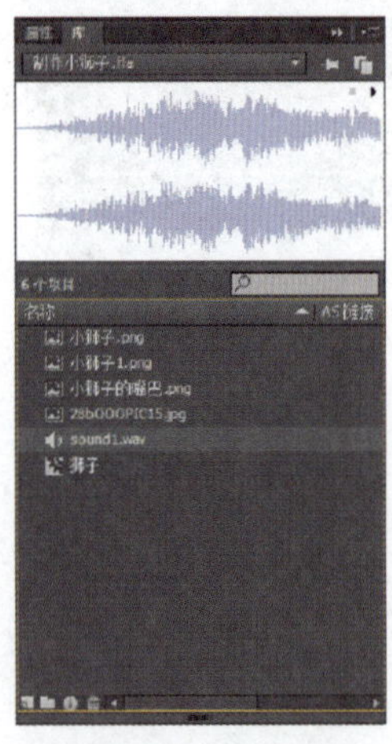

图 7—8

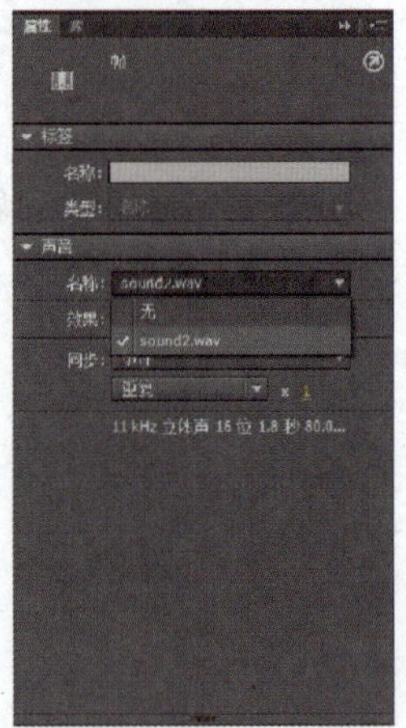

图 7—9

10. 单击“场景 1”按钮，返回主场景，选择【执行】→【导入】→【导入到舞台】命令，将“素材 \ 第七章 \ 7.1 制作小狮子 \ 背景 .jpg”导入到舞台中，如图 7—10 所示。

图 7—10

11. 新建图层 2，从“库”面板中将“狮子”元件拖拽到舞台中，如图 7—11 所示。

图 7—11

12. 新建图层 3，将其拖拽到图层 2 下方，然后使用“椭圆工具”绘制一个无边框、填充为“透明浅灰色”（红：51，绿：51，蓝：51，A：70%）的椭圆形，如图 7—12 所示。

图 7—12

13. 保存动画文件，然后按 Ctrl+Enter 组合键测试效果。

7.1.3 案例小结——在 Flash 动画中使用声音

本案例主要是在 Flash 动画中使用声音，在影片剪辑元件中制作狮子吼叫的动画并添加音效。Flash 影片中的声音是通过外部的声音文件导入而得到的，与导入位图的操作一样，选择【文件】→【导入】→【导入到舞台】命令，就可以进行声音文件的导入和使用。

7.1.4 能力扩展

扩展效果图

运用线条工具、导入声音等方法，在影片剪辑元件中制作如上图所示的老虎吼叫动画并添加音效。

7.2　制作跳远动画

7.2.1　案例描述

效果图

本案例制作一个跳远的动画，在跳远的同时伴有风吹过的声音，并且风声逐渐变大。主要学习在 Flash 动画中编辑声音，制作定义声音的起始点和在播放时控制声音的音量等。

7.2.2　制作步骤

1. 新建一个 Flash 空白文档，选择【修改】→【文档】命令，打开“文档设置”对话框，在对话框中将舞台大小设置为“550×300 像素”，设置帧频为“6fps”，如图 7—13 所示。

2. 选择【文件】→【导入】→【导入到舞台】命令，将“素材 \ 第七章 \ 7.2 制作跳远动画 \ 夜景 .jpg”导入到舞台，并调整其尺寸至舞台大小，如图 7—14 所示。

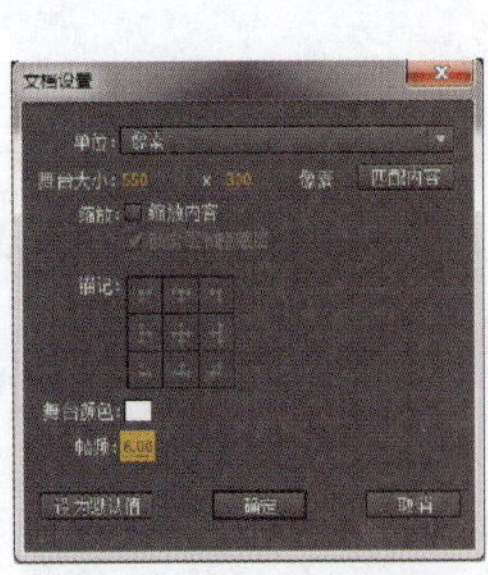

图 7—13

图 7—14

3. 新建图层 2，然后选中图层 2 的第 8 帧，按 F7 键插入空白关键帧；在图层 1 的第 8 帧插入帧，如图 7—15 所示。

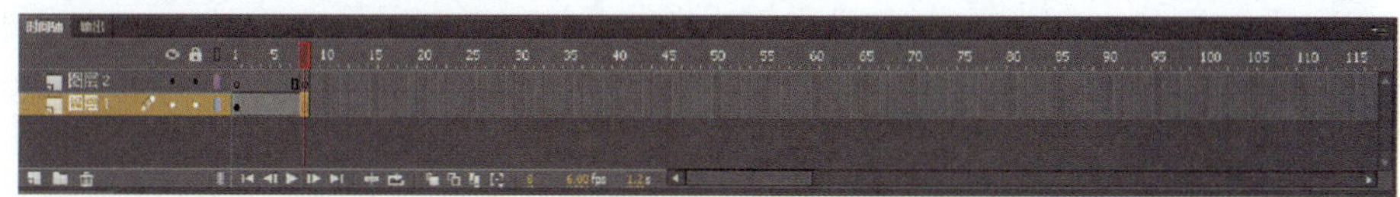

图 7—15

4. 选中图层 2 的第 1 帧，选择【文件】→【导入】→【导入到库】命令，将“素材 \ 第七章 \ 7.2 制作跳远动画 \ jump1～8. png”导入到库中，如图 7—16 所示。

5. 选中“库”面板中的“jump1. png”，按住鼠标左键将其拖拽至舞台的对应位置，如图 7—17 所示。

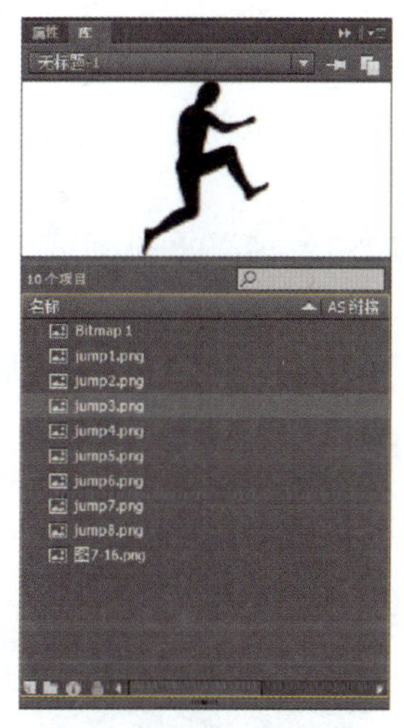

图 7—16

图 7—17

6. 选择图层 2 的第 2 帧，选中“库”面板中的“jump2. png”，并将其拖拽至舞台的对应位置，如图 7—18 所示。

图 7—18

7. 选择图层 2 的第 3 帧，选中“库”面板中的“jump3. png”，并将其拖拽至舞台的对应位置，如图 7—19 所示。

8. 选择图层 2 的第 4 帧，选中“库”面板中的“jump4. png”，并将其拖拽至舞台的对应位置，如图 7—20 所示。

图 7—19

图 7—20

9. 用同样的方法将“库”面板中的图像按顺序拖拽至剩余空白关键帧的对应位置。

10. 选择【文件】→【导入】→【导入到库】命令，将“素材\第七章\7.2 制作跳远动画\sound2. mp3”导入到“库”面板中，如图 7—21 所示。

11. 新建图层 3，选择该图层的第 1 帧，在“属性”面板中的“名称”下拉列表中选择刚导入的声音文件，如图 7—22 所示。

12. 在“属性”面板中的“效果”下拉列表中选择“淡入”选项，如图 7—23 所示。

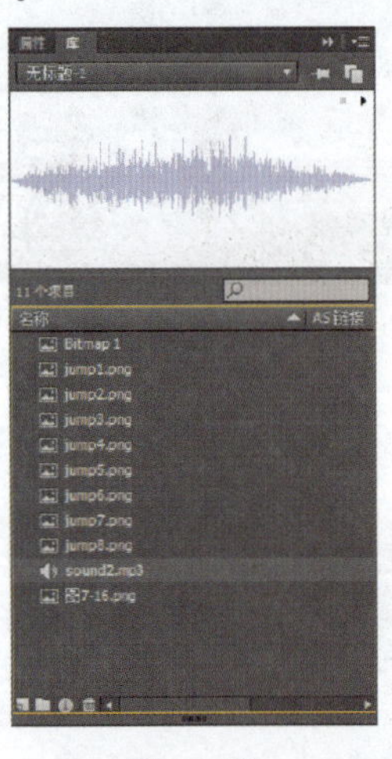
图 7—21

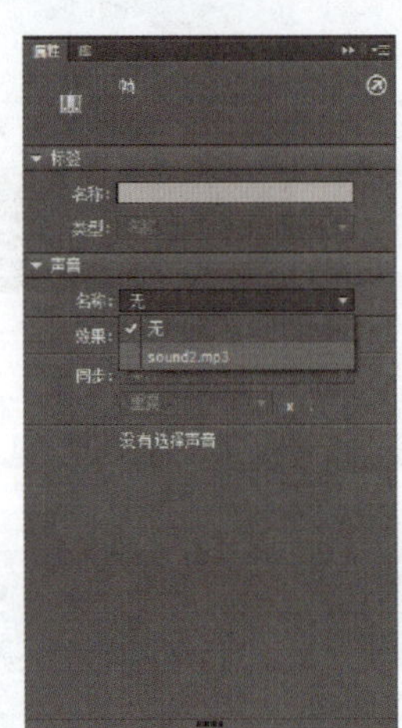
图 7—22

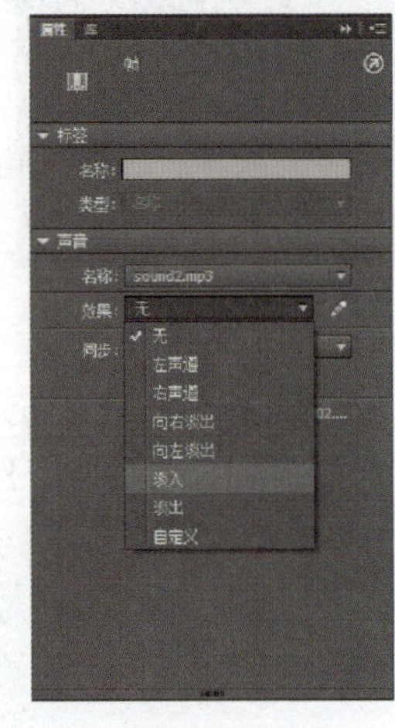
图 7—23

13. 保存动画文件，然后按 Ctrl+Enter 组合键测试效果。

7.2.3 案例小结——在 Flash 动画中编辑声音

本案例主要学习在 Flash 动画中编辑声音，在影片剪辑元件中制作跳远的动画并添加音效，在制作过程中使用导入到库、插入空白关键帧、设置属性参数制作声音的淡入效果。

7.2.4 能力扩展

扩展效果图

通过在 Flash 动画中编辑声音，在影片剪辑元件中制作如上图所示的袋鼠跳跃动画并添加音效。

7.3 制作烟花视频

7.3.1 案例描述

效果图

本案例是在 Flash 动画中导入和编辑视频，利用“嵌入式”视频直接将视频嵌入到时间轴中，在播放视频的同时播放动画。通过制作烟花视频，掌握在 SWF 中嵌入 FLV 并在时间轴中播放。

7.3.2 制作步骤

1. 新建一个 Flash 空白文档，选择【插入】→【新建元件】命令，弹出“创建新元件”对话框，将名称设置为“夜景”，将元件类型设置为为“影片剪辑”，如图 7—24 所示。

2. 选择【文件】→【导入】→【导入到舞台】命令，将“素材＼第七章＼7.3 制作烟花视频＼城市夜景 .gif”导入到舞台中，如图 7—25 所示。

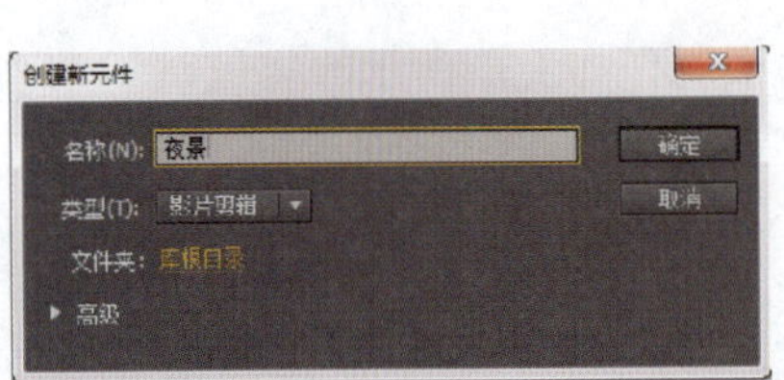

图 7—24

图 7—25

3. 返回场景 1，新建图层 2，然后选择【文件】→【导入】→【导入视频】命令，打开“导入视频”对话框，如图 7—26 所示。

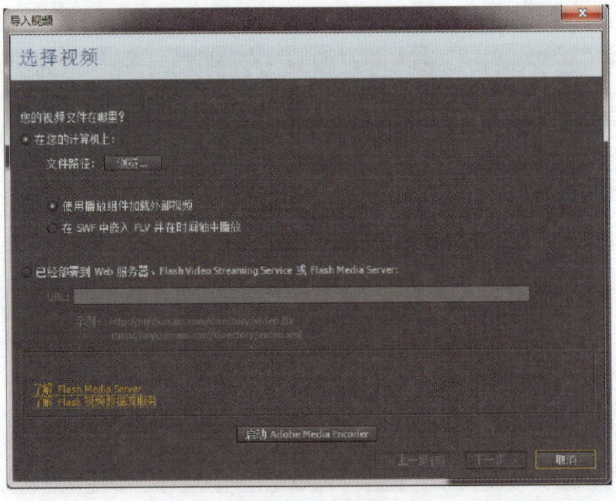

图 7—26

4. 单击对话框中的“浏览”按钮，在弹出的“打开”对话框中选择一个视频文件，如图 7—27 所示，单击“打开”按钮，确定视频文件路径，然后在“导入视频”窗口中勾选“在 SWF 中嵌入 FLV 并在时间轴中播放”选项，如图 7—28 所示。

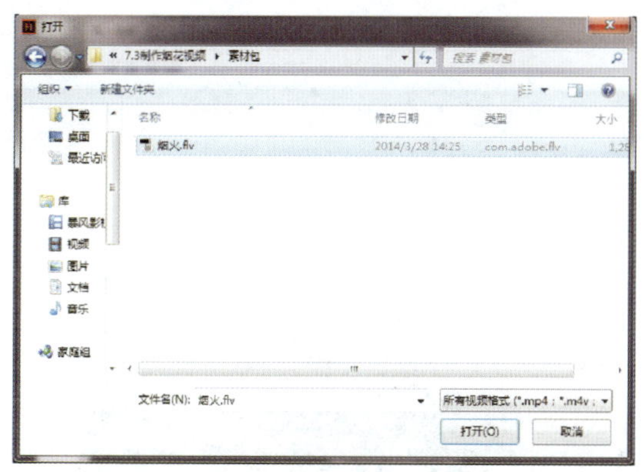

图 7—27

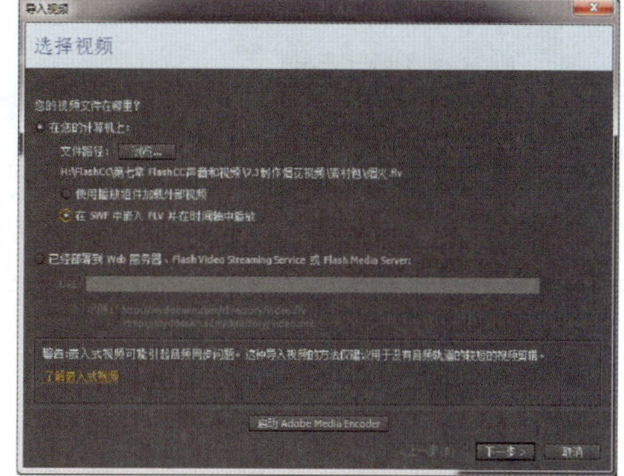

图 7—28

5. 单击“下一步”按钮，进入“嵌入”面板，参数设置如图 7—29 所示。

6. 单击“下一步”按钮，完成视频导入，如图 7—30 所示。然后单击“完成”按钮，视频文件将成功导入到舞台中。

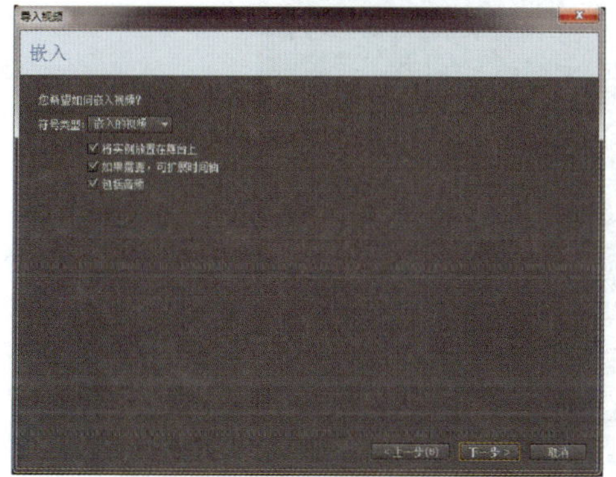

图 7—29

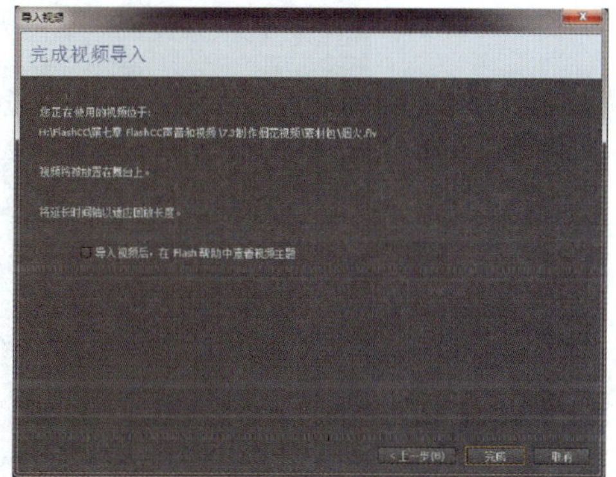

图 7—30

7. 选择【修改】→【文档】命令，在弹出的“文档设置”窗口中激活“匹配内容”选项，并单击“确定”按钮，使舞台大小和导入视频相匹配，然后选中导入视频，按 F8 键将其转换为影片剪辑元件，并命名为“烟花”，如图 7—31 所示。在将视频转换为影片剪辑元件的过程中会弹出“为介质添加帧”对话框，单击“是”按钮即可，如图 7—32 所示。

8. 选中“烟花”，在“属性”面板中设置“混合”为“滤色”，使视频达到透明的效果，如图 7—33 所示。

9. 选中图层 1，打开“库”面板，选择“夜景”元件，将其拖拽至舞台的对应位置，并将其调整至舞台大小，如图 7—34 所示。

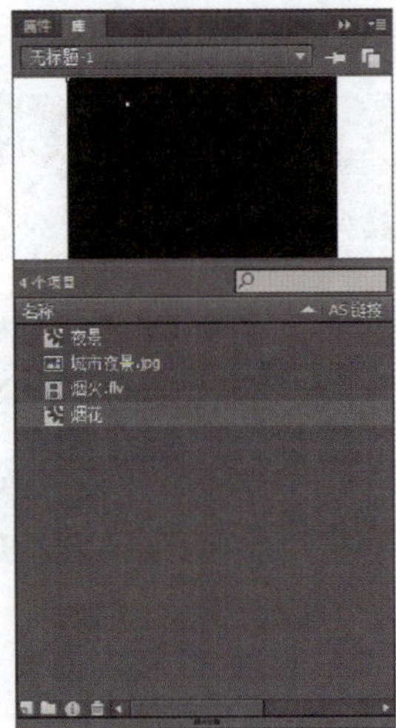

图 7—31

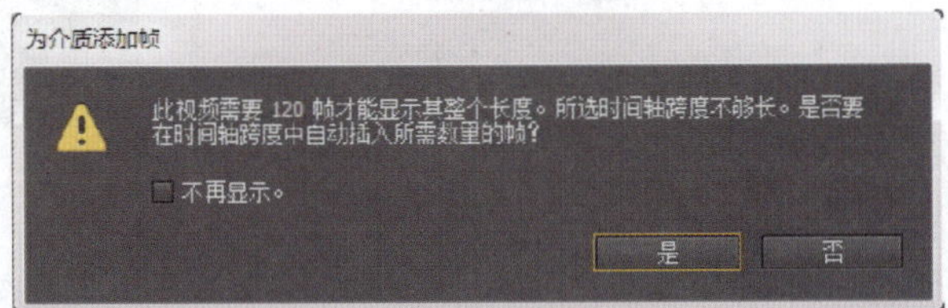

图 7—32

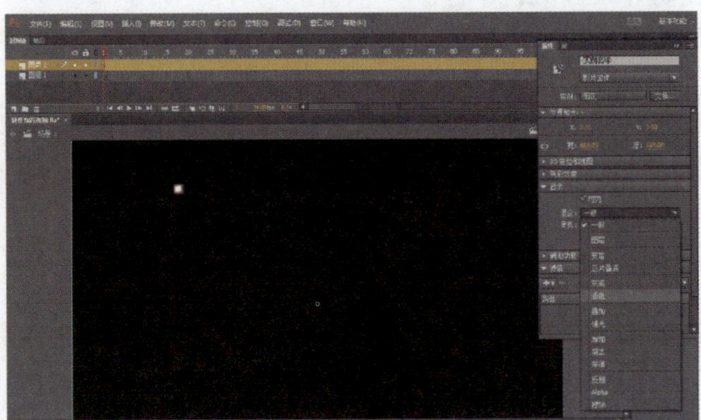

图 7—33

图 7—34

10. 在图层 1 第 120 帧插入帧，然后新建一个图层 3，将图层 2 中的烟花复制到图层 3 中，并选择【修改】→【变形】→【垂直翻转】命令，将烟花翻转作为其在水中的投影，如图 7—35 所示。

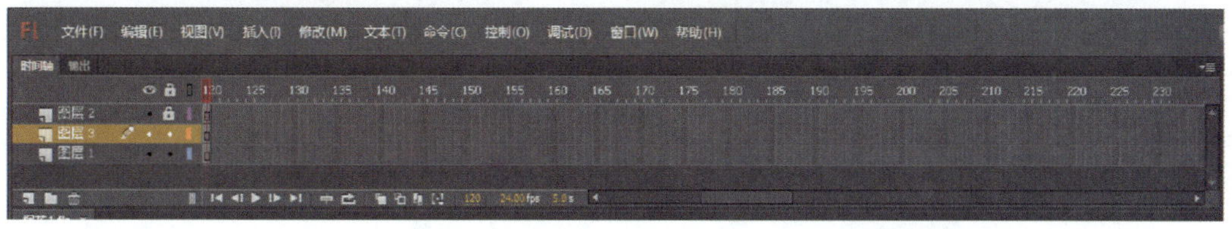

图 7—35

11. 将烟花调整至合适位置后，打开“属性”面板，设置色彩效果为“Alpha”，如图 7—36 所示。

12. 保存动画文件，然后按 Ctrl+Enter 组合键测试效果，如图 7—37 所示。

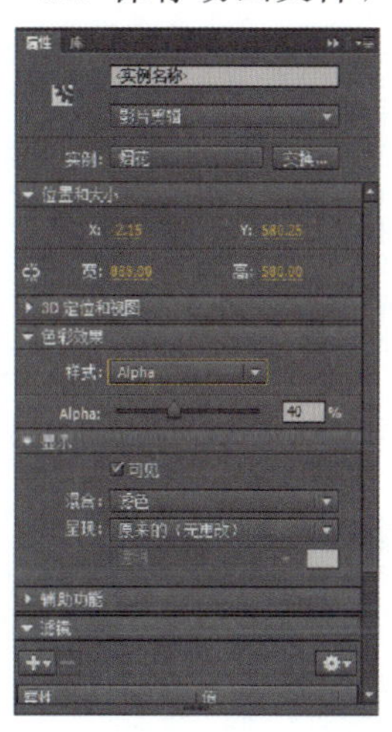

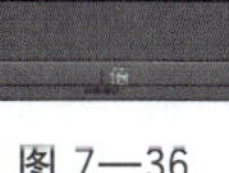

图 7—36

图 7—37

7.3.3 案例小结——在 Flash 动画中导入和编辑视频

本案例主要是介绍在 Flash 动画中导入和编辑视频。在制作过程中掌握垂直翻转命令和如何插入关键帧，并了解如何设置“混合”为“滤色”，使视频达到透明的效果。

7.3.4 能力扩展

扩展效果图

通过在 Flash 动画中导入和编辑视频，制作如上图所示的气球上升的动画并添加音效。

7.4 制作篮球

7.4.1 案例描述

效果图

本案例主要学习导入声音，巩固导入声音文件的操作。要求制作一个篮球在球场上弹跳的动画，并伴有篮球拍打地板的声音。制作过程中主要运用补间动画、椭圆工具、填充工具、转换图形元件、设置图形 Alpha 值等功能。

7.4.2 制作步骤

1. 新建一个 Flash 空白文档，选择【修改】→【文档】命令，打开“文档设置”对话框，在对话框中将舞台大小设置为“600×400 像素”，如图 7—38 所示。

2. 选择【文件】→【导入】→【导入到库】命令，导入“素材\第七章\7.4 制作篮球\篮球场.jpg”到舞台中，如图 7—39 所示。

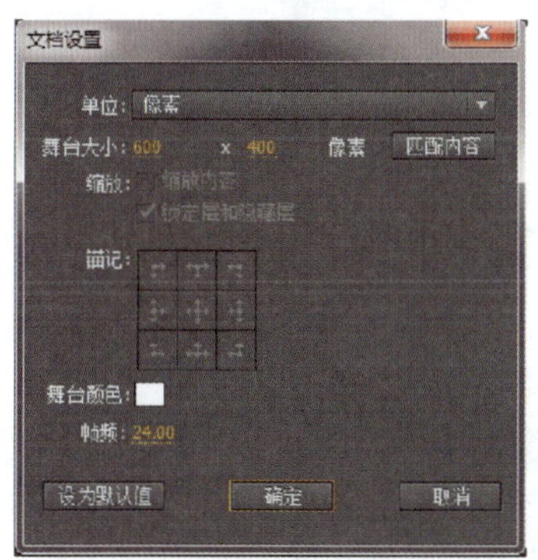

图 7—38

图 7—39

3. 选择【插入】→【新建元件】命令，打开“创建新元件”对话框，在“名称”文本框中输入“篮球”，在“类型”下拉列表中选择“影片剪辑”选项，如图 7—40 所示。

4. 完成后单击“确定”按钮进入影片剪辑元件“篮球”的编辑区中，导入“素材\第七章\7.4 制作篮球\篮球.png”文件，如图 7—41 所示。

图 7—40

图 7—41

5. 在“时间轴”的第 20 帧插入关键帧，用“任意变形工具”将该帧处的篮球纵向缩小，然后在第 1 帧与第 20 帧之间创建补间动画，如图 7—42 所示。

6. 在“时间轴”的第 24 帧插入关键帧，用“任意变形工具”将该帧处的篮球恢复原始大小，然后在第 20 帧与第 24 帧之间创建补间动画，如图 7—43 所示。

7. 在“时间轴”的第 40 帧插入关键帧，将该帧处的篮球向上移动，然后在第 24 帧与第 40 帧之间创建补间动画，如图 7—44 所示。

8. 新建图层 2，将其拖拽至图层 1 下方，用“椭圆工具”在篮球的下方绘制一个无边框且填充色为“浅灰色”的椭圆形作为篮球的阴影，如图 7—45 所示。

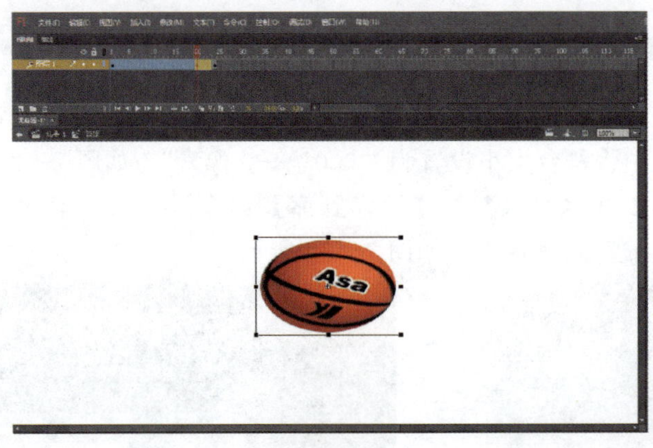

图 7—42

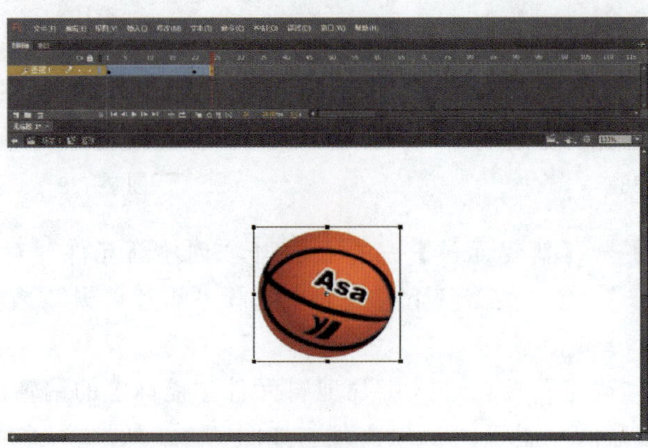

图 7—43

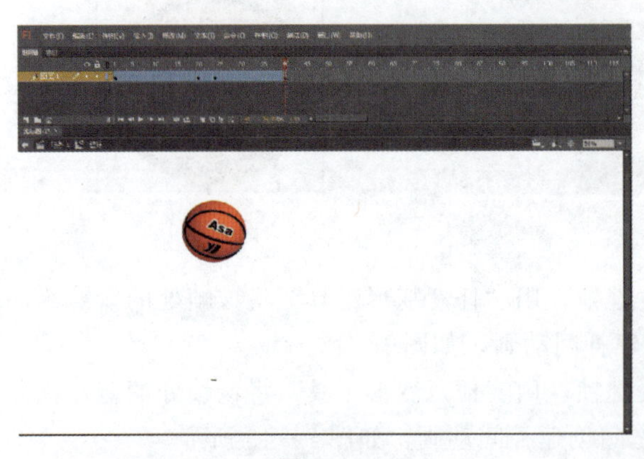

图 7—44

图 7—45

9. 选中绘制的椭圆形，按 F8 键将其转换为图形元件，如图 7—46 所示。

10. 选中阴影，在“属性”面板中将其 Alpha 值设置为“80%”，如图 7—47 所示。

11. 在图层 2 的第 20 帧插入关键帧，用“任意变形工具”将该帧处的阴影横向放

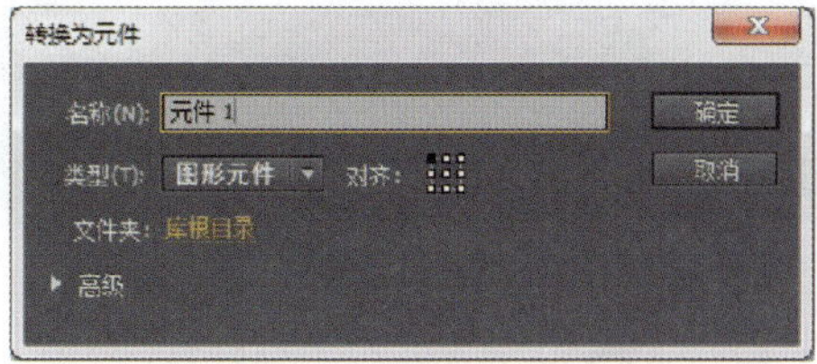

图 7—46

大，然后在第 1 帧与第 20 帧之间创建补间动画，如图 7—48 所示。

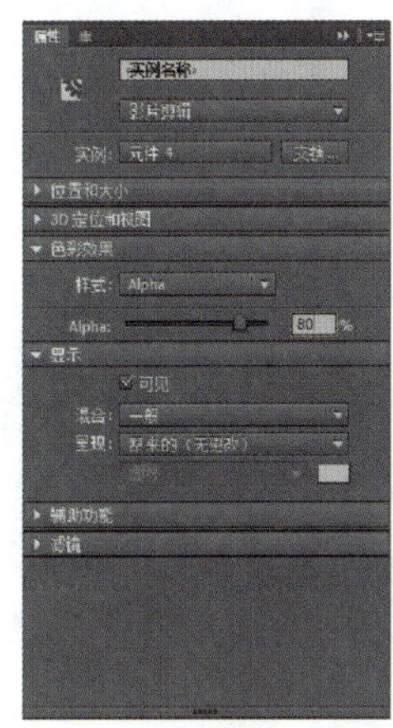

图 7—47

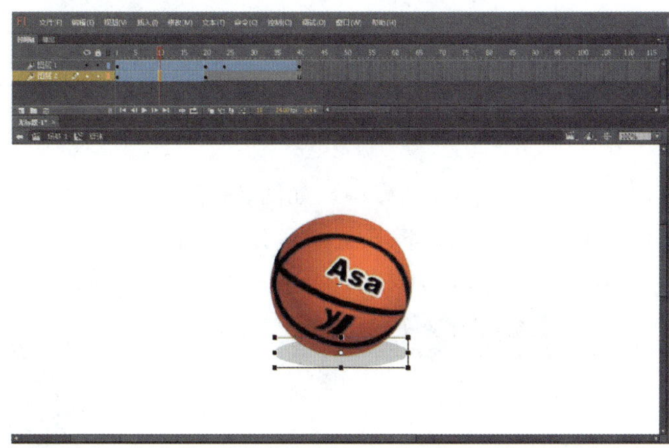

图 7—48

12. 在图层 2 的第 24 帧插入关键帧，用“任意变形工具”将该帧处的阴影横向缩小一点，然后在第 20 帧与第 24 帧之间创建补间动画，如图 7—49 所示。

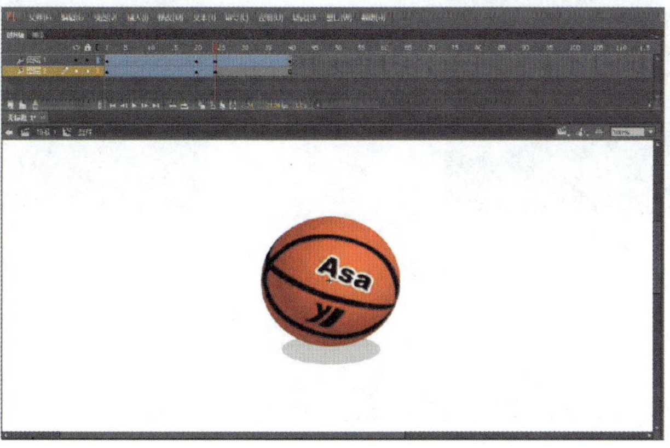

图 7—49

13. 在图层 2 的第 40 帧插入关键帧，用“任意变形工具”将该帧处的阴影横向缩小，然后在第 24 帧与第 40 帧之间创建补间动画，如图 7—50 所示。

14. 选择【文件】→【导入】→【导入到库】命令，导入“素材 \ 第七章 \ 7.4 制

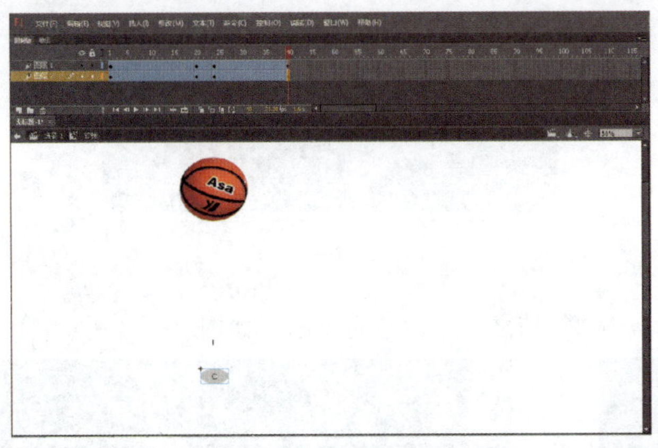
图 7—50

作篮球\sound3.mp3”到库中，如图 7—51 所示。

15. 新建图层 3，并将其重命名为“声音”；选中该图层的第 1 帧，在“属性”面板的“名称”下拉列表中选择刚导入的声音文件，如图 7—52 所示。

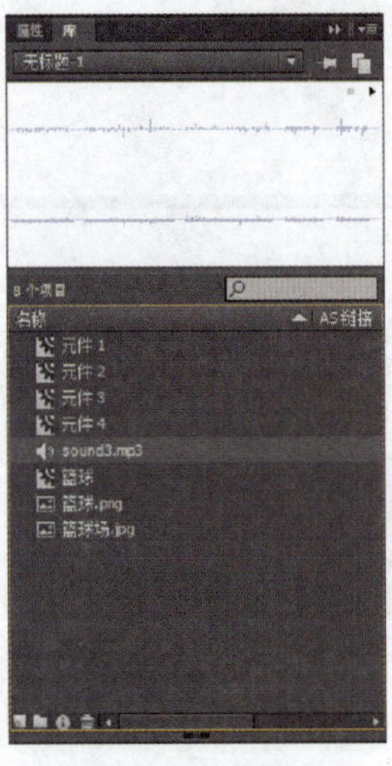

图 7—51

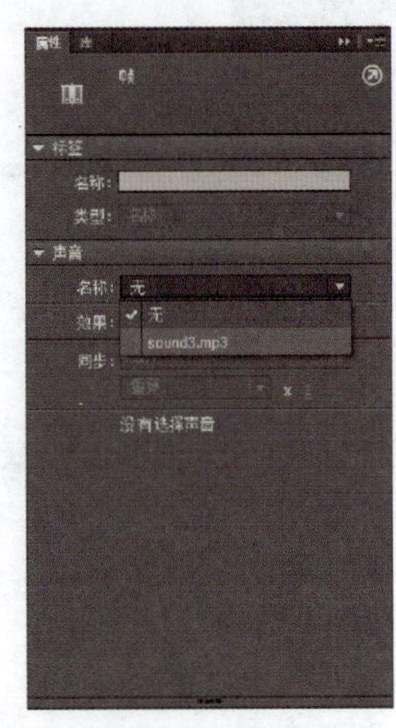

图 7—52

16. 返回场景 1，新建图层 2，从“库”面板中将“篮球”影片剪辑元件拖拽至舞台的对应位置，如图 7—53 所示。

17. 保存动画文件，然后按 Ctrl+Enter 组合键测试效果。

7.4.3 案例小结——导入声音、在 Flash 中使用声音

本案例主要是巩固在 Flash 中导入声音及使用声音的操作。熟悉使用 Flash CC 处理各种声音文件格式，以及使用任意变形工具改变图形大小的方法，并掌握用 Alpha 值改变图片的透明度。

图 7—53

7.4.4 能力扩展

扩展效果图

通过使用任意变形工具、创建补间动画等，在 Flash 中导入声音，制作如上图所示的乒乓球运动动画。

本章小结

本章主要介绍了在 Flash CC 中使用声音、编辑声音、导入视频的方法，以及巩固前几章所学的补间动画工具、任意变形工具、插入关键帧等操作。通过本章的案例练习，应掌握将声音文件导入到 Flash 文档后，编辑产生 fla 文件，并掌握在一个图层中放置多个声音文件的方法。

第八章　Flash CC 动画脚本

学习目标

- 掌握 ActionScript 的运用。
- 掌握函数的运用。

内容提要

本章主要学习 Flash CC 脚本语言。要求利用“动作”面板在时间轴上和外部类文件中书写代码，利用脚本语言制作具有交互性的动画，创作各种不同的应用特效，实现丰富多彩的动画效果。

8.1 雨天效果

8.1.1 案例描述

效果图

本案例使用导入功能，将背景图片导入舞台中；再使用线条工具，绘制出雨点的外形；最后使用 ActionScript 技术，编辑出雨点不断下落的效果。

8.1.2 制作步骤

1. 新建一个 Flash 空白文档，选择【修改】→【文档】命令，打开“文档设置”对话框，在对话框中将舞台大小设置为“580×450 像素”，设置舞台颜色为“黑色”，如图 8—1 所示。

2. 选择【文件】→【导入】→【导入到舞台】命令，将“素材\第八章\8.1 雨天效果\下雨.jpg”导入到舞台中，如图 8—2 所示。

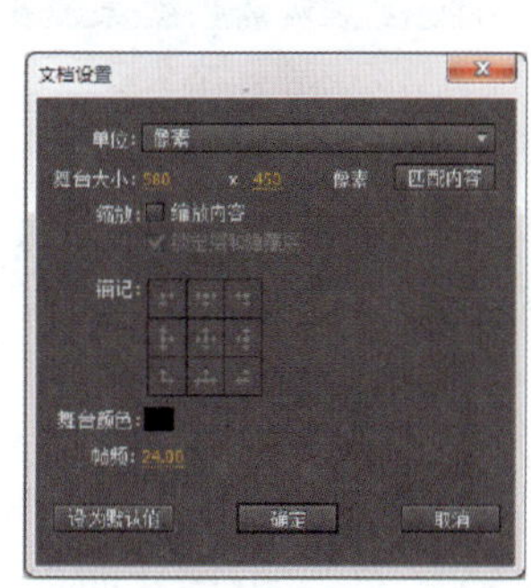

图 8—1

图 8—2

3. 选择【插入】→【新建元件】命令，打开“创建新元件”对话框，在“名称”文本框中输入“yd”，在“类型”下拉列表中选择“影片剪辑”选项，完成后单击“确定”按钮进入元件编辑区，如图 8—3 所示。

4. 用“线条工具”绘制一条线段，在第 24 帧插入关键帧，然后选中该帧处的线条，将其向左下方移动一段距离（这里移动的距离就是雨点从天空落向地面的距离），最后在第 1 帧和第 24 帧之间创建补间动画，如图 8—4 所示。

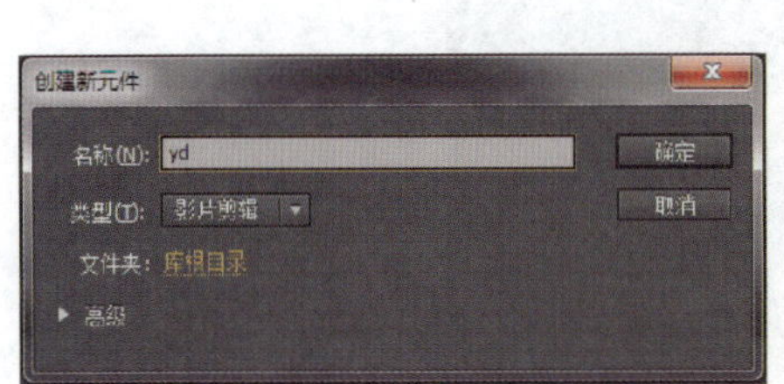

图 8—3

图 8—4

5. 新建图层 2，并将其置于图层 1 的下方。然后在图层 2 的第 24 帧插入空白关键帧，并使用“椭圆工具”在舞台中线条的下方绘制一个边框为“白色”、填充色为“无”的椭圆形，如图 8—5 所示，在“属性”面板设置其宽和高分别为“57 像素”“7 像素”，如图 8—6 所示。

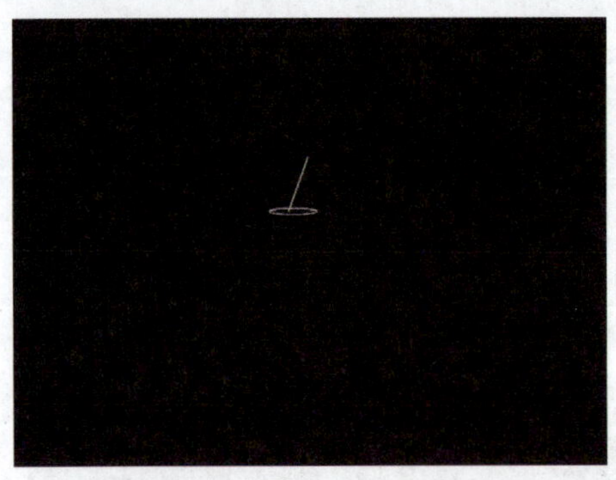

图 8—5

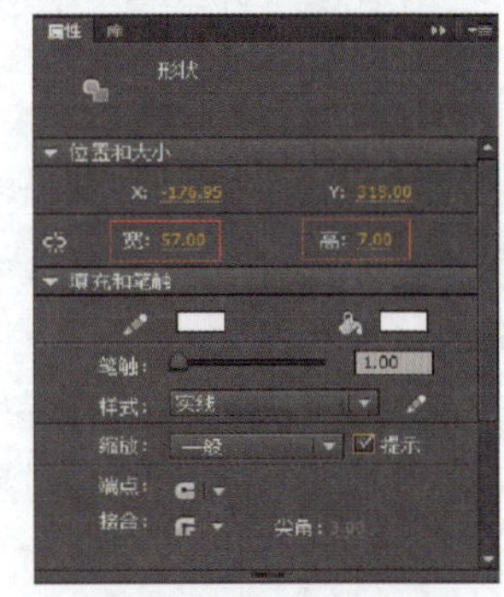

图 8—6

6. 选择图层 2 的第 24 帧，按住不放，将它向右移动一个帧的距离（将图层 2 的第 24 帧移动到第 25 帧处）。然后选中第 25 帧处的椭圆形，按 F8 键，将其转换为图形元件，在“名称”文本框中输入“水纹”，如图 8—7 所示。

7. 选中图层 2 的第 40 帧，按 F6 键插入关键帧；选中该帧处的椭圆形，如图 8—8 所示，使用“任意变形工具”将其宽和高分别放大至“118 像素”与“13 像素”；在“属性”面板中将 Alpha 值设置为“0%”，再在图层 2 的第 25 帧与第 40 帧之间创建传统补间动画，如图 8—9 所示。

图 8—7

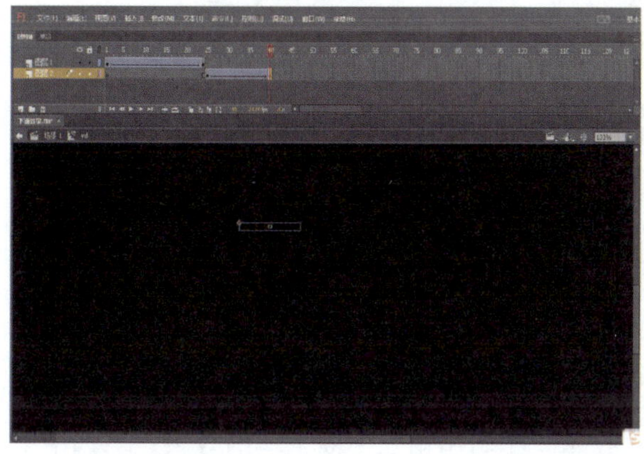

图 8—8

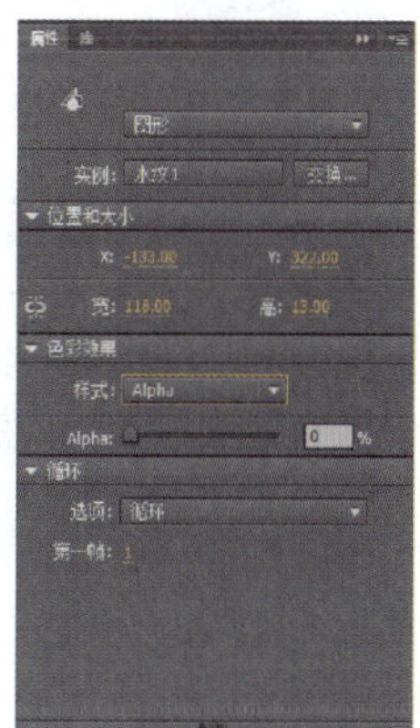

图 8—9

8. 打开“库”面板，右击“yd”元件，在弹出的快捷菜单中选择【属性】命令，如图 8—10 所示。

9. 打开“元件属性”对话框，单击“高级”按钮，选中“为 ActionScript 导出”复选框，完成后单击“确定”按钮，如图 8—11 所示。

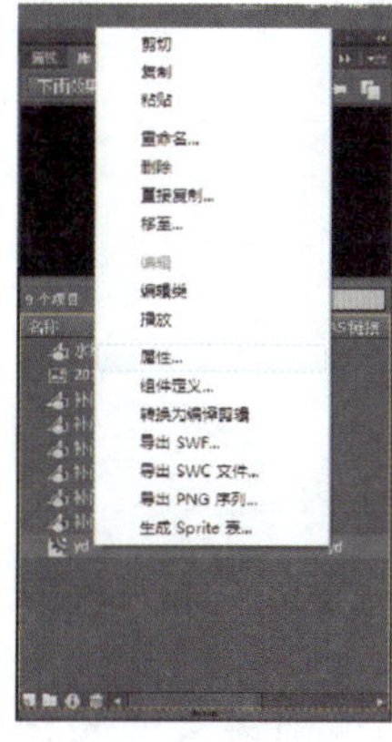

图 8—10

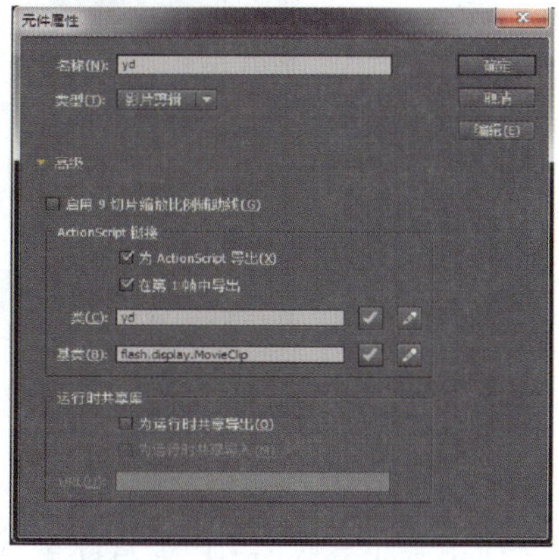

图 8—11

10. 返回场景 1，新建图层 2，选中该图层的第 1 帧，在“动作”面板中添加如图 8—12 所示的代码。

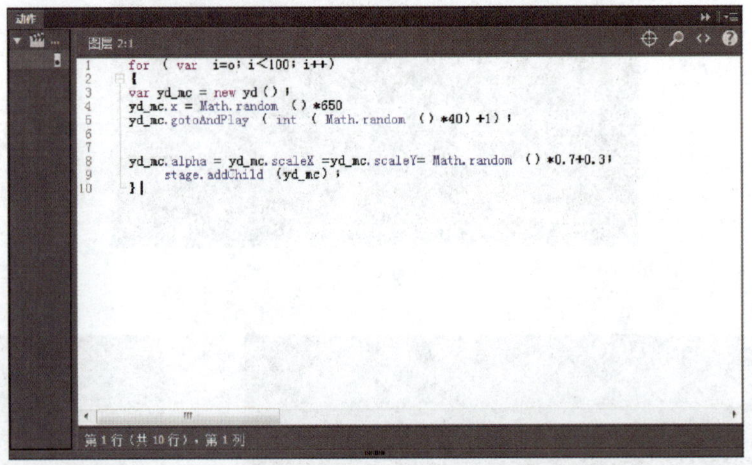

图 8—12

11. 保存动画文件，然后按 Ctrl+Enter 组合键测试效果。

8.1.3 案例小结——初步熟悉 ActionScript 中函数的运用

本案例主要是学习使用导入功能，将背景图片导入舞台中；再使用线条工具绘制雨点的外形，并使用 ActionScript 技术，编辑出雨点不断下落的效果。当选中一个关键帧后，就可以打开动作面板，查看里面的脚本或者开始编写新脚本了。打开“动作”面板，可以选择【窗口】→【动作】命令，或者按快捷键 F9。

8.1.4 能力扩展

扩展效果图

通过使用 ActionScript 技术与创建 ActionScript 文件制作如上图所示的物体 3D 旋转特效。

8.2　制作变出来的花儿

8.2.1　案例描述

效果图

本案例利用 ActionScript 脚本制作一个使用鼠标在空白处擦出来的图像效果。

8.2.2　制作步骤

1. 新建一个 Flash 空白文档，选择【修改】→【文档】命令，打开“文档设置”对话框，在对话框中将舞台大小设置为“620×530 像素”，如图 8—13 所示。

2. 选择【文件】→【导入】→【导入到舞台】命令，导入“素材＼第八章＼8.2 制作变出来的花儿＼背景.jpg”文件到舞台中，如图 8—14 所示。

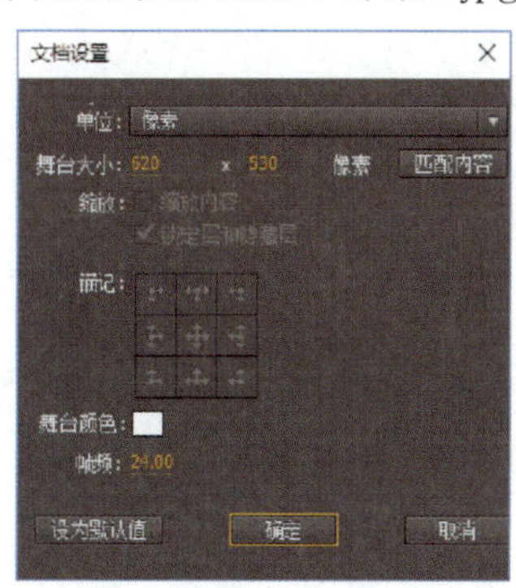

图 8—13

图 8—14

3. 选择导入的图片，按 F8 健，打开“转换为元件”对话框，在“名称”文本框中输入“pic”，在“类型”下拉列表中选择“影片剪辑”选项，如图 8—15 所示。

4. 保持元件的选中状态，打开“属性”面板，并将其实例名称设置为“imageMCM”，如图 8—16 所示。

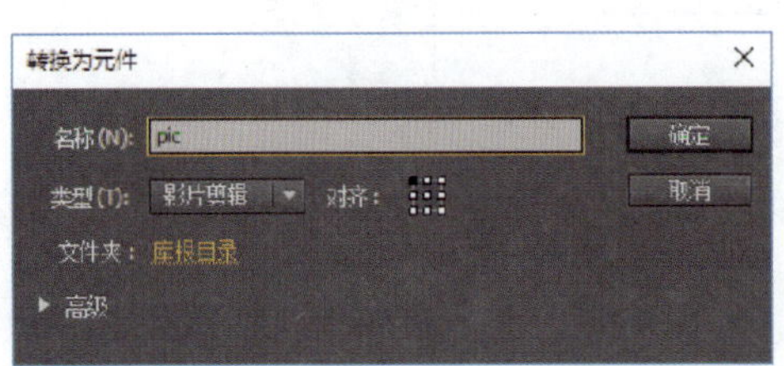

图 8—15

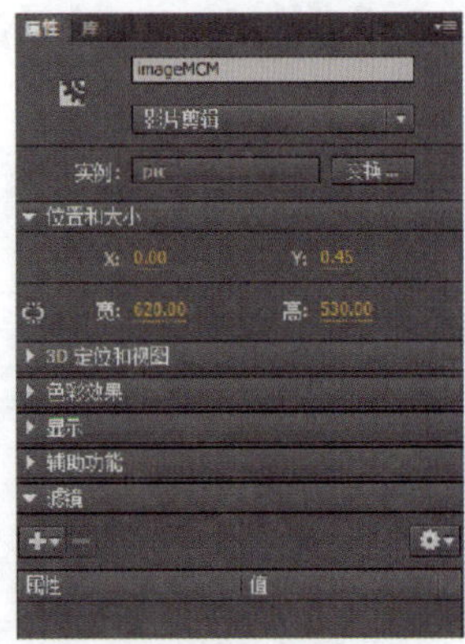

图 8—16

5. 单击“新建图层”按钮，新建图层 2；选中图层 2 的第 1 帧，按 F9 键打开“动作”面板，在面板中输入如图 8—17 所示的代码。

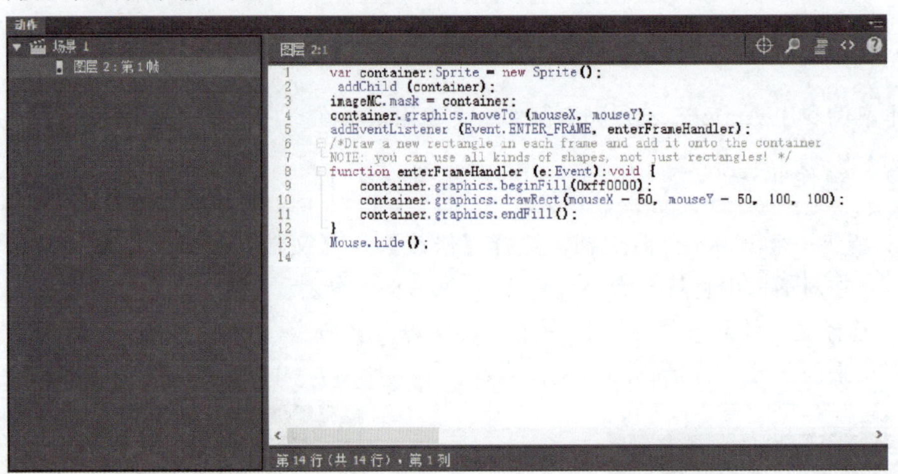

图 8—17

6. 保存文件，按 Ctrl+Enter 组合键测试效果。

8.2.3 案例小结——熟练使用 ActionScript 制作动画

本案例主要是巩固之前学过的转换元件的方法；并学会在“动作”面板中输入代码，利用 ActionScript 脚本，制作一个鼠标在空白处擦出来的图像效果，熟练使用 ActionScript 制作更多生动有趣的动画。

全屏播放 fscommand (“fullscreen”, true)；

退出语句：

如果是 Flash 自带的控件 on (click) {fscommand ("quit", "");}

自已做的按钮 on (release) {fscommand ("quit", "");}

8.2.4 能力扩展

扩展效果图

通过使用 ActionScript 制作如上图所示擦出来的蓝天白云。

8.3 制作五彩的星星

8.3.1 案例描述

效果图

本案例通过使用多角星形工具在影片剪辑元件编辑区中绘制星形，同时创建 ActionScript 文件，在时间轴中添加 ActionScript 代码来制作五彩星星的效果。

8.3.2 制作步骤

1. 新建一个 Flash 空白文档，选择【修改】→【文档】命令，打开“文档设置”对话框，在对话框中将舞台大小设置为“600×450 像素”，设置舞台颜色为“黑色”，如图 8—18 所示。

2. 选择【插入】→【新建元件】命令，打开“创建新元件”对话框，在“名称”文本框中输入“Star”，在“类型”下拉列表中选择“影片剪辑”选项，如图 8—19 所示。

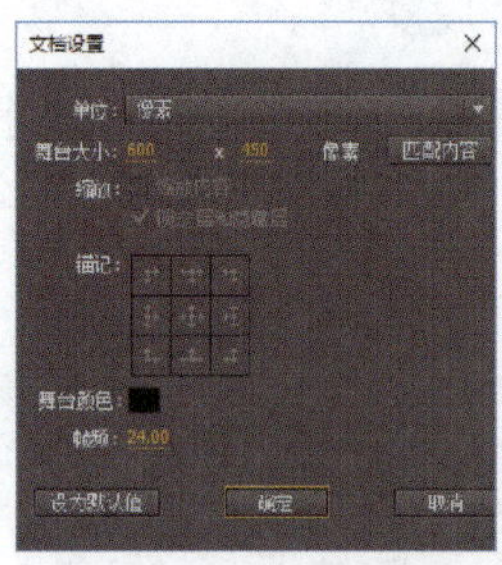

图 8—18

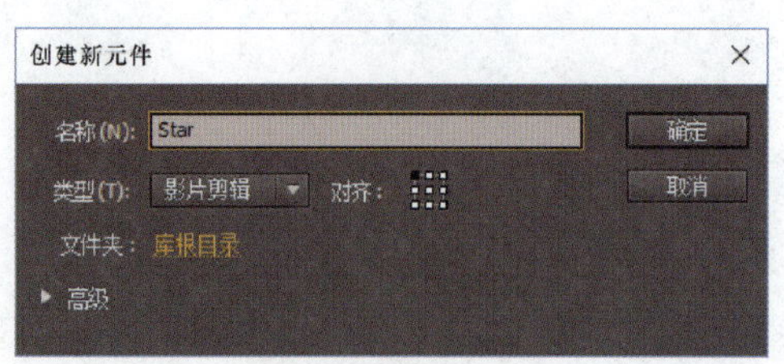

图 8—19

3. 用“多角星形工具”在影片剪辑元件编辑区中绘制一个无边框、填充色为任意色、宽和高随意的星形，如图 8—20 所示。

4. 打开“库”面板，右击“Star”元件，在弹出的快捷菜单中选择【属性】命令，如图 8—21 所示。

图 8—20

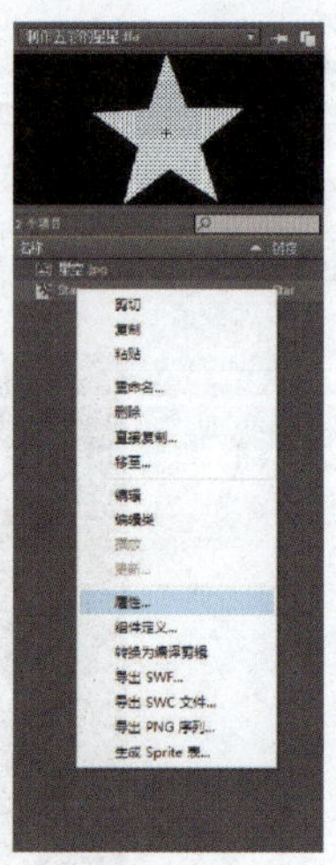

图 8—21

5. 打开“元件属性”对话框，单击“高级”按钮，选中“为 ActionScript 导出”复选框，完成后单击“确定”按钮，如图 8—22 所示。

6. 按【Ctrl+N】组合键打开“新建文档”对话框，选择“ActionScript 文件”，单击“确定”按钮，如图 8—23 所示。

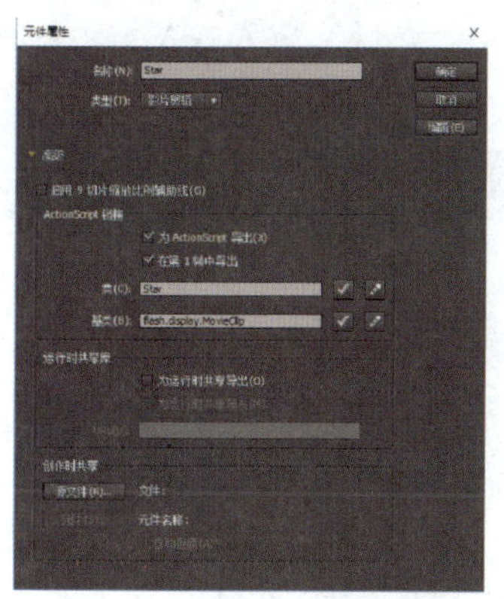

图 8—22

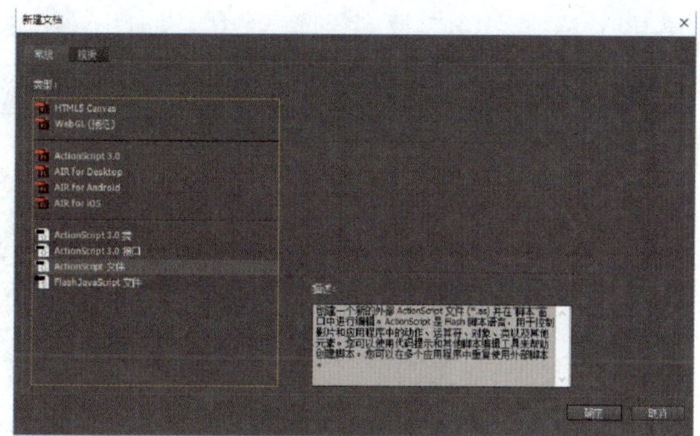

图 8—23

7. 按 Ctrl+S 组合键将“ActionScript 文件”保存为“Star. as”，然后在 Star. as 中输入如图 8—24 所示的代码。

```
package {
        import flash.display.MovieClip;
        import flash.geom.ColorTransform;
        import flash.events.*;
        public class Star extends MovieClip {
                private var starColor:uint;
                private var starRotation:Number;
                public function Star () {
                        this.starColor = Math.random() * 0xffffff;
                        var colorInfo:ColorTransform = this.transform.colorTransform;
                        colorInfo.color = this.starColor;
                        this.transform.colorTransform = colorInfo;
                        this.alpha = Math.random();
                        this.starRotation =  Math.random() * 10 - 5;
                        this.scaleX = Math.random();
                        this.scaleY = this.scaleX;
                        addEventListener(Event.ENTER_FRAME, rotateStar);
                }
                private function rotateStar(e:Event):void {
                        this.rotation += this.starRotation;
                }
        }
}
```

图 8—24

8. 返回场景 1，在时间轴的第 1 帧中添加如图 8—25 所示的代码。

```
for (var i = 0; i < 100; i++) {
        var star:Star = new Star();
        star.x = stage.stageWidth * Math.random();
        star.y = stage.stageHeight * Math.random();
        addChild (star);
}
```

图 8—25

9. 新建图层 2，将其拖拽至图层 1 的下方，然后导入“素材\第八章\8.3 制作五彩的星星\星空 .jpg”文件到舞台中，如图 8—26 所示。

图 8—26

10. 保存动画文件，然后按 Ctrl+Enter 组合键测试效果。

8.3.3 案例小结——熟练使用 ActionScript 制作动画

本案例通过使用多角星形工具在影片剪辑元件编辑区中绘制星形，同时创建 ActionScript 文件，在时间轴中添加 ActionScript 代码来制作五彩星星的效果。For 循环语句是 ActionScript 编程语言中最灵活、应用最为广泛的语句，格式如下：

```
For（初始化；循环条件；进步语句）{
循环执行语句；
}
```

8.3.4 能力扩展

扩展效果图

通过使用 ActionScript 制作如上图所示的缤纷多彩的圆点效果。

8.4 制作鱼群

8.4.1 案例描述

效果图

本案例通过新建影片剪辑元件，导入素材，将 ActionScript 文件保存为“MoveBall.as”再输入代码，通过创建 ActionScript 文件与添加 ActionScript 代码来制作海底鱼群的动画效果。

8.4.2 制作步骤

1. 新建一个 Flash 空白文档，选择【修改】→【文档】命令，打开“文档设置”对话框，在对话框中将舞台大小设置为“500×300 像素”，设置帧频为“30fps”，如图 8—27 所示。

2. 选择【文件】→【导入】→【导入到舞台】命令，将“素材\第八章\8.4 制作鱼群\海底.jpg”导入到舞台中，如图 8—28 所示。

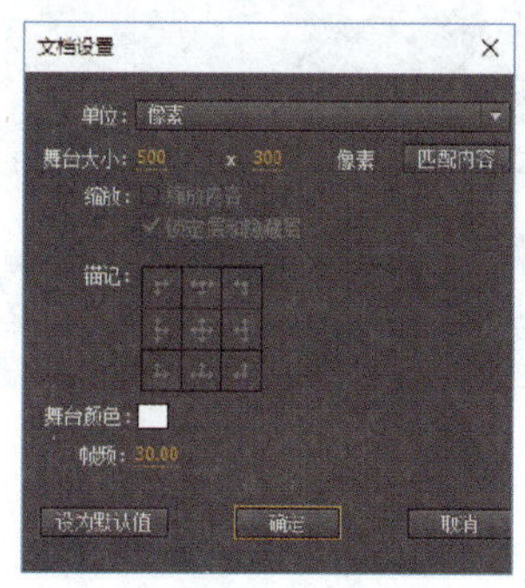

图 8—27

图 8—28

3. 选择【插入】→【新建元件】命令，打开“创建新元件”对话框，在“名称”文本框中输入“MoveBall”，在“类型”下拉列表中选择“影片剪辑”选项，完成后单击“确定”按钮，如图8—29所示。

4. 选择【文件】→【导入】→【导入到舞台】命令，将“素材\第八章\8.4制作鱼鲜\小鱼.jpg”导入到舞台中，如图8—30所示。

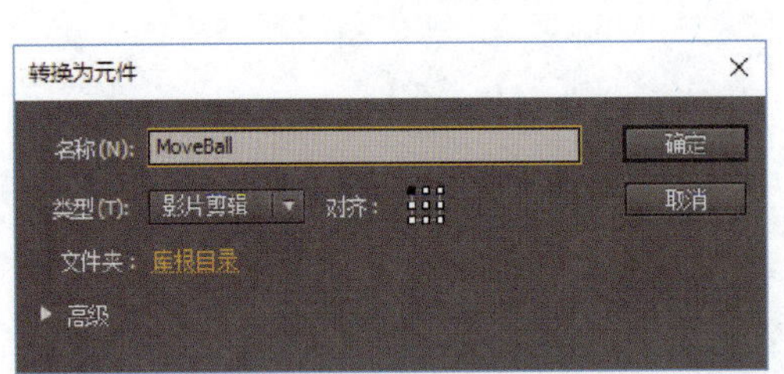

图8—29

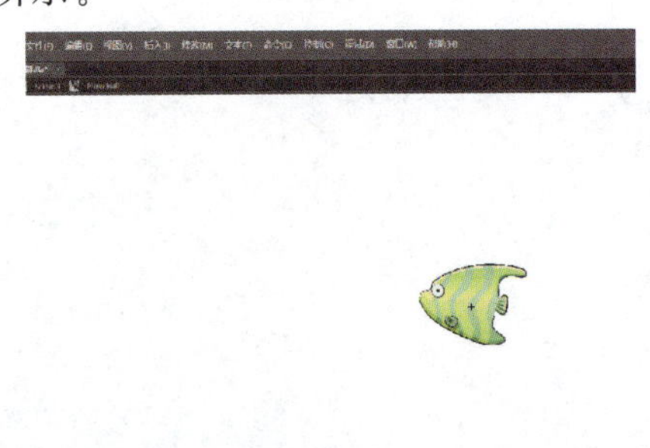
图8—30

5. 打开“库”面板，再右击“MoveBall”元件，在弹出的快捷菜单中选择【属性】命令，如图8—31所示。

6. 打开“元件属性”对话框，单击“高级”按钮，选中“为ActionScript导出”复选框，完成后单击“确定”按钮，如图8—32所示。

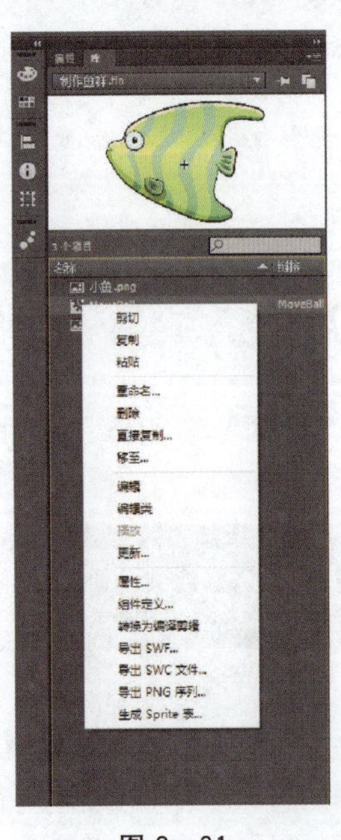

图8—31

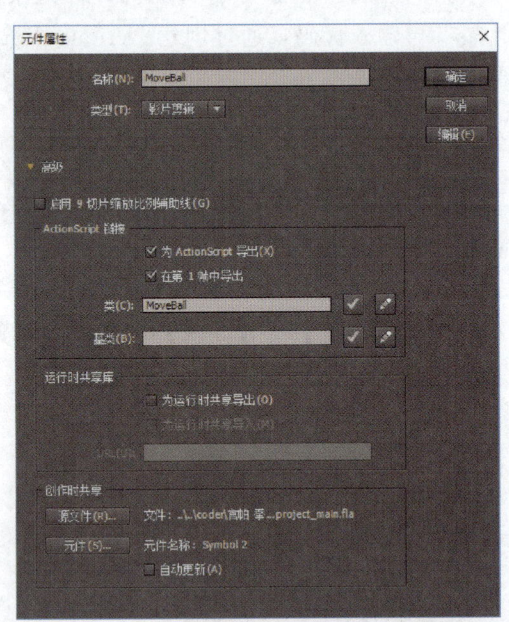

图8—32

7. 按Ctrl+N组合键打开“新建文档”对话框，选择“ActionScript文件”，单击“确定”按钮，如图8—33所示。

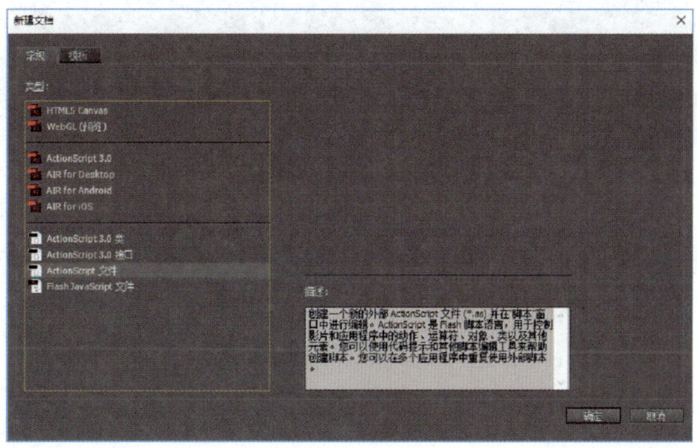

图 8—33

8. 按 Ctrl＋S 组合键将“ActionScript 文件”保存为“MoveBall. as”，然后在 MoveBall. as 中输入如图 8—34 所示的代码。

制作鱼群.fla* × MoveBall.as ×

目标：制作鱼群.fla

```
package {
    import flash.display.Sprite;
    import flash.events.Event;

    public class MoveBall extends Sprite {

        private var yspeed:Number;
        private var W:Number;
        private var H:Number;
        private var space:uint = 10;
        public function MoveBall(yspeed:Number,w:Number,h:Number) {
            this.yspeed = yspeed;
            this.W = w;
            this.H = h;
            init();
        }
        private function init() {
            this.addEventListener(Event.ENTER_FRAME,enterFrameHandler);
        }
        private function enterFrameHandler(event:Event) {
            this.y -= this.yspeed/2;
            this.x -= this.yspeed/2;
            if (this.y<-space) {

                this.x = Math.random()*this.W;
                this.y = this.H + space;
            }
        }
    }
}
```

图 8—34

9. 返回场景 1，新建图层 2，选择该图层的第 1 帧，按 F9 键打开“动作”面板，在其中输入如图 8—35 所示的代码。

10. 保存动画文件，然后按 Ctrl＋Enter 组合键测试效果。

8. 4. 3 案例小结——熟练使用 ActionScript 制作动画

掌握新建影片剪辑元件、创建 ActionScript 文件与添加 ActionScript 代码来制作海底鱼群动画效果的方法，注意应先将 ActionScript 文件保存为“MoveBall. as”再输入

图层2:1

```
var W = 600,H = 300,Num = 40,speed = 5;
var container:Sprite = new Sprite();
addChild(container);

for (var i:uint=0; i<Num; i++) {
        speed = Math.random()*speed+3;
        var boll:MoveBall=new MoveBall(speed,W,H);

    boll.x=Math.random()*W;
    boll.y=Math.random()*H;

    boll.alpha  = .1+Math.random();
    boll.scaleX =boll.scaleY= Math.random();

    container.addChild(boll);

}
```

图 8—35

代码，才能正确显示效果。

8.4.4 能力扩展

扩展效果图

通过使用 ActionScript 制作如上图所示的海底世界效果。

本章小结

本章主要学习 ActionScript 动画实例制作方法；熟知在编程过程中如何构造函数。通过运用 ActionScript 实现对动画的控制以及对象属性的修改等操作，还可以取得使用者的动作或资料、对动画中的音效进行控制等。

第九章　Flash CC 动画优化和发布

学习目标

- 掌握动画发布设置。
- 掌握网页发布设置。
- 掌握图片发布设置。

内容提要

本章主要讲述如何将制作的Flash 动画作品进行发布。可以输出的影片类型很多，为了避免输出多种格式时每一次都进行设置，可以从发布设置对话框中选择需要的全部发布格式，并进行设置。运用前面章节所学知识点，通过制作动画案例，重点从动画发布、网页发布和图片发布三种格式进行设置。这对以后把动画作品发布到网上有很大的帮助，是必须熟练掌握的知识点。

9.1 动画发布

9.1.1 案例描述

效果图

本案例主要使用钢笔工具绘制蝴蝶停在梅花上舞动的效果。蝴蝶翅膀的舞动效果主要运用传统补间，实现同一个元件的大小属性的变化。制作过程中主要使用新建元件、传统补间、钢笔工具、矩形工具、刷子工具等组合完成。作品完成后发布动画。

9.1.2 制作步骤

1. 在菜单栏中选择【文件】→【新建】命令，弹出“新建文档”对话框，在“新建文档”对话框中选择“ActionScript3.0”，将分辨率设置为“607×400 像素”，单击“确定”按钮，建立新文档。

2. 在库中右击，选择“新建元件”命令，在“元件属性”对话框中将类型选择为“图形”，命名为“蝴蝶身”，如图 9—1 所示。使用“椭圆工具”绘制蝴蝶的身体、头部和触角，如图 9—2 所示。

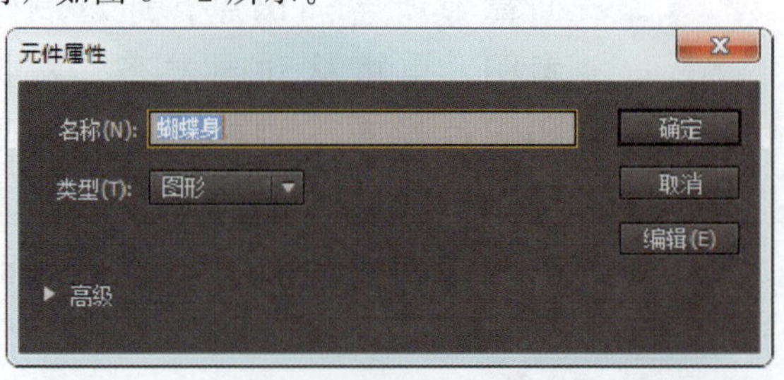

图 9—1

图 9—2

3. 新建元件，命名为“蝴蝶翼”。在图层 1 中使用“钢笔工具”绘制蝴蝶翼的形状，填充“线性渐变”颜色，修改渐变方向，如图 9—3 所示。新建图层 2，使用“钢笔工具”绘制蝴蝶翼花纹，填充“线性渐变”颜色，如图 9—4 所示。新建图层 3，使用“刷子工具”绘制斑点，如图 9—5 所示。

图 9—3　　图 9—4　　图 9—5

4. 制作蝴蝶飞动画

（1）新建元件，命名为“蝴蝶”，类型选择“影片剪辑”。把“蝴蝶身”元件拖到“蝴蝶”元件的图层 1 中。新建图层 2，把“蝴蝶翼”元件拖入图层 2，如图 9—6 所示。新建图层 3，选中图层 2 的关键帧并右击，在弹出的快捷菜单中选择“复制帧”命令，把复制的帧粘贴到图层 3，然后在菜单栏中选择【修改】→【变形】→【水平翻转】命令，并调整其位置，蝴蝶制作完成，如图 9—7 所示。

图 9—6　　图 9—7

（2）选择图层 2，在第 1 帧选中蝴蝶右翼，打开“属性”面板，修改蝴蝶右翼的参数，如图 9—8 所示。选择图层 3，在第 1 帧选中蝴蝶左翼，打开“属性”面板，修改蝴蝶左翼“位置和大小”中 X 的参数为负值，如图 9—9 所示。制作出蝴蝶翼收起状态，如图 9—10 所示。

（3）选择图层 2，在第 15 帧插入关键帧，选中蝴蝶右翼，打开“属性”面板，修改蝴蝶右翼的参数，如图 9—11 所示。选择图层 3，在第 15 帧插入关键帧，选中蝴蝶左翼，打开“属性”面板，修改蝴蝶左翼“位置和大小”中 X 的参数为负值，如图 9—12 所示。制作出蝴蝶翼展开的状态，如图 9—13 所示。

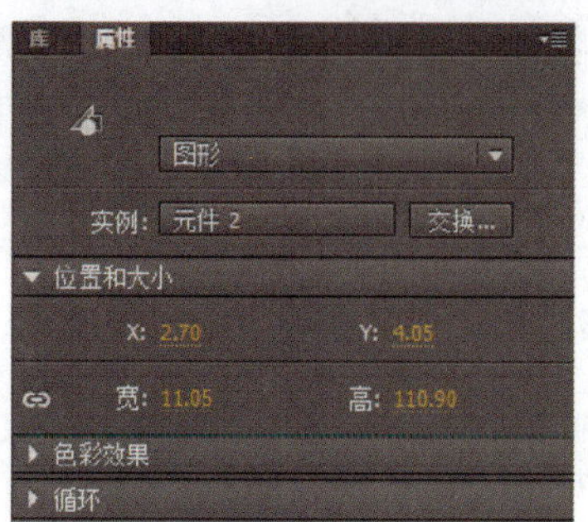

图 9—8

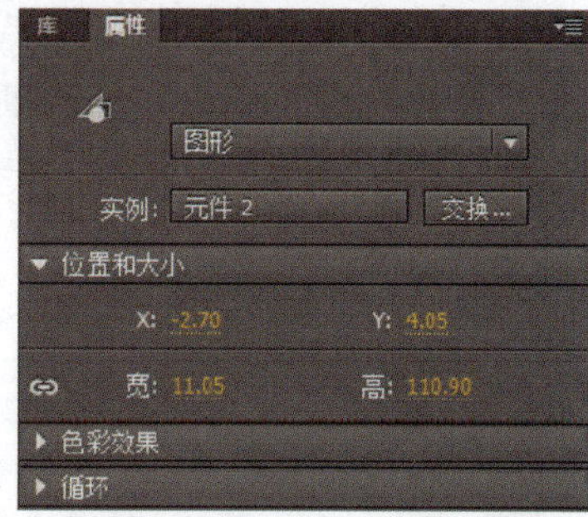

图 9—9

图 9—10

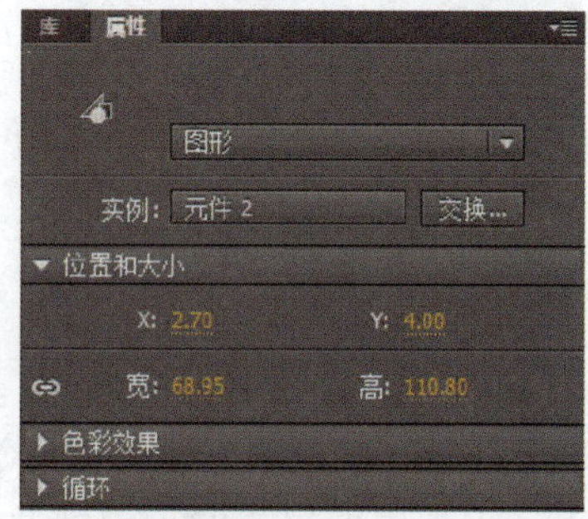

图 9—11

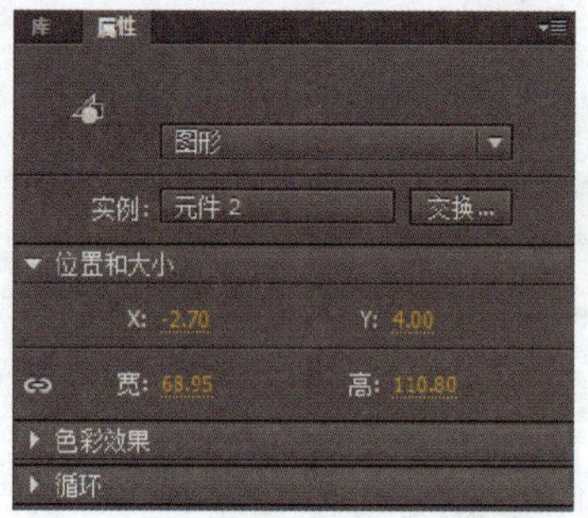

图 9—12

图 9—13

(4) 选择图层 2、图层 3 的第 20 帧，插入关键帧。

(5) 选择图层 2、图层 3 的第 21 帧，插入空白关键帧，选择图层 2、图层 3 的第 1 帧，将其复制粘贴到第 21 帧。

(6) 选择图层 2、图层 3 的第 24 帧，插入空白关键帧；选择图层 2、图层 3 的第 20 帧，将其复制粘贴到第 24 帧；分别给图层 2、图层 3 的关键帧动画创建传统补间，如图 9—14 所示。

5. 新建元件，命名为“树枝”，使用“钢笔工具”绘制树枝，填充“褐色”，然后删除边框，如图 9—15 所示。

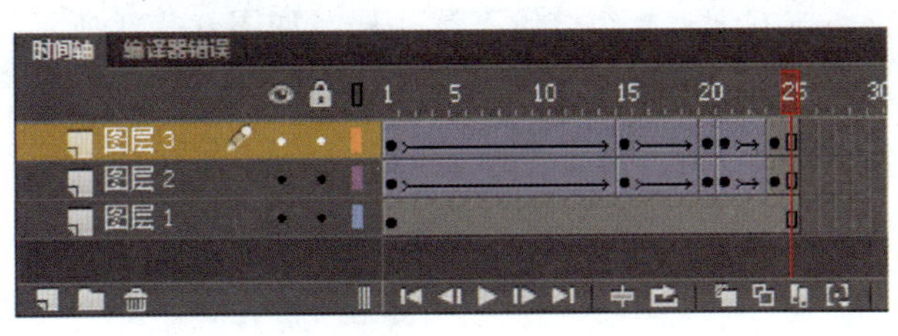

图 9—14

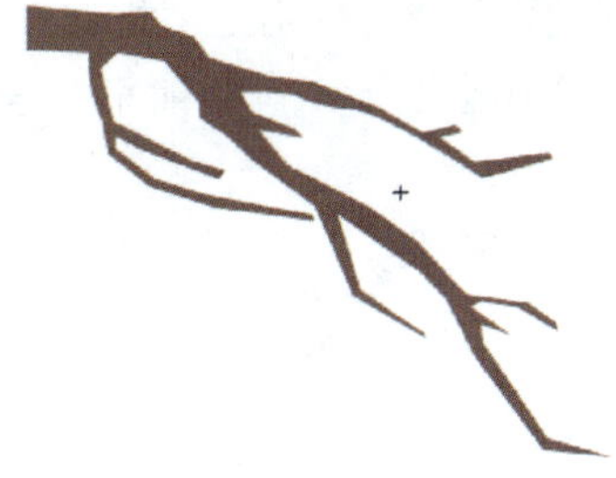

图 9—15

6. 新建元件，命名为“花苞”，使用“钢笔工具”在图层 1 绘制花瓣，填充“粉红到白色”的线性渐变颜色；使用“渐变变形工具”调整渐变角度，如图 9—16 所示。新建图层 2，使用“钢笔工具”绘制花托，填充“绿色”，然后删除边框，如图 9—17 所示。

7. 新建元件，命名为“花 1”，使用“钢笔工具”在图层 1 绘制花托，填充“深绿到浅绿”的径向渐变颜色，如图 9—18 所示。新建图层 2，使用“钢笔工具”绘制花瓣，填充“粉色到白色”的径向渐变颜色，如图 9—19 所示。

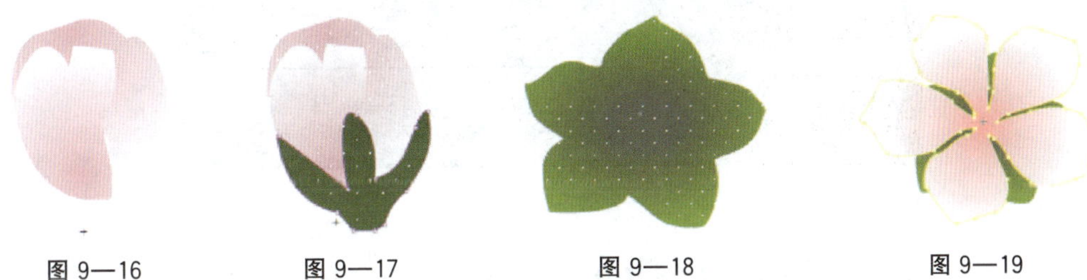

图 9—16　图 9—17　图 9—18　图 9—19

8. 新建元件，命名为“花 2”，使用“钢笔工具”绘制花托，填充“深绿到浅绿”的径向渐变颜色，如图 9—20 所示。新建图层 2，使用“钢笔工具”绘制花瓣，填充“粉色到白色”的径向渐变颜色，如图 9—21 所示。新建图层 3，使用“钢笔工具”绘制花瓣，填充“粉色到白色”的径向渐变颜色，如图 9—22 所示。

图 9—20　图 9—21　图 9—22

9. 新建元件，命名为“梅花”，类型选择“影片剪辑”。把制作好的“树枝”“花 1”“花 2”“花苞”元件拖入“梅花”元件中，组合成一棵梅花树，如图 9—23 所示。

10. 返回场景 1，选择图层 1，使用“矩形工具”绘制方形背景，填充“米黄色”。

新建图层 2，分别把“梅花”元件、“蝴蝶”元件拖入舞台，再复制“梅花”元件，使用“任意变形工具”缩小并选中梅花，按 Ctrl+▼组合键下移一层，如图 9—24 所示。

图 9—23

图 9—24

11. 新建图层 3，把“花 1”元件拖进来，调整花朵大小，放在树枝上（位置自定）。在第 30 帧插入关键帧，创建传统补间，把花朵往下移到画面外，旋转一下角度，然后分别在图层 1、图层 2 的第 30 帧插入帧，如图 9—25 所示。

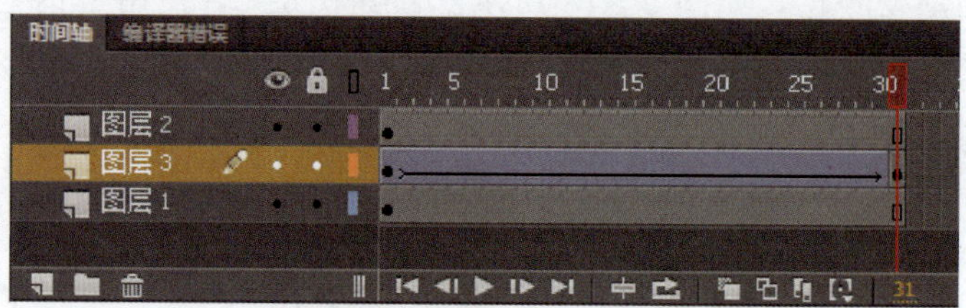

图 9—25

12. 发布动画。选择【文件】→【发布设置】命令，打开“发布设置”对话框，如图 9—26 所示。选中“Flash（.swf）”，可以对其进行设置：在“目标”选项框中可以

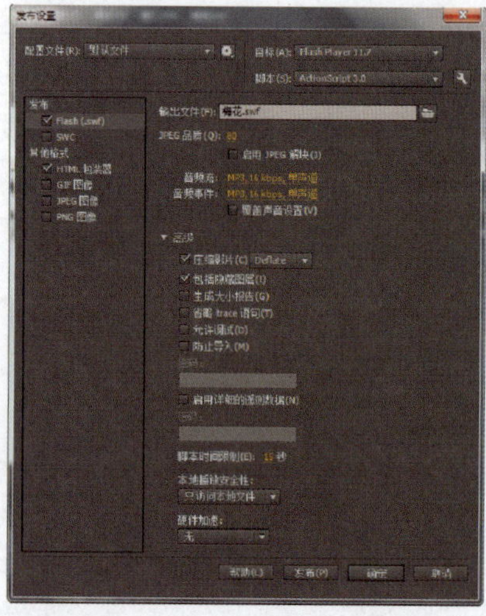

图 9—26

选择播放器版本；“输出文件”选项框可以给文件命名和选择发布的位置；“JPEG 品质”用于设置动画的图形质量，数值为“0～100”（根据个人需要设置）。完成一系列设置后，单击“发布”按钮进行发布。

9.1.3 案例小结——传统补间、SWF 动画的运用

制作传统补间动画，动画的元素必须是元件或组合对象，实现元件由一个位置到另一个位置的变化。在关键帧之间的任意一帧右击，在弹出的快捷菜单中选择【创建传统补间】命令，即可实现同一个元件的大小、位置、颜色、透明度、旋转等属性的变化。

SWF 动画是在浏览网页时常见的具有交互功能的动画。它是以“.swf”为后缀的文件，拥有动画、声音和交互等全部功能，需要在浏览器中安装 Flash 播放器才能看到。

9.1.4 能力扩展

扩展效果图

综合运用前面所学的知识，制作如上图所示的蝴蝶在梅花林中飞舞的动画。

9.2 网页发布

9.2.1 案例描述

本案例是制作网页视频播放时缓慢加载的进度条，进度条制作简单，主要用形状补间动画把里面的填充色块逐帧扩大。制作过程中不需要用到代码，主要使用矩形工具、创建形状补间、文本工具等功能。作品完成后，发布网页。

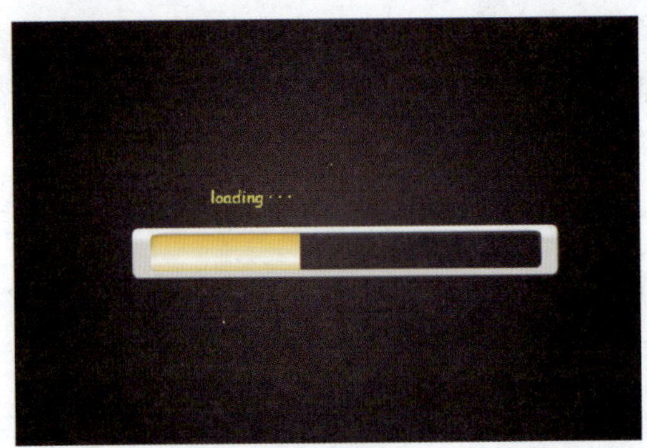

效果图

9.2.2 制作步骤

1. 在菜单栏中选择【文件】→【新建】命令，弹出“新建文档”对话框，在“新建文档“对话框中选择“ActionScript3.0”，将分辨率设置为“607×400 像素”，单击“确定”按钮，建立新文档。

2. 新建“元件 1”，使用“矩形工具”绘制进度条，添加渐变颜色，如图 9—27 所示。使用“渐变变形工具”调整渐变方向和位置，如图 9—28 所示。

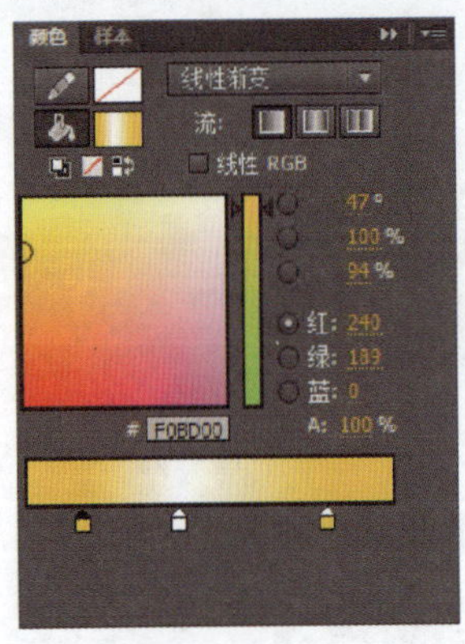

图 9—27

图 9—28

3. 在第 100 帧插入关键帧，回到第 1 帧，使用“选择工具”选中进度条，打开“属性”面板，在“位置和大小”中把宽设置为“1 像素”。在第 1～100 帧之间任意选一帧并右击，在弹出的快捷菜单中选择【创建形状补间】命令，如图 9—29 所示。

图 9—29

4. 新建“元件 2”。选择“矩形工具”，打开“属性”面板，设置圆角的矩形，并在“矩形选项”栏中将参数改为“10”，如图 9—30 所示。绘制长条圆角矩形，如图 9—31 所示。

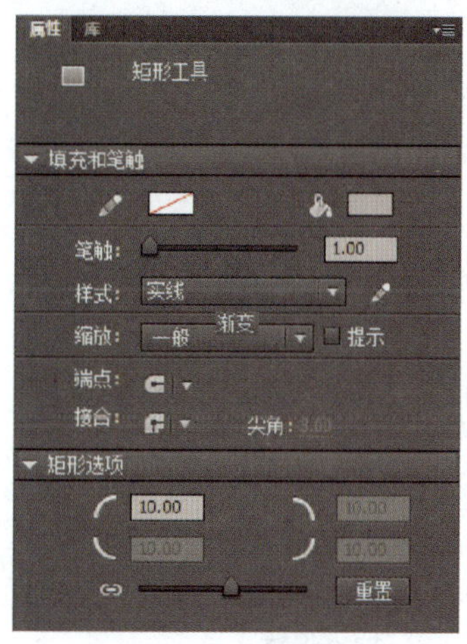

图 9—30

图 9—31

5. 选择“矩形工具”，设置画笔边框颜色为“黑色”。在长条圆角矩形上方绘制一个缩小的长条圆角矩形，如图 9—32 所示，然后把新绘制的长条矩形内部及边框删除，如图 9—33 所示。

图 9—32

图 9—33

6. 填充渐变颜色。选中矩形，打开“颜色”面板，设置“白色到黑色”的渐变颜色，白色透明度设置为“0”，如图 9—34 所示。使用“渐变变形工具”调整渐变方向和位置，如图 9—35 所示。

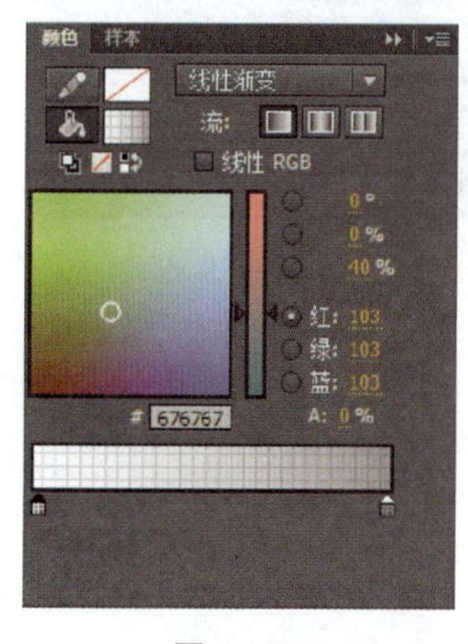

图 9—34

图 9—35

7. 选中图层 1 并右击，在弹出的快捷菜单中选择【复制图层】命令。把复制的图层等比例放大，填充“灰色到白色”的渐变颜色，如图 9—36 所示。使用“渐变变形工具”调整渐变方向和位置，如图 9—37 所示。

图 9—36

图 9—37

8. 新建“元件 3”，使用“文本工具”输入“loading”，如图 9—38 所示。可以根据字体设计需要在属性面板中修改参数，如图 9—39 所示。

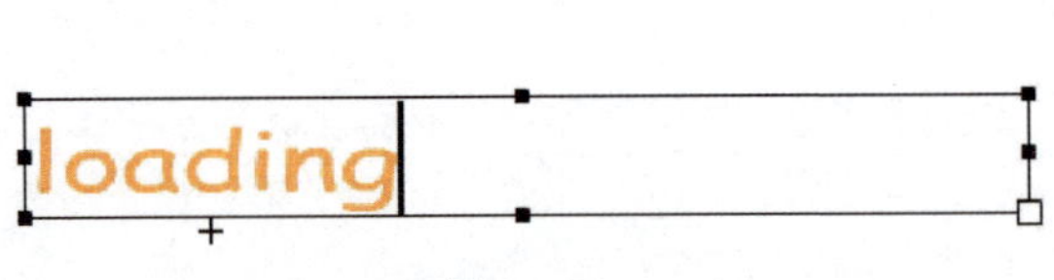

图 9—38

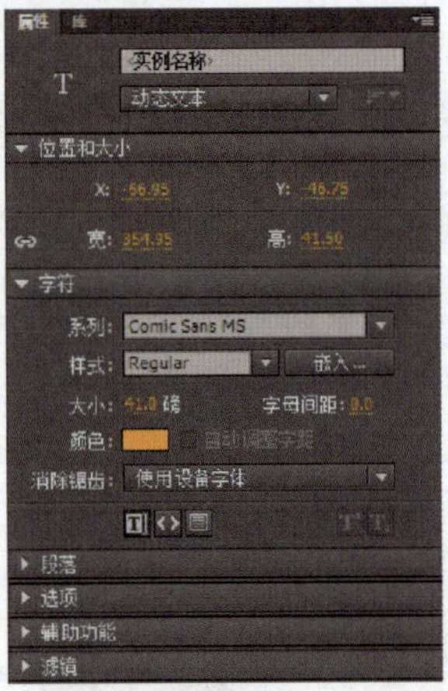

图 9—39

9. 在第 5 帧插入关键帧，在“loading”后边加“·”，如图 9—40 所示。用同样的方法在“loading”后边加到 6 个点，如图 9—41 和图 9—42 所示。

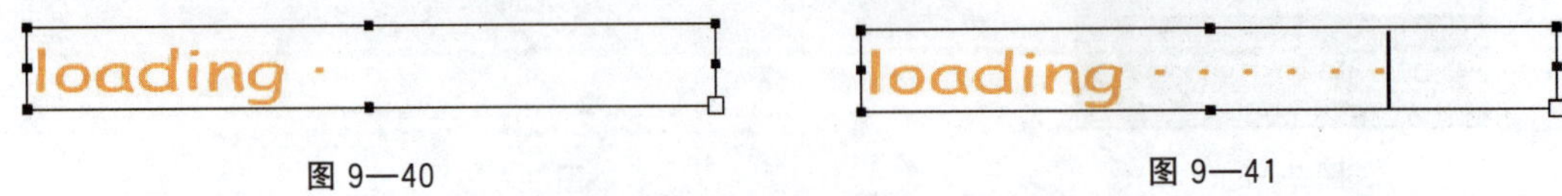

图 9—40

图 9—41

10. 返回场景 1，使用“矩形工具”绘制背景，填充“灰色到黑色”的径向渐变颜

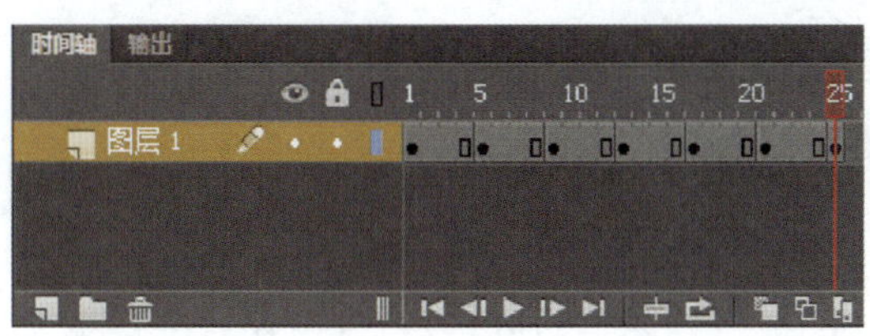

图 9—42

色，如图 9—43 所示。新建图层 2，把“元件 1”拖入舞台，调整好位置，然后把“元件 2”拖入舞台，放在元件 1 上层，调整其位置与元件 1 匹配；新建图层 3，把“元件 3”拖入舞台，如图 9—44 所示。

图 9—43

图 9—44

11. 按 Ctrl+Enter 组合键测试效果。

12. 选择【文件】→【发布设置】命令，选择“HTML 包装器”，设置其参数：设置大小“百分比”，设置缩放为“精确匹配”，如图 9—45 所示。设置完成后，单击“发布”按钮进行发布。可以得到“进度条.html”文档，用网页浏览器打开，可以看到效果，如图 9—46 所示。

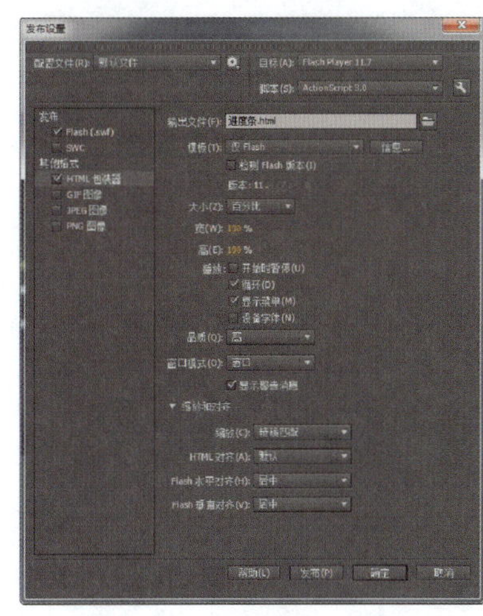

图 9—45

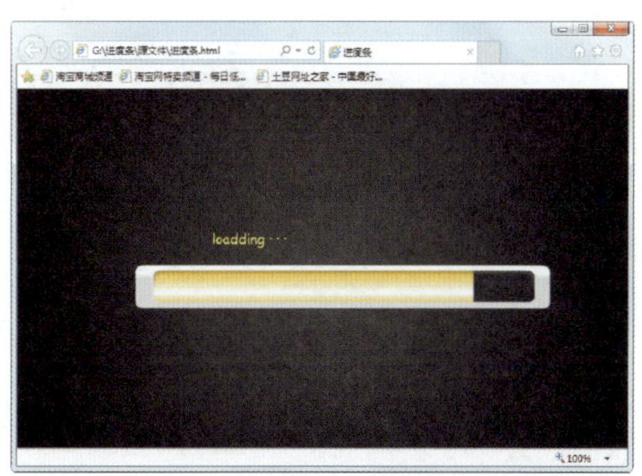

图 9—46

9.2.3 案例小结——网页发布设置

Flash影片在发布（HTML）的时候，如果在网页浏览器窗口中影片偏左或偏右，无法选择居中，这时应在“发布设置”对话框中设置大小为“百分比”，设置缩放“无缩放”，影片就会在网页居中位置。如果有白边，可以设置缩放为“无边框”，即可去掉白边，但画面会放大；或设置缩放为“进度匹配”，也可以去掉白边，但画面会被拉伸变形。

9.2.4 能力扩展

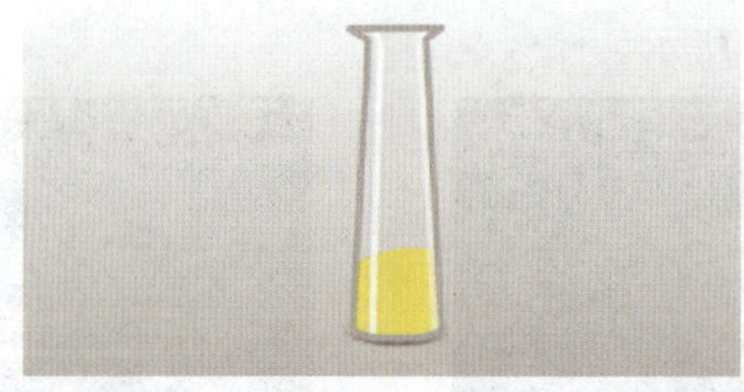

扩展效果图

结合进度表运动原理，运用传统补间动画，制作如上图所示的玻璃瓶水满效果动画。

9.3 图片发布

9.3.1 案例描述

效果图

本案例主要使用钢笔工具绘制云朵、草、山等，完成一幅清晰的风景画，作品完成后，发布图片。

9.3.2 制作步骤

1. 在菜单栏中选择【文件】→【新建】命令，弹出“新建文档”对话框，在“新建文档“对话框中选择“ActionScript3.0”，将分辨率设置为“280×400 像素”，单击“确定”按钮，建立新文档。

2. 选择“颜色”面板，把颜色模式改为“线性渐变”，渐变颜色设置为浅蓝色到白色，如图 9—47 所示。

3. 用“矩形工具”在舞台绘制一个渐变的天空，用“渐变变形工具”调整其方向，如图 9—48 所示。

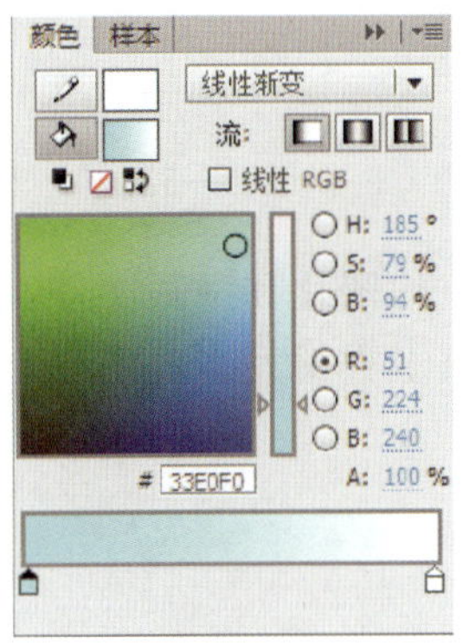

图 9—47

图 9—48

4. 新建“云朵”图层，使用“钢笔工具”在舞台中绘制出云朵，复制绘制好的云朵，并调整其大小；新建“太阳”图层，使用绘制工具绘制出太阳，如图 9—49 所示。

5. 新建“草”图层，使用“钢笔工具”绘制出简单的草坪，用同样的方法绘制出“山”，如图 9—50 所示。

图 9—49

图 9—50

6. 选择【文件】→【发布设置】命令，如图 9—51 所示，在“发布设置”对话框中勾选“JPEG 图像”，并选择保存路径，如图 9—52 所示。

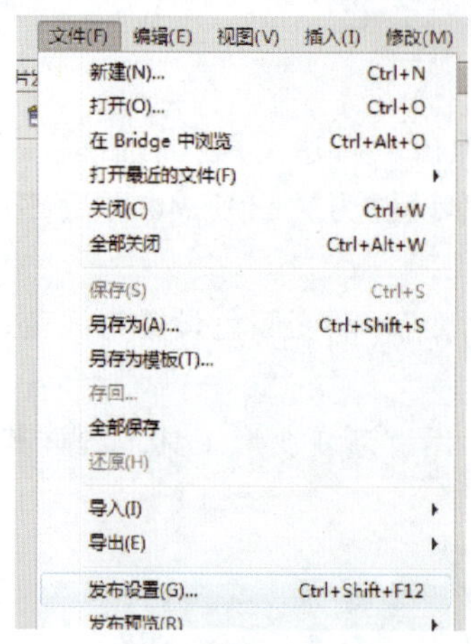

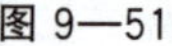
图 9—51

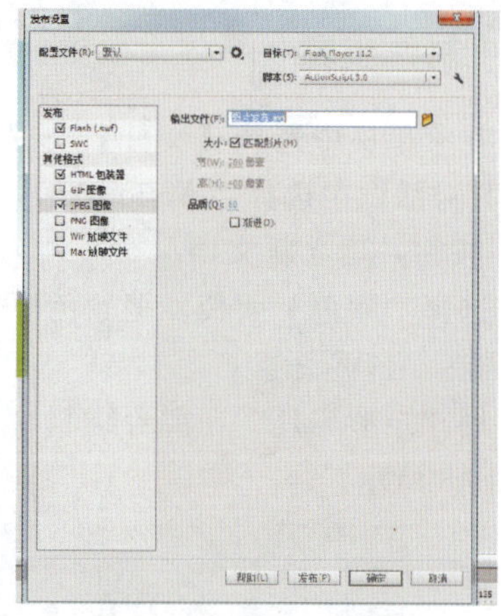

图 9—52

7. 单击“发布”按钮，在保存路径中即出现发布的图片和网页文件，如图 9—53 所示。双击“图片发布.html”打开文件，即可在网页上查看发布的图片，如图 9—54 所示。

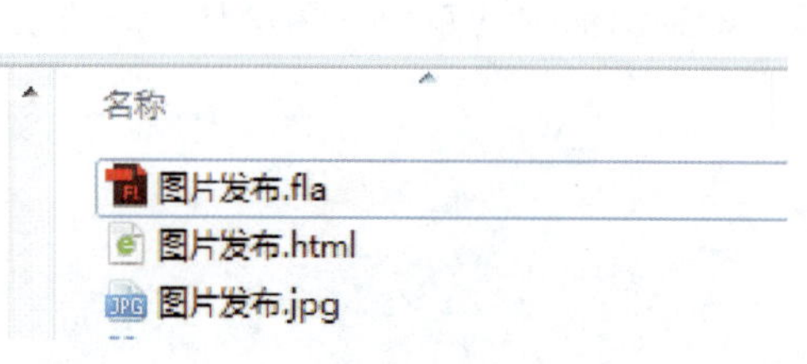

图 9—53

图 9—54

9.3.3 案例小结——细节元素上的优化

在制作图片文件时如果需要导入位图，导入后可以按 Ctrl+L 组合键打开“库”面板，双击库中已导入的图片元件，弹出“位图属性”面板，把“使用导入的 JPEG 数据”前的钩去掉，在品质栏里输入“98”（不要输入“100”），单击“更新”按钮，导入的位图即得到大幅度压缩。

在制作时注意限制线条类型的数量也可以控制文件的大小。例如，少用虚线、点状线等，尽量使用实线，因为它所占体积较小。另外，用铅笔工具生成的线条比用刷子工具笔触生成的线条体积小。

9.3.4 能力扩展

扩展效果图

综合运用前面所学的知识，制作如上图所示的PNG网页图像。

本章小结

本章结合动画案例，重点讲述如何将制作的Flash动画作品进行发布，从动画发布、网页发布和图片发布三种格式进行设置，对以后把自己的动画作品发布到网上有很大的帮助，必须熟练掌握。

附录

Flash CC 常用快捷键列表

打开文档	Ctrl+O
分离	Ctrl+B
取消组合	Ctrl+Shift+G
文档属性	Ctrl+J
组合	Ctrl+G
保存	Ctrl+S
关闭	Ctrl+W
导入	Ctrl+R
另存为	Ctrl+Shift+S
发布	Shift+Alt+F12
发布设置	Ctrl+Shift+F12
新建文档	Ctrl+N
退出应用程序	Ctrl+Q
上移一层	Ctrl+向上箭头
下移一层	Ctrl+向下箭头
移至底层	Ctrl+Shift+向下箭头
移至顶层	Ctrl+Shift+向上箭头
两端对齐	Ctrl+Shift+J
向右对齐	Ctrl+Shift+R
向左对齐	Ctrl+Shift+L
居中	Ctrl+Shift+C
插入帧	F5
转换为关键帧	F6
转换为空白关键帧	F7
转换为元件	F8
新建元件	Ctrl+F8
清除关键帧	Shift+F6
清除帧	Alt+Backspace
粘贴帧	Ctrl+Alt+V

全选	Ctrl＋A
复制	Ctrl＋C
即时复制	Ctrl＋D
剪切	Ctrl＋X
撤消	Ctrl＋Z
粘贴	Ctrl＋V
粘贴到当前位置	Ctrl＋Shift＋V
清除	Del
编辑元件	Ctrl＋E
查找和替换	Ctrl＋F
显示网格	Ctrl＋′
编辑网格	Ctrl＋Alt＋G
输出面板	F2
隐藏面板	F4
信息面板	Ctrl＋I
动作面板	F9
对齐面板	Ctrl＋K
属性面板	Ctrl＋F3
工具栏	Ctrl＋F2
库面板	Ctrl＋L
时间轴	Ctrl＋Alt＋T
颜色面板	Ctrl＋Shift＋F9
缩小	Ctrl＋－
放大	Ctrl＋＋
测试场景	Ctrl＋Alt＋Enter
测试影片	Ctrl＋Shift＋Enter
显示代码提示	Ctrl＋空格
3D 旋转工具	W
3D 平移工具	G
任意变形工具	Q
全局转换	D
减小笔触大小	[
基本椭圆工具	O
基本矩形工具	R
增大笔触大小	]
墨水瓶工具	S

套索工具	L
部分选取工具	A
宽度工具	U
对象绘制	J
手形工具	H
文本工具	T
椭圆工具	O
橡皮擦工具	E
渐变转换工具	F
滴管工具	I
刷子工具	B
矩形工具	R
线条工具	N
缩放工具	Z
选取工具	V
钢笔工具	P
删除锚点工具	Shift+－
添加锚点工具	Shift+＝
转换锚点工具	C
铅笔工具	Y
颜料桶工具	K
魔术棒工具	L